战·略·性

新兴领域

"十四五"高等教育教材

# 电子信息材料与器件

## Electronic Information Materials and Devices

胡　星　陈志武　李　屹　主编

本书配有数字资源与在线增值服务
微信扫描二维码获取

认准正版

首次获取资源时，
需刮开授权码涂层，
扫码认证

刮开涂层
扫码认证

授权码

化学工业出版社

·北京·

**内容简介**

《电子信息材料与器件》是战略性新兴领域"十四五"高等教育教材体系——"先进功能材料与技术"系列教材之一,系统介绍了物联网应用中的各种电子信息材料与器件。本书共分 5 章,分别介绍了敏感材料和器件,包括力敏、热敏、光敏、气敏、压敏和湿敏传感材料与器件;信息传输材料和器件,包括传输线理论、信息传输材料和射频元件;信息存储材料与器件,包括磁存储、半导体存储、铁电存储、忆阻器材料和器件;无源电子材料与器件,包括电阻、电容、电感材料和器件等。

本书内容丰富,适合作为高等院校材料科学工程(功能材料)与电子科学与技术(电子材料与元器件)等专业或方向本科学生的教材或参考书,也可供从事电子材料与元器件、物联网应用等相关工作的科研及工程技术人员参考。

**图书在版编目(CIP)数据**

电子信息材料与器件 / 胡星,陈志武,李屹主编.
北京:化学工业出版社,2024.8. ——(战略性新兴领域
"十四五"高等教育教材). — ISBN 978-7-122-46525
-2

Ⅰ. TN04;TN6

中国国家版本馆 CIP 数据核字第 2024RC9335 号

---

责任编辑:王 婧　　　　　文字编辑:郑云海
责任校对:宋 玮　　　　　装帧设计:刘丽华

---

出版发行:化学工业出版社
　　　　　(北京市东城区青年湖南街 13 号　邮政编码 100011)
印　　装:北京云浩印刷有限责任公司
787mm×1092mm　1/16　印张 15¾　字数 361 千字
2025 年 7 月北京第 1 版第 1 次印刷

---

购书咨询:010-64518888　　　售后服务:010-64518899
网　　址:http://www.cip.com.cn
凡购买本书,如有缺损质量问题,本社销售中心负责调换。

---

定　　价:49.00 元

　　战略性新兴产业是引领未来发展的新支柱、新赛道，是发展新质生产力的核心抓手。功能材料作为新兴领域的重要组成部分，在推动科技进步和产业升级中发挥着至关重要的作用。在新能源、电子信息、航空航天、海洋工程、轨道交通、人工智能和生物医药等前沿领域，功能材料都为新技术的研究开发和应用提供着坚实的基础。随着社会对高性能、多功能、高可靠、智能化和可持续材料的需求不断增加，新材料新兴领域的人才培养显得尤为重要。国家需要既具有扎实理论基础，又具备创新能力和实践技能的高端复合型人才，以满足未来科技和产业发展的需求。

　　教材体系高质量建设是推进实施科教兴国战略、人才强国战略、创新驱动发展战略的基础性工程，也是支撑教育科技人才一体化发展的关键。华南理工大学、北京化工大学、南京航空航天大学、化学工业出版社共同承担了战略性新兴领域"十四五"高等教育教材体系——"先进功能材料与技术"系列教材的编写和出版工作。该项目针对我国战略性新兴领域先进功能材料人才培养中存在的教学资源不足、学科交叉融合不够等问题，依托材料类一流学科建设平台与优质师资队伍，系统总结国内外学术和产业发展的最新成果，立足我国材料产业的现状，以问题为导向，建设国家级虚拟教研室平台，以知识图谱为基础，打造体现时代精神、融汇产学共识、凸显数字赋能、具有战略性新兴领域特色的系列教材。系列教材涵盖了新型高分子材料、新型无机材料、特种发光材料、生物材料、天然材料、电子信息材料、储能材料、储热材料、涂层材料、磁性材料、薄膜材料、复合材料及现代测试技术、光谱原理、材料物理、材料科学与工程基础等，既可作为材料科学与工程类本科生和研究生的专业基础教材，同时也可作为行业技术人员的参考书。

　　值得一提的是，系列教材汇集了多所国内知名高校的专家学者，各分册的主编均为材料科学相关领域的领军人才，他们不仅在各自的研究领域中取得了卓越的成就，还具有丰富的教学经验，确保了教材内容的时代性、示范性、引领性和实用性。希望"先进功能材料与技术"系列教材的出版为我国功能材料领域的教育和科研注入新的活力，推动我国材料科技创新和产业发展迈上新的台阶。

中国工程院院士

《电子信息材料与器件》教材内容涉及"十四五"国家战略性新兴产业信息技术、新材料与智能网联等多个领域，是典型的学科交叉。根据中国国家工信部统计数据，2023年，我国规模以上电子信息制造业实现营业收入15.1万亿元。基础电子元器件是支撑信息技术产业发展的基石，国内外电子信息产业的迅猛发展给上游电子元器件产业带来了广阔的市场应用前景，特别是汽车电子、物联网应用、5G通讯等产品的迅速启动及发展。预计2025年电子元器件销售总额接近2.5万亿元。

万物互联是全球信息科技发展的必然趋势，而信息时代的发展离不开材料的发展。但是，我国电子材料与器件发展面临长期挑战，如：无源电子元件成为电子元器件技术的发展瓶颈，作为信息技术基础核心元器件——传感器等多种电子材料存在着不同程度的"卡脖子"现象。电子信息材料与器件产业对外依存度高，高技术品种缺乏，高层次人才短缺，阻碍着我国的经济发展和产业升级。

电子信息材料与器件涉及知识面广，大部分相关书籍中，各种材料之间的内在关联性不强，学生无法系统把握材料的特性及其在实际应用时发挥的作用。本教材的特色是聚焦于物联网应用，采用信息拟人化的手法更加生动地介绍各个环节中的电子信息材料与器件，使学生接触的不仅仅是抽象的知识，还能把材料具体化、形象化，为学生将来进入电子信息或其他领域打好基础。《电子信息材料与器件》从万物互联的角度对材料和器件进行了介绍，如全面感知——敏感材料和器件、可靠传输——信息传输材料和器件、安全存储——信息存储材料与器件、智能处理——无源电子材料与器件。教材以万物互联为主线，涉及材料有晶体和非晶体，材料种类有金属、高分子和无机非金属，材料形态有薄膜、厚膜和块体。

《电子信息材料与器件》由华南理工大学电子材料科学与工程系胡星等几位教师编写，华南理工大学电子材料科学与工程系最早可追溯到1959年成立的华南工学院无线电陶瓷专业方向，此后相继以无线电陶瓷材料与器件、电子材料与元器件、电子科学与技术、功能材料专业招生，迄今已有60余年的发展历程，为珠三角地区乃至全国的电子行业输送了大量电子材料与元器件领域人才。

本书内容丰富，特色鲜明，希望本书出版后为电子信息材料和器件行业培养人才起到推动作用。

中国电子科技集团公司第七研究所　教授

人类文明进化史，就是一部信息技术革命史，信息技术发展的重要趋势是万物互联，其中，万物互联之芯是电子信息材料与器件。电子信息产业是中国的支柱产业，2023 年，我国规模以上电子信息制造业实现营业收入 15.1 万亿元，电子信息产业的基石就是电子信息材料。

根据"十四五"国家战略性新兴产业发展规划要求，重点在新一代信息技术、生物产业、新能源、新材料、智能及高端装备制造、智能网联和新能源汽车、绿色环保、航空航天、未来产业等领域，以及其他具有重要战略性、基础性的相关领域开展"十四五"高等教育教材体系建设。"电子信息材料与器件"是信息技术、新材料与智能网联等领域的学科交叉，是战略性新兴领域教材体系（新材料方向）之一。

电子信息材料与器件领域涉及知识面非常广，有限的篇幅无法涵盖所有的材料与器件。市面上大部分物联网相关的书籍介绍材料与器件的篇幅非常有限，因此，本教材选择物联网应用中的电子信息材料与器件为对象，回答学生在材料学习当中面临的"材料用在哪？为什么用？怎样用？"等问题。本书以信息拟人化的角度对物联网应用中的电子信息材料与器件进行阐述，内容包括信息感知（人的五官）、信息传输（神经系统）、信息存储和信息处理（人的大脑）三个层次。本书主要介绍应用中的典型材料和器件，并介绍了部分最新进展。本书力图从原理、典型材料、器件结构及实际应用等方面出发，为学生将材料应用到实际领域奠定基础。

参加编写工作的都是长期从事相关领域教学和科研工作的老师，具体分工如下：胡星编写绪论，陈志武、高俊宁编写第 2 章，胡星、高俊宁编写第 3 章，张曙光、王歆、胡星编写第 4 章，李屹、王歆编写第 5 章。卢振亚老师负责统稿和审核工作。

由于篇幅有限，部分相关电子信息材料与器件没有涉及，如元器件中的主动元件和有源器件等。由于编者水平所限和时间仓促，难免存在一些不当之处，敬请读者批评指正。

编者
2024 年 8 月

# 目录 CONTENTS

# 4 安全存储——信息存储材料与器件　　　　　　　－ 124 －

# 5 智能处理——无源电子材料与器件　　　　　　　－ 180 －

# 1

# 绪论

## 1.1 万物互联——璀璨时代的到来

未来的一天清晨，当你进行洗漱时，浴室内各种传感器会检测你呼出的气体及排泄物，结合你的精神面貌，诊断你的健康状况，从分子层面检查任何疾病所具有的最轻微的征兆。AI（人工智能）家庭机器人会根据你的喜好调整居家环境，并自动开展家务工作。智能汽车会接送你外出工作或娱乐，绝大部分重复性工作会由机器人完成。

你离开浴室，可以通过"心灵感应"控制你的家务：用大脑发送信号提高房间的温度，播放舒缓的音乐，告诉机器人准备早饭，命令汽车准备接你上班。戴上隐形眼镜，连接互联网，眨眨眼，网页图像传到视网膜，你便可以浏览新闻。

这是一个万物互联的时代，物联网技术让"地球村"变成了一个"地球人"。物联网的概念最早于 1999 年由麻省理工学院提出，英文名为 Internet of Things，即"物物相连的网络"。在 2005 年信息社会世界峰会上，国际电信联盟正式提出"物联网"概念，提出无所不在的"物联网"通信时代即将来临，世界上所有物体，从轮胎到牙刷、从房屋到纸巾都可以通过因特网主动进行信息交换。2009 年 8 月，"感知中国"的概念被提出，物联网正式被列为我国五大战略性产业之一。2016 年 12 月，国务院发布了《"十三五"国家信息化规划》，明确提出了物联网感知设施在各行各业的规划布局。

把所有物品通过信息传感设备与互联网连接起来，进行信息交换，即物物相息，以实现智能化识别和管理。根据国际电信联盟（ITU）的定义，物联网是指通过信息传感设备，按约定的协议，将任何物体与网络相连接，物体通过信息传播媒介进行信息交换和通信，以实现智能化识别、定位、跟踪、监管等功能。物联网主要解决物品与物品、人与物品、人与人之间的互连。

物联网的本质就是传感、通信和计算机应用。从信息的角度，物联网的基本特征就是感知信息、传输信息和处理信息。物联网技术是信息化技术发展的一个重要阶段，是元宇宙（Metaverse）——新一代信息技术的核心底层技术。总之，物联网是全球信息科技发展的重要趋势之一，它的出现和兴起为我国科技和经济发展带来难得的机遇。

## 1.2    信息技术——人类文明发展的推动力

在地球 40 亿年的历史中，智人这个物种用了短短几千年的时间发展出了人类文明，并成为了决定这个星球命运的最重要的力量。为什么是现代智人这个物种创造出了如此的文明成就，而不是黑猩猩等其他灵长类，也不是有更大脑容量的海豚、同样具有社会性的蚂蚁和蜜蜂这类昆虫？人类和其他动物相比，是什么特征使人类成为一个特殊的物种？

人类与动物的区别，需要从信息的角度进行分析，即人类拥有一整套抽象信息运用能力，分别是信息表达能力、信息存储能力、信息传播能力和信息处理能力。信息表达能力：将抽象信息用某种方式（动作、声音、符号、文字等）表达出来并被理解的能力。信息存储能力：将抽象信息以某种方式存储到大脑以外的某种媒介上的能力。信息传播能力：将抽象信息在一个群体中扩散并被理解的能力。信息处理能力：将抽象信息进行运算、提炼、关联等操作形成新抽象信息的能力。任何一种信息能力的缺失都将导致智慧进化受阻，从而无法发展出人类水平的文明。

人类文明进化史就是一部信息技术革命史。人类发展历史上已出现了五次信息技术的革命：第一次是语言的使用，是从猿进化到人的重要标志；第二次是文字的创造，打破时间和空间的限制；第三次是印刷术的发明和使用，使书籍、报刊成为重要的信息储存和传播的媒体；第四次是电报、电话、广播、电视的发明和普及，使人类通信产生根本性的变革；第五次是电子计算机的普及和现代通信技术的有机结合，即网络的出现。

现今，信息是我们这个世界运行所依赖的血液、食物和生命力。它渗透到了各个科学领域，改变着每个学科的面貌。随着信息理论发展，人们发现信息无处不在，DNA 是信息分子的典型代表，是细胞层次最先进的信息处理器，用 60 亿比特可以定义一个人；货币也逐渐完成了从实体到比特的转身，经济学也逐渐成为一门信息科学；物理学与信息学殊途同归，比特成为了另一种类型的基本粒子，可能比物质本身更基本；甚至每一颗正在燃烧的恒星、每一个星云都是一台信息处理器，整个宇宙也是一台巨大的信息处理机器。物理学家惠勒概括"万物源自比特（It from Bit）""未来，我们将学会用信息的语言去理解和表达全部物理学。"

## 1.3    人的信息化和信息拟人化

技术不是目的，创造更美好的世界才是科技工作者共同的使命，信息化革命为人类带来更美好的生活。感官体验是人们与世界互动的重要方式。人体感官包括视觉、听觉、嗅觉、味觉、触觉等多个方面。人眼主要感知光线和色彩，耳朵主要感知声音和音乐，鼻子主要感知气味，口舌主要感知味道；皮肤主要感知温度、压力和疼痛等多种感觉。通过这些，我们才可以感知世界的美好和不同。这些感官让我们与他人交流、理解和品味世界。

但传统的仅靠人的感官获取外界信息的方式已经不能满足现代生产生活的需求，于是以传感器为基础的物联网应运而生。与人的感官相比，传感器拓宽了人类的感知能力。随着科技的进步，传感器的集成化、智能化水平变高，如传感器把测量信号转换成电压或电流信号后，传输到处理模块，进行处理和分析，又输出到控制系统做出反应，这是一种感知的拟人化，但又比人体更敏感，而且能做出响应。当下的智能传感器在智能手机、智能家居、智能汽车等领域应用广泛，智慧城市的建设离不开各种各样的传感器。

传感器技术与通信技术、计算机技术构成了信息产业的三大支柱，而它们又和人体工程非常相似，这也是一种信息拟人化。

传感器技术：解决信息采集的问题，相当于人类的"感官"体系，承担着感知并获取自然环境中的一切信息数据的功能。传感器是数字技术的基础，物联网、人工智能、元宇宙都离不开传感器的加持。

通信技术：解决信息近距离或远距离传输的问题，相当于人的"神经"系统。大脑中的信息传递是一个复杂的过程，它主要通过神经元之间的信号传递实现。神经元是一种特殊的细胞，它们通过突触与其他神经元相连。

计算机技术：解决信息分析和处理的问题，相当于人类负责思维的"大脑"。大脑是我们思考、感知、行动和学习的中心。

## 1.4　电子信息材料与器件——万物互联之芯

长期以来，人类的历史是以材料来划分的，如石器时代、青铜时代、铁器时代。人们将铁器时代和蒸汽时代之后的时代称为信息时代，信息时代的发展同样离不开材料的发展，而电子信息材料与器件就是万物互联之芯，鉴于此，本书从以下四个方面进行介绍：

全面感知——敏感材料与器件：触觉——力敏、热敏传感材料与器件，视觉——光敏传感材料与器件，嗅觉——气敏传感材料与器件，其他传感材料与器件（如压敏、湿敏）。

可靠传输——信息传输材料与器件：传输线理论，信息传输材料（导体材料、高分子材料、微波电介质陶瓷、压电单晶和薄膜材料），射频元件（射频电缆、传输线、微波谐振器和滤波器）。

安全存储——信息存储材料与器件：磁存储材料与器件，半导体存储材料与器件，铁电存储材料与器件，忆阻器材料与器件。

智能处理——无源电子材料与器件：电阻器（薄膜电阻器和厚膜电阻器等），电容器（陶瓷电容器和有机介质电容器等），电感器（线绕电感器和片式电感器等）。

　**参考文献**

[1]　格雷克．信息简史［M］．高博，译．北京：人民邮电出版社，2013.
[2]　王振世．大话万物感知——从传感器到物联网［M］．北京：机械工业出版社，2021.
[3]　吴亚林，王劲松．物联网用传感器［M］．北京：电子工业出版社，2012.
[4]　加来道雄．物理学的未来［M］．伍义生，杨立盟，译．重庆：重庆出版社，2012.
[5]　雷智，李卫，张静全，等．信息材料［M］．北京：国防工业出版社，2009.
[6]　林健．信息材料概论［M］．北京：化学工业出版社，2007.

# 2

# 全面感知——敏感材料与器件

伽利略用数学对自然进行描绘，把可以量化和测量的物质实体称为物质的"第一性质"，如形状、数量和运动，而把其他特性、主观精神的映射称为第二性质，如颜色、声音、味道或气味。对于第二性质，人作为个体来说可以有很高的灵敏度，但是这种主观感受却很难与其他人进行共享，而传感器却可以将这种性质转换成数字信号，互相之间进行比较。

人类的五官具有视觉、听觉、嗅觉、味觉、触觉等多种感知能力，而传感器是人类五官的延长，被称为电五官。模仿人的感觉器官获取信息的"五官"传感器与人体某个感官对应着：光敏传感器对应人的视觉器官，气敏传感器对应人的嗅觉器官，声敏传感器对应人的听觉器官，化学传感器对应人的味觉器官，力压敏、温敏、流体传感器对应人的触觉器官。传感器可以帮助人们获取更准确可靠的信息，并进行响应，将非电量（光、声、温度、湿度、压力、香味等）变成电学量，如电荷量、电压、电流、电阻、电容、电感等。而传感器又是如何来进行信息采集的呢？传感器的核心是敏感材料，敏感材料的定义是可以感知物理量、化学量或生物量（如电、光、声、力、热、磁和气体分布等）等的微小变化，并能够根据变化量呈现出明显特征变化的材料。

## 2.1 触觉——力敏、热敏传感材料与器件

触觉是指分布于全身皮肤上的神经细胞接受来自外界的温度、疼痛、压力、振动等感觉。触觉使人们可以精确地感知、抓握和操纵各种各样的物体，是人类和环境互动的一种重要方式。近年来，触觉感知在工业、家庭服务和生物医学工程中越来越重要，利用敏感材料开发的智能触觉感知系统，可以更好地提高人们生活水平。

### 2.1.1 压电材料与器件——力敏

人体对力、振动或触摸的反馈是触觉的一种重要感知。压电材料是一种广泛存在的材料，其可以制成力敏元件，将机械能变成电信号。压电（piezoelectric）的字面意思是"压力引起的电"。"piezo"这个词源于古希腊单词 piezein，意思是"按压"或"挤压"。

压电材料和元件广泛应用于手机、汽车电子、医疗技术和工业系统等领域，如利用压电原理，超声探头通过回声可以捕捉子宫内未出生婴儿的图像，汽车上的倒车雷达、喷油器、轮胎压力传感器、发动机爆振传感器、动态压力传感器等。

### 2.1.1.1 压电效应和性能参数

压电材料包括各种类型的陶瓷、聚合物、晶体和复合材料，他们在受到外部压力时可以产生电压，或者相反，在施加电压时可以伸缩。压电材料对机械力/压力响应导致电荷/电压产生的过程称为正压电效应。相反，施加电荷/电场导致机械应力或应变的感应被称为逆压电效应（图 2-1）。

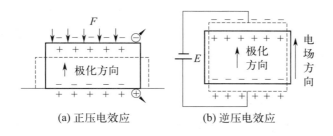

(a) 正压电效应　　　　(b) 逆压电效应

图 2-1　压电效应

压电材料往往是一种绝缘体，而且其压电效应与晶体的对称性密切相关。根据物体的晶体学基础，所有晶体按照对称性可分为 7 大晶系、14 种布拉维格子、32 种晶体学点群、230 种空间群。在 32 种晶体学点群中有对称中心的 11 个晶类不具有压电效应，而无对称中心的 21 个晶类中 20 个呈现压电效应。压电效应与晶体对称性的关系如图 2-2 所示。

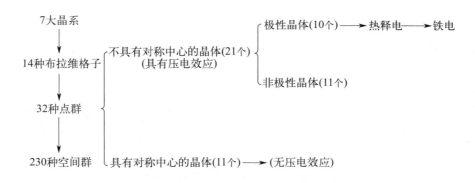

图 2-2　压电效应与晶体对称性的关系

下面介绍几种常见的压电基本性能参数。

（1）压电常数

压电常数是衡量压电材料性能的重要物理参数，它是机械能转换为电能或电能转换为机械能的转换系数，它是反映弹性参数和电学参数间相互耦合的线性响应系数。由于压电材料的各向异性，因此使用 4 组三阶张量描述压电常数，分别为压电应变常数 $d_{ij}$、压电

电压常数 $g_{ij}$、压电应力常数 $e_{ij}$ 和压电刚度常数 $h_{ij}$。其中 $i=1,2,3$，表示电学参量（电场或电位移）的方向；$j=1,2,\cdots,6$，表示力学量（应力或应变）的方向。最常用的是压电应变常数 $d_{33}$，表示极化方向与测量时的施力方向相同，常用单位为 pC/N。

（2）机电耦合系数

机电耦合系数 $k$ 是综合反映压电材料性能的参数，它表示压电材料的机械能与电能的耦合效应，是生产上用得最多的参数之一。机电耦合系数的定义为

$$k=\sqrt{\dfrac{电能转换成机械能}{输入的电能}} \tag{2-1}$$

$k$ 的数值越大，表明压电材料对能量转换的效率越高。压电陶瓷的机电转化与其形状和振动模式密切相关，不同的振动模式对应不同的机电耦合系数，如 $k_p$ 称为平面机电耦合系数，对应薄圆片的径向伸缩模式；$k_{31}$ 为横向机电耦合系数，对应薄形长片的长度伸缩模式；$k_t$ 为厚度机电耦合系数，对应薄板的厚度伸缩振动模式。

（3）品质因数

机械品质因子 $Q_m$ 表示陶瓷材料在谐振时机械损耗的大小，是衡量压电材料性能的另一重要参数。机械损耗的原因是存在内摩擦。当压电元件振动时，要克服摩擦而消耗能量。$Q_m$ 与机械损耗成反比，$Q_m$ 值越大越有利于谐振工作模式下的器件。大功率器件需要材料具有大的 $Q_m$ 值。

$$Q_m=2\pi\times\dfrac{压电振子谐振时储存的机械能}{压电振子谐振时每周期消耗的机械能} \tag{2-2}$$

对于非谐振模式，材料的压电常数通常被认为是器件的优质因子，如压电应变常数 $d$ 作为最普遍使用的参数，对传感器类器件十分重要；压电电压常数 $g$ 则能反映器件的灵敏度。$d$ 和 $g$ 的乘积则是非谐振传感器/换能器的关键参数，可反映器件的能量密度。

### 2.1.1.2　钙钛矿结构与铁电性

目前得到商业化广泛应用的压电材料，多属于钙钛矿型结构，下面以钙钛矿结构为例进行介绍。

（1）钙钛矿型结构

钙钛矿型结构的化学式可写成 $ABO_3$，其中 A 可以是一到三价正离子，B 可以是一到六价正离子。其晶胞结构如图 2-3（a）所示，A 离子位于六面体的八个顶角上，氧离子位于六面体的六个面心，B 离子位于六面体的中心。钙钛矿型结构也可以看成由氧八面体组成。如果将六面体上的六个氧离子分别用直线连接，就成为氧八面体。其中央被一个较小的金属离子（即 B 离子）所占据，另一个较大的金属离子（即 A 离子），则处在八个氧八面体的间隙中，如图 2-3（b）所示。

图 2-3 是理想状态，即使氧八面体稍微有畸变，也仍属钙钛矿型结构。另一方面，图中画出的晶胞结构只表示离子的排列位置，并没有如实反映出离子的大小。由于正负离子之间互相吸引，使得各离子尽可能紧密地堆积在一起，如果把不同的离子看成是一些半径不同的小球，则整个晶体就可认为是由许多规律排列的离子紧密堆积而成的，如图 2-4 所示。

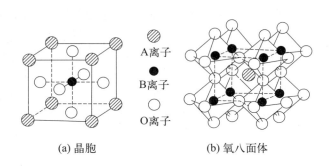

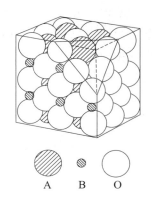

图 2-3 钙钛矿型的晶胞结构      图 2-4 钙钛矿型结构的离子堆积模型

对于 $BaTiO_3$，$Ba^{2+}$ 的离子半径为 0.160nm（配位数为 12），$Ti^{4+}$ 的离子半径为 0.061nm（配位数为 6），$O^{2-}$ 的离子半径为 0.140nm（配位数为 6）。从这些数据可以看出，钙钛矿型结构中 A 离子半径与氧离子半径比较接近，所以 A 离子与氧离子实际上形成了密堆积。由于 B 离子半径远小于氧离子半径和 A 离子半径，所以 B 离子位于氧八面体间隙。如果 B 离子半径与氧离子半径相近，不可能形成钙钛矿型结构。钙钛矿型结构具有如下一些性质。

① 种类广泛的正离子可以互相置换，但必须满足下列条件：

$$r_A + r_O = t\sqrt{2}(r_B + r_O) \tag{2-3}$$

式中，$\bar{r}_A$、$\bar{r}_B$ 为 A 离子、B 离子的平均半径；$r_O$ 为氧离子半径；$t$ 为容忍因子，$t=1.0$ 时为理想钙钛矿型结构，$t \neq 1.0$ 且 $t$ 值在 0.9~1.1 之间则为畸变钙钛矿型结构。

② 在一定条件下，钙钛矿型结构可以出现 A 空位或氧空位。一般认为难以出现 B 空位，但特殊情况下也不排除 B 空位的可能（如透明压电陶瓷，B 空位与 A 空位可能同时存在）。

③ 钙钛矿型化合物之间，或钙钛矿型与非钙钛矿型（但必须为 $ABO_3$ 形式）化合物之间可形成两种或多种化合物的固溶体而不改变晶格的钙钛矿型结构。

④ 晶格结构将随温度变化而变化，其晶胞参数 $a$、$b$、$c$ 和 $\alpha$、$\beta$、$\gamma$ 相应改变。对于某些钙钛矿型结构，当温度低于某一温度 $T_c$ 时转变为四方晶系，存在压电效应。$T_c$ 为相变温度，通常称为居里温度。

（2）自发极化与电畴

铁电性钙钛矿型晶体在居里温度以上属于立方晶系（$a=b=c$），在居里温度以下属四方晶系（$a=b<c$）。钙钛矿型压电材料的压电效应是由晶体结构所决定的，只在温度低于居里温度时才具有压电效应。

以 $BaTiO_3$ 为例：居里温度以上，晶胞为立方体，正离子（$Ba^{2+}$、$Ti^{4+}$）的对称中心（即正电荷中心）位于立方体中心，负离子（$O^{2-}$）的对称中心（即负电荷中心）也位于立方体中心，这时正、负电荷中心重合，不出现电极化，如图 2-5（a）所示。而在居里温度以下，立方晶胞转变为四方晶胞，边长出现 $a=b<c$ 的关系，此时 $Ti^{4+}$ 沿 $c$ 轴方向

偏离其中心位置的机会远大于其沿 $a$ 轴或 $b$ 轴方向偏离的机会，晶胞在 $c$ 轴方向产生了正、负电荷的中心不重合，如图 2-5（b）所示，也就是说，晶胞出现了电极化。极化方向从负电荷中心指向正电荷中心。这种极化不是外加电场产生的，而是晶体的内因产生的，故称为自发极化。

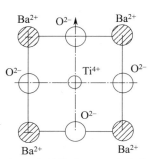
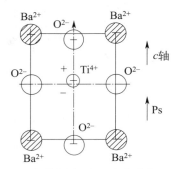

(a) 立方晶相时，正、负电荷        (b) 四方晶相时，正、负电荷中心
中心重合，不出现电极化              不重合，出现平行于 $c$ 轴的电极化

**图 2-5　钛酸钡型结构的电极化**

值得注意的是，虽然 $BaTiO_3$ 中自发极化的出现与 $Ti^{4+}$ 在 $c$ 轴方向的位移有着密切关系，如由 X 射线及中子衍射实验证明，$Ti^{4+}$ 位移为 $0.12Å$，比 $O^{2-}$ 位移 $-0.03Å$ 或 $Ba^{2+}$ 位移 $0.06Å$ 大得多，但不能认为自发极化的产生仅是 $Ti^{4+}$ 位移的结果，因为其他离子也起着重要的作用，如 $PbTiO_3$ 中，$Pb^{2+}$ 离子的位移比 $Ti^{4+}$ 离子的位移要大得多。

钙钛矿型晶体，它从立方相转变成四方相时，原来立方晶胞三个晶轴中的任何一个都有可能成为四方晶胞中的 $c$ 轴。而自发极化是平行于 $c$ 轴的，所以各晶胞的自发极化取向也可能彼此不同。为了使晶体能量处于最低状态，晶体中就会出现许多小区域，每个区域内各晶胞的自发极化有相同的方向。自发极化方向一致的区域称为电畴。整个晶体包含了许多电畴，即使是完整的单晶铁电体，一般也不会只含一个电畴，因为单畴结构对应于较高的自由能。多晶陶瓷的每个晶粒通常含多个电畴。电畴的形状、大小根据晶体结构、晶体缺陷、内部畸变等情况而异，但大多数是几微米厚的层状结构。四方相时自发极化取向只能与原立方相三个晶轴之一平行，而沿同一极化轴也可以有反平行方向。所以自发极化的取向可能有六个方向，但相邻电畴的极化方向只能交成 90° 或 180°，相邻电畴的交界面就分别称为 90° 畴壁或 180° 畴壁。图 2-6 为 90° 畴壁和 180° 畴壁的示意图，图中每个小箭头表示每个晶胞中自发极化的方向，AA′ 是 90° 畴壁，BB′ 是 180° 畴壁。180° 畴壁是很薄的，一般只有几个晶胞

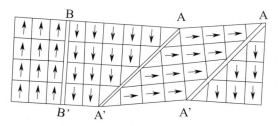

**图 2-6　四方晶体的 90° 畴壁和 180° 畴壁**

的厚度，而 90°畴壁则有几十个晶胞的厚度，为了使体系的自由能降至最低以及畴壁间不出现空间电荷积累，90°畴壁两侧之自发极化方向都是"首尾连接"的。事实上，90°畴壁两侧的极化方向并不是正好相交 90°。

在一块晶体上加足够高的强电流电场时，自发极化方向与电场方向一致的电畴便不断增大，而自发极化方向与电场方向不一致的电畴则不断减少，经历了新畴的成核-成长过程，最后整个晶体由多畴趋向于单畴，自发极化方向与电场方向趋于一致。这一过程称为电畴的转向。为了表示区别，习惯上把 180°畴改变方向叫 180°反转，而把 90°畴改变方向叫转向。用电场等改变电畴的方向叫开关（或开关效应）。不论是 180°畴反转或 90°畴转向，都必须经历新畴的成核和成长过程。

在 180°畴的反转过程中，当施加反向电场时，首先边沿或缺陷处出现许多新畴，即所谓成核，然后这些新畴的劈尖迅速向前发展。而畴壁两旁则扩展很慢，畴壁侧向移动速度要比劈尖的向前移动速度慢好几个数量级。由于 180°畴壁两侧的自发极化方向是反平行的，故其晶体的形变方向是一致的。所以在 180°畴壁的运动过程中，晶体内部一般不产生应力。90°畴的转向和 180°畴反转也是相似的，不同之处是新旧畴之间的自发极化方向相差 90°，而新畴的发展，主要靠外电场推动 90°畴壁的侧向移动，且侧向移动与劈尖前移速度比较接近。同时由于 90°畴壁两侧自发极化方向接近正交，晶轴的胀、缩方向不一致，畴壁的运动使晶体内部出现应力。不论是 180°畴或 90°畴，电场强度大、温度高有利于成核，反之则不利。

在实际铁电体中，必然是 90°畴壁和 180°畴壁的运动同时存在，彼此影响，互相牵制。特别是陶瓷中，由于杂质、缺陷、晶界、空间电荷等的存在，给电畴的运动带来电或机械应力方面的影响。铁电陶瓷在外电场作用下的定向率，通常比铁电单晶的定向率低得多。

要使自发极化本来杂乱无章的多晶陶瓷有一个总的极化取向，需要外加一定的强直流电场，迫使陶瓷内部各晶粒以及晶粒内的电畴按电场方向取向。图 2-7 表示铁电陶瓷中的电畴在极化处理前后的变化情况。在极化处理前，各晶粒内存在许多自发极化方向不同的电畴，陶瓷内的极化强度为零。极化处理后，撤销外电场，各晶粒的自发极化在一定程度上按原电场方向取向，陶瓷内的极化强度不再为零，这就是剩余极化强度。

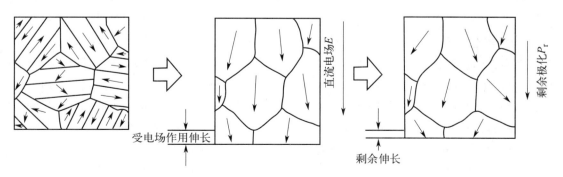

图 2-7  铁电陶瓷的人工极化过程

### 2.1.1.3 铅基钙钛矿压电陶瓷

（1）二元系 PZT 陶瓷

锆钛酸铅是重要的压电陶瓷材料，是 $PbZrO_3$-$PbTiO_3$ 二元系固溶体（简称 PZT），属钙钛矿型结构。锆钛酸铅属于取代式固溶体，其中部分 $Zr^{4+}$ 离子被 $Ti^{4+}$ 离子所取代（或部分 $Ti^{4+}$ 被 $Zr^{4+}$ 所取代），仍然保持 $ABO_3$ 钙钛矿型结构。化学式可表示为 $Pb(Zr_{1-x}Ti_x)O_3$，也可写成 $(1-x)PbZrO_3$-$xPbTiO_3$ 形式，其中 $x$ 值小于 1。

图 2-8 是 $Pb(Zr,Ti)O_3$ 固溶体在较低温度时 $T$-$x$ 相图。一条横贯相图的 $T_c$ 线把顺电立方相与铁电（菱形三角）相和铁电（四方）相分开。这条 $T_c$ 线表示在 Zr/Ti 比不同处相转变温度（居里温度）也不同，并且随着 Ti 含量的增加而升高。

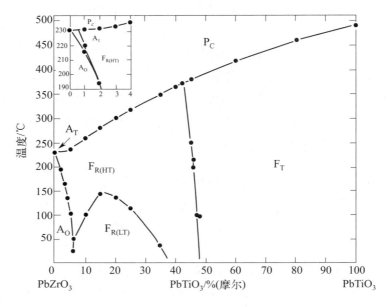

**图 2-8    $PbZrO_3$-$PbTiO_3$ 二元系溶体相图**

$P_c$—顺电立方相；$A_T$—反铁电四方；$A_O$—反铁电正交相；$F_T$—铁电四方相；$F_R$—铁电菱形三角相

在相变温度以下，在 Zr/Ti 约为 53/47 附近，有一条铁电菱形相与铁电四方相的相转变界线（简称相界线，又称准同型相界）。在相界的右边（即富 Ti 边）为四方晶相，相界左边（即富 Zr 边）为菱形（或称三角）晶相，该相界线几乎不随温度高低而变化。从相图还可以看到，在菱形相区内分为高温菱形[$FR_{(HT)}$]相和低温菱形[$FR_{(LT)}$]相。在室温时后者的 Zr/Ti 范围从 94/6 到 63/37，前者的 Zr/Ti 范围是从 63/37 到 55/47。在四方和菱形晶相时，晶体都具有压电效应。四方相自发极化方向是沿晶胞伸长的轴向（即 $c$ 轴），菱形相的自发极化方向则沿晶胞的空间对角线方向。另外，在相变温度以下，Zr/Ti 从 100/0 到 94/6 的窄范围内，固溶体属反铁电正交相，无压电效应，类似 $PbZrO_3$。

很明显，随着 Zr/Ti 比达到一定程度，会引起晶体结构的质变。图 2-9（a）中给出 $PbZrO_3$-$PbTiO_3$ 二元系晶格常数随组成的变化。在四方铁电相区域，随 Zr 含量增加 $a$（$b$）轴显著增长，而 $c$ 轴稍有缩短。四方晶系畸变 $c/a-1$ 急剧下降。如图 2-9（b）所示，在菱形铁电相区，随 Zr 含量增加 $a(=b=c)$ 仅略伸长，晶格畸变（$90°-\alpha$）略为下降。这一事实证明四方铁电相的稳定性对于组成变化的反应是敏感的，而菱形铁电相对于组成变化的反应则不甚明显。

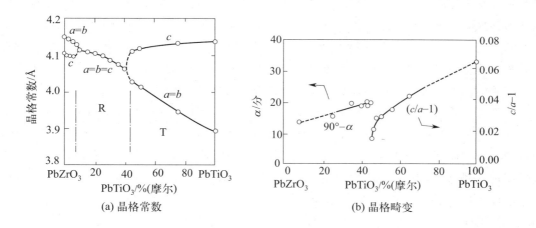

(a) 晶格常数 　　　　　(b) 晶格畸变

**图 2-9　PbZrO₃-PbTiO₃ 系室温下的晶格常数与晶格畸变**

Jaffe 等在研究 $PbZrO_3$- $PbTiO_3$、$PbTiO_3$-$PbSnO_3$、$PbTiO_3$- $PbHfO_3$ 等系统时发现组成靠近相界时，介电常数 $\varepsilon$、弹性柔顺常数 $s$、机电耦合系数 $k_p$ 等都增大，并且在相界附近具有极大值，如图 2-10(a) 所示。而机械品质因数 $Q_m$ 的变化趋势却相反，在相界附近具有极小值。

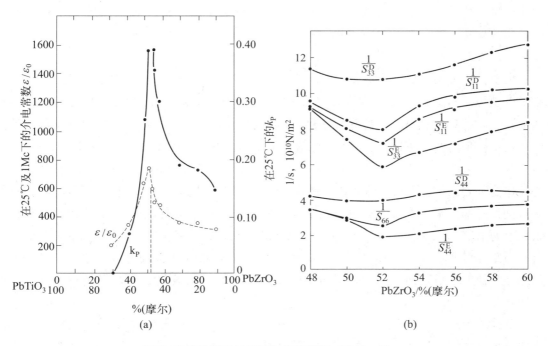

(a) 　　　　　　　　　(b)

**图 2-10 锆钛酸铅二元系在相界附近 (a) $k_p$ 值、**
**介电常数 $\varepsilon$ 与组成的关系，　(b)弹性柔顺系数的倒数与组成关系**

一般的解释是由于准同型相界处的晶体结构属于四方菱形两相过渡的特殊情形造成的。实验证明，准同型相界并不是一条非常明确的成分界线，而是具有一定宽度（成分比）范围内相重叠区，即四方相和菱形相两共存区，陶瓷体内晶粒之间或晶粒内部可同时存在四方相和菱形相、而且两相之间的自由能很相近。由于两相之间的自由能差很小，转变激活能低，只要微弱外电场的诱导，就能产生相结构的转变，这有利于铁电活性离子的迁移和极化，使自发极化方向尽可能调整统一到外电场方向上来，因此介电常数 $\varepsilon$ 特别大，机电耦合系数也大。同时，铁电活性离子容易迁移，自发极化加强，介质损耗因而增大。由于畴的取向充分，畴运动过程的内摩擦亦必然加剧，因而机械品质因数下降。

弹性柔顺系数 $s$ 表示物质在单位应力下所发生的应变，是弹性体柔性的一种量度。图 2-10(b) 中可见，相界附近弹性柔顺常数倒数出现极小值。若将适当的应力作用于晶体，就能使四方相向菱形相或菱形相向四方相转变。例如，将作用于四方晶系晶体 [111] 方向的张力逐步增加，到某一应力值四方相变为菱形相，因为两相自由能差很小，所以只要很小的应力就能引起相变，此时伴随较大的应变。即，四方相晶体对于 [111] 方向的张力表现出力学柔顺性。对于四方相的陶瓷，在应力作用下，适当方位的晶粒将进行如上相变。另外某些四方晶胞的 $a$ 轴和 $c$ 轴也容易发生变换，这都有助于陶瓷的应变。这两种应变的产生使陶瓷易于变形。由于在相界附近锆钛酸铅在单位应力产生的应变大，故而相界附近弹性柔顺常数变高。

相界附近压电常数 $d$ 大的原因与上述弹性柔顺常数大的原因相同。自发极化 $P_s$ 的方向 [100] 或 [111] 对于外界应力 $T$ 是敏感的，即在应力作用下，电位移 $D$ 变化很大。压电常数是反映力学量（应力）与电学量（电位移）间相互耦合的线性响应系数。其值的大小直接表征了压电效应的强弱。显然，在相界附近锆钛酸铅在单位应力产生的电位移大，作为反映，$D$ 与 $T$ 之间关系的压电常数也就大。

（2）掺杂改性 PZT 陶瓷

由上分析可知，要想获得性能不同的 PZT 压电陶瓷，可以采用调整 Zr/Ti 比的方法来部分实现。例如 $k_p$ 高、$\varepsilon$ 高的压电瓷料，配方可以选择 Zr/Ti 比在准同型相界附近；如要高 $Q_m$、低 $k_p$ 的材料，配方应选择 Zr/Ti 比尽量离开相界。然而，仅靠调节 Zr/Ti 比的途径所获得的瓷料是远难以适应实际应用需求的。例如，用作水声换能器材抖，属于接收型的，要求压电常数 $g_{33}$ 或 $g_{31}$ 大，$k_{33}$ 或 $k_p$ 高；属发射型的，除了要求 $k_{33}$ 或 $k_p$ 高之外还要求 $Q_m$ 高、强场下的介质损耗小（即 $Q_E$ 高）、压电性能不易衰退；电声材料的要求是机电耦合系数 $k$ 高，介电常数 $\varepsilon$ 大。有些要求对于未改性的 PZT 来说是矛盾的。未改性的 PZT，$k_p$ 高往往 $Q_m$ 较低，介电常数 $\varepsilon$ 大往往介质损耗也大；$k_p$ 高、$\varepsilon$ 大的材料，稳定性可能不太好。另一方面，未改性的 PZT 各项性能指标也未能达到足够的高。因此，为使 PZT 具有更广泛的适应性及具有更佳的应用效果，需要对 PZT 配方进行改性。

改性的方法往往是在 PZT 中加入一些杂质，使材料性能得到改善，这种方法一般称为"掺杂改性"。根据改性元素与原晶格离子价数的异同，"掺杂改性"可分为"同价取代改性"和"异性添加改性"两种。对 PZT 进行改性的可行性在于钙钛矿结构允许多种正离子进行占位，以及钙钛矿结构中可以产生一定数量的 A 空位和 O 空位。

① 同价取代改性。同价取代（或置换）改性、是指用一些与 $Pb^{2+}$ 或 $Zr^{4+}$（或 $Ti^{4-}$）离子同价而离子半径也相近的元素加入固溶体中，代替原来部分正离子（往往占据正常晶格位置）形成代位式固溶体，晶格结构仍然属钙钛矿型，而性能得到改善。

常用取代 $Pb^{2+}$ 的元素是碱土金属元素 $Ba^{2+}$、$Sr^{2+}$、$Ca^{2+}$、$Mg^{2+}$ 等。$Ba^{2+}$ 的半径（0.160nm）大于 $Pb^{2+}$ 的半径（0.149nm），所以用 $Ba^{2+}$ 时，将使晶胞体积增大。$Sr^{2+}$（0.144nm）、$Ca^{2+}$（0.134nm）、$Mg^{2+}$（0.078nm）取代 $Pb^{2+}$ 时，将使晶胞体积缩小。特别是 $Mg^{2+}$ 半径比 $Pb^{2+}$ 小得多，将使晶胞畸变大，故其固溶度最小。不同元素取代对材料性能的影响也不相同：$Ba^{2+}$ 部分取代 $Pb^{2+}$ 后，介电常数明显提高，$k_p$ 值较高，频率温度特性可以得到改善，但 $Q_m$ 较低；$Sr^{2+}$ 部分取代 $Pb^{2+}$ 后明显提高介电常数，$k_p$ 较高，$Q_m$ 也较高，频率温度特性也较好，并可降低烧结温度；$Ca^{2+}$ 取代使 $k_p$ 和 $Q_m$ 降低，但频率温度稳定性良好；$Mg^{2+}$ 取代后提高 $Q_m$ 与 $k_p$ 值，并可明显降低烧结温度，但烧结范围变窄。

同价取代也存在一些共同点，如：

a. 居里温度比纯 PZT 要下降一些，提高了室温介电常数，也相应地提高压电常数和 $k_p$ 值。

b. 固体的相界产生移动，一般移向 Zr 侧。例如当 $Sr^{2+}$ 的置换量为 12.5% 时，相界移到 Zr/Ti 约 56/44 处。

c. 材料的密度有所增加。如少量的 $Ca^{2+}$ 或 $Sr^{2+}$ 或 $Mg^{2+}$ 对陶瓷的烧结有一定助熔作用，密度增大。显微结果表明，$Sr^{2+}$ 或 $Ca^{2+}$ 的还能抑制晶粒生长，陶瓷致密性提高，$Q_m$ 值提高。

d. 加入量要适当，太多时则晶体结构有向顺电相转化，性能下降。$Ca^{2+}$ 的取代量达到 8% 之后，性能变差。$Sr^{2+}$ 的取代量以 5%～10%（原子）为佳。而 $Mg^{2+}$ 的取代量不超过 5%。

为什么同价取代可以达到改性效果呢？压电陶瓷经人工极化处理后，电畴按极化电场方向取向排列，取向程度愈高，压电活性愈强（例如 $d$ 和 $k_p$ 大）。晶体结构完整的材料，电畴 90° 转向比较困难，因而对剩余极化强度的贡献主要来自极化时 180° 反转的电畴（对于四方相，包括原来就沿极化方向的电畴，共约占 1/3）。压电性能没有被充分发掘，如果晶胞的结构发生一定畸变，极化处理时就有利于电畴（特别是 90° 畴）转向，压电活性有所提高。

选择碱土金属离子取代铅离子，可达到晶胞结构发生畸变的效果。因为离子半径与 $Pb^{2+}$ 有一定差异，它们的取代必然引起晶胞结构一定的畸变。而一个取代元素的离子，往往会影响附近每一方向 5～10 个晶胞的畸变，对于三维空间就是近 $10^3$ 个晶胞的畸变，所以造成的晶格畸变足以影响整个晶体。这种取代既不会损害自发极化的产生又有利于电畴的充分取向排列，因而可以达到充分发掘压电性的效果。

② 异价添加改性。所谓异价添加改性，指在 PZT 中加入与原来晶格离子化学价不同的元素离子，或者 $A^{1+}B^{5+}O_3$ 和 $A^{3+}B^{3+}O_3$ 化合物分子。由于添加物种类很多，下面分

别进行讨论。

　　a. "软性"添加改性

　　软性添加改性指添加价数高于 A 或 B 离子的离子，使晶格出现空位，从而材料性质向"软"变化。这类添加物有：$La^{3+}$、$Bi^{3+}$、$Sb^{3+}$、$Nd^{3+}$ 等进入 A 位，$Nb^{5+}$、$Ta^{5+}$、$Sb^{5+}$、$W^{6+}$ 等进入 B 位。通常是金属氧化物（例如 $La^{3+}$ 用 $La_2O_3$、$Nb^{5+}$ 用 $Nb_2O_5$）外加到配方的主成分（即基本组成，指一定 Zr/Ti 比的固溶体，包括取代原子在内）之中，以配方基本组成重量百分比来计算。

　　所谓性能向"软"变化，包括：介电常数升高；介质损耗增大；弹性柔顺系数增大；机械品质因数降低；机电耦合系数增大；矫顽电场降低，电滞回线趋于矩形；体积电阻率显著提高；老化性能较好。

　　为什么这类添加物能够起到"软"性改性作用呢？首先从结构上看。金属离子进入固溶体后，可能占据 $Pb^{2+}$ 或 $Zr^{4+}$、$Ti^{4+}$ 的位置，具体进入什么位置，由添加物的离子半径大小（与原子价数及配位数有关）而定。半径较大的离子（如 $La^{3+}$、$Bi^{3+}$、$Sb^{3+}$ 等）进入 $Pb^{2+}$ 的位置（A 位置），由离子价数更高，晶胞中出现超额的正电荷，为维持电中性就必然出现 $Pb^{2+}$ 空位来补偿。如，添加 $La_2O_3$ 的 PZT 陶瓷，在通常烧结条件下便有：

$$0.01La_2O_3 + Pb(Zr,Ti)O_3 \longrightarrow Pb_{0.97}La_{0.02}[铅空位]_{0.01}(Zr,Ti)O_3 + 0.03PbO\uparrow$$

$$(2-4)$$

对于半径较小的离子（如 $Nb^{5+}$、$Ta^{5+}$、$Sb^{5+}$ 等）加入固溶体后将进入 $Zr^{4+}$、$Ti^{4+}$ 位置，它们的价数比 $Zr^{4+}$、$Ti^{4+}$ 高，使晶胞出现超额正电荷，同样需要产生 A 空位来补偿。同理，二个正五价离子（如 $Nb^{5+}$）占据两个 B 位将出现一个 A 空位。

　　其次，晶格结构上产生的变化（A 空位的产生）将导致性质上的变化。A 空位使电场作用下陶瓷所发生的几何形变而造成的内应力，在一定的空间范围内得到缓冲，因而使电畴转向或反转时所要克服之作用势垒降低，畴壁易于移动，故矫顽电场降低，相应的介电常数 $\varepsilon$ 增大，机电耦合系数增大而介质损耗也增大，机械品质因数降低。也可能是由于应力在一定空间范围内得到缓冲的原因，当外施极化电场极化时所造成的内应力较小，而除去电场后由于畴壁容易运动，使得电畴转向所造成的内应力易于释放，所以老化性能好。

　　为何软性添加物能使 PZT 陶瓷的体积电阻率明显提高，首先涉及 PZT 的电导性质。实验表明，PZT 的电导是 p-型电导。这是由于在高温烧结过程中 PbO 的蒸气压较高，挥发性大，绝大部分含 Pb 陶瓷在烧结过程中会不同程度地出现失 Pb 现象，即形成非化学计量比的 Pb 缺位。Pb 缺位要吸引电子来完成周围氧的电子壳层，它们作为受主按照下式作用使晶格存在空穴（电子不足）：

　　　　　　　　　　铅缺位→两价负电中心＋两个空穴　　　　　　　　　　(2-5)

　　空穴是 PZT 主要载流子，空穴浓度越小，则电导率越小，体积电阻率越大。加入软性添加物时，如 $La^{3+}$ 置换 $Pb^{2+}$，由于多提供了价电子，作为施主使 $Pb^{2+}$ 缺位所造成的电子不足得以补偿，使空穴浓度减小以至消失，因而体积电阻率显著提高。同时材料可以承受更高的电场强度，有利于提高极化场强，使电畴取向更充分，有利于提高介电常数和机电耦合系数。

值得注意的是 PbO 挥发所造成的 Pb 缺位与软性添加物所引起的 $Pb^{2+}$ 空位不同，前者可通过预先在配料中多增加一些 PbO 来弥补或采取工艺措施加以防止，但是软性添加物所引起的 $Pb^{2+}$ 空位是维持晶格中电中性所必需的，是不可弥补或消除的。

b. "硬性"添加改性

所谓"硬性"添加改性是指添加价数低于 A 或 B 离子的正离子，使晶格出现 O 空位，使材料性质向"硬"的方面变化。这类添加物有 $K^+$、$Na^+$ 等进入 A 位；$Fe^{2+}$、$Co^{2+}$、$Mn^{2+}$（或 $Fe^{3+}$、$Co^{3+}$、$Mn^{3+}$）、$Ni^{3+}$、$Mg^{2+}$、$Sc^{3+}$ 等进入 B 位。

"硬性"添加物的作用恰好与"软性"添加物相反，使压电陶瓷性能向"硬"变化，即：介电常数降低；介质损耗减小；弹性柔顺系数降低；机械品质因数提高；机电耦合系数降低；矫顽电场提高；体积电阻率下降；颜色较深。

"硬性"添加物与"软性"添加物相比，不同点是"硬性"添加物起受主作用不是施主作用，在晶格中它引起的是氧空位而不是铅空位。不管"硬性"添加物是占据 A 位还是 B 位（例如 $K^+$ 进入原来的 $Pb^{2+}$ 位置、$Sc^{3+}$、$Fe^{3+}$、$Mg^{2+}$ 进入原来的 $Zr^{4+}$、$Ti^{4+}$ 位置），它们都比原来离子的价数低，少提供了电子，因而它们作为受主使晶格中的负电中心和载流子空穴浓度增加。前面提到，"纯"（即未加改性）PZT 属 p-型电导（电子不足），而硬性添加物又作为受主，因而增加了空穴电导率，使陶瓷的电阻率下降。由于空穴浓度的增加，从平衡方面考虑，将不利于产生空穴的 Pb 缺位的形成，因此在某一高温烧结条件下获得陶瓷中 Pb 缺位的浓度将略有减少，但不随添加物浓度的增加线性地减少，不足以对陶瓷的导电性及电阻率发生根本性的影响。

实验发现，因受主添加，陶瓷 p-型电导性增加有限（只能增加大约一个数量级），此后若继续增加添加物的量（即增加空穴浓度）则有利于产生氧空位：

$$2h + O^{2-} \longrightarrow O \uparrow + V_O \qquad (2\text{-}6)$$

式中，h 为空穴；$V_O$ 为氧空位。这限制了晶格中空穴浓度的增加。式(2-6) 表示，在晶格中引入"硬性"添加物，由于价数比所取代的原来离子价数低，少提供电子（即提供了空穴），为维持电中性，需要使晶胞中负离子的总价数作相应的降低，于是每两个空穴就要产生一个氧空位。例如 $K^+$ 取代 $Pb^{2+}$，$Fe^{3+}$ 取代 $Zr^{4+}$ 或 $Ti^{4+}$，每两个离子的取代便产生一个氧空位。而用 $Mg^{2+}$ 取代 $Zr^{4+}$ 或 $Ti^{4+}$，则一个 $Mg^{2+}$ 产生一个氧空位。还必须注意，由"硬性"添加物产生的氧空位，是不可能通过增加氧气氛（例如通氧烧结）来消除的，因为它是维持晶胞电中性所必需的。同时，晶格中只允许有低浓度的氧空位出现，故添加物的量不宜过多。一定数量的氧空位出现会使晶胞出现收缩和畸变。

作为"硬性"添加改性材料的另一特点，是"空间电荷"问题。所谓"空间电荷"是指除正常的晶格位置存在着带电的正负离子之外，其他空间还可能存在电荷（如晶格缺位，杂质原子所提供的电子或空穴等）。实验表明，"硬性"添加物在 PZT 中可以产生相当数量的空间电荷，因为一方面，杂质原子在固溶体中只有很低的有限固溶度，多余的杂质原子积聚于晶界，为提供空间电荷作出贡献；另一方面，低价离子进入晶格并出现氧空位补偿时，该晶格位置过剩的负电性晶格场相当于一价或二价的受激空穴，氧空位处有过剩的正电性晶格场相当于一个二价的受激施主态。受激空穴（受主态）易于接受空穴，受激施主态易于俘获电子。故在一定的温度下，瓷体的空间电荷密度（受束缚的）增大。这些受束缚空间电荷不参与电导，但在热、电场等因素的激发下，可能在一定的空间转移或积聚。存在电畴时，空间电荷逐渐集结在畴壁上。负的空间电荷集结在电畴正端，正的空间电荷集结在电畴的负端，如图 2-11 所示。空间电荷集结后所建立起来的电场 $E_g$ 的方向与电畴原来自发极化的方向 $P_0$ 相同。因此若要

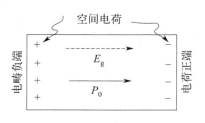

图 2-11　空间电荷产生的电场

通过外加电场使电畴方向反转，不但要克服原来畴的自发极化，还要克服空间电荷所造成的电场 $E_g$，换句话说，空间电荷的极化作用，抑制了畴壁的移动。

实验表明，硬性添加物还可以抑制晶粒生长。"硬性"添加只允许产生少量氧空位，而多余的添加物原子就积聚在晶界因而抑制晶粒增大，同时加强晶粒之间的结合能力。另一方面，引入"硬性"杂质时，晶格中存在一定数量的氧空位，可使烧结过程中之物质传递激活能大为降低，空穴的增多有助于抑制铅缺位（PbO 挥发），故又是很好的烧结促进剂。因此，"硬性"添加，PZT 陶瓷一般易于烧结，易获得细晶、致密、机械强度高的陶瓷。

因此，材料性质变"硬"的原因是："硬性"添加材料中氧空位数目比"软性"添加材料所允许的 A 空位数目大为减少；铅缺位减少，因而缓冲作用减弱，畴壁运动所要克服的作用势垒升高；晶胞收缩，氧八面体畸变，使电畴转向或反转受到更大的阻力；空间电荷密度的增加导致畴壁运动困难。因此，材料的矫顽场强 $E_c$ 增大，介电常数 $\varepsilon$ 降低，介质损耗 $\tan\delta$ 减小（电品质因数提高），机电耦合系数 $k$ 降低，弹性柔顺系数 $s$ 降低而机械品质因数 $Q_m$ 提高。另外，经极化处理后空间电荷在取向电畴两端的重新聚集，将使材料在长程时间范围内电畴的恢复原状显得缓慢，体现为时间稳定性较好。

PZT 是锆钛酸铅压电陶瓷的通用缩写，也曾经是美国 Vernitron 公司的注册商标，它以"PZT"，加上数字或字母来表示不同特性或规格，表 2-1 给出了常见压电陶瓷的压电性能。典型的配方有：Fe 掺杂的 PZT-4，Nb 掺杂的 PZT-5，Cr 掺杂的 PZT-6，La 掺杂的 PZT-7。其中，软性压电陶瓷（如 5A 和 5H）具有大压电常数、大机电耦合系数和高介电损耗等特点；硬性压电陶瓷（如 PZT-4 和 PZT-8）具有低压电常数、高品质因数和低介电损耗等特点。

（3）铅基复合钙钛矿陶瓷

以复合钙钛矿结构为代表的弛豫铁电体是压电材料的一个重要分支。钙钛矿型结构具有很强的通融性，以至可以用多种不同化合价的离子置换 A 或 B 离子。因此，1960 年斯莫伦斯基（Smolenskii）提出了复合钙钛矿型化合物的制备，其是指 A 位和 B 位由两种以上不同价态元素组合而成，A 位和 B 位总价为正六价。表示为：

$$(A_1,A_2,\cdots,A_k)(B_1,B_2,\cdots,B_l)O_3$$

表 2-1 压电陶瓷的压电性能

| 名称 | $T_c/℃$ | $d_{33}$ /(pC/N) | $d_{31}$ /(pC/N) | $d_{15}$ /(pC/N) | $k_{33}^{T}$ | $k_{33}$ | $k_{31}$ | $k_{15}$ |
|---|---|---|---|---|---|---|---|---|
| PZT-2 | 370 | 152 | −60 | 440 | 450 | 0.63 | −0.28 | 0.70 |
| PZT-4 | 325 | 285 | −122 | 495 | 1300 | 0.70 | −0.33 | 0.71 |
| PZT-4D | 320 | 315 | −135 | n/a | 1450 | 0.71 | −0.34 | n/a |
| PZT-5A | 365 | 374 | −171 | 585 | 1700 | 0.71 | −0.34 | 0.69 |
| PZT-5B | 330 | 405 | −185 | 564 | 2000 | 0.66 | −0.34 | 0.63 |
| PZT-5H | 195 | 593 | −274 | 741 | 3400 | 0.75 | −0.39 | 0.68 |
| PZT-5J | 250 | 500 | −220 | 670 | 2600 | 0.69 | −0.36 | 0.63 |
| PZT-5R | 350 | 450 | −195 | n/a | 1950 | n/a | −0.35 | n/a |
| PZT-6A | 335 | 189 | −80 | n/a | 1050 | 0.54 | −0.23 | n/a |
| PZT-6B | 350 | 71 | −27 | 130 | 460 | 0.37 | −0.15 | 0.38 |
| PZT-7A | 350 | 153 | −60 | 360 | 425 | 0.67 | −0.30 | 0.68 |
| PZT-7D | 325 | 225 | −100 | n/a | 1200 | n/a | −0.28 | n/a |
| PZT-8 | 300 | 225 | −97 | 330 | 1000 | 0.64 | −0.30 | 0.55 |

根据这一思路，复合钙钛矿与其他钙钛矿型结构可制成单相钙钛矿型固溶体。如 Pb $(Mg_{1/3}Nb_{2/3})O_3(PMN)$-$PbZrO_3(PZ)$-$PbTiO_3(PT)$ 所组成的三元系准同型相界（图 2-12）附近获得了比 $Pb(Zr,Ti)O_3$ 更优良的性能，该体系被取名为 PCM（Piezoceram）。

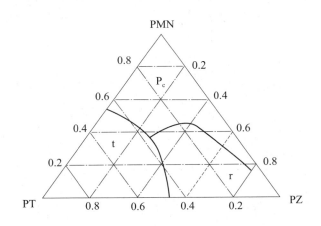

图 2-12　PMN-PZ-PT 三元相图

一些典型配方如下：

① PMN-PZT 体系。主成分为 $x Pb(Mg_{1/3}Nb_{2/3})O_3$-$y PbTiO_3$-$z PbZrO_3$。典型配方中，$x=37.5\%$，$y=37.5\%$，$z=25\%$。材料具有高 $k_p$、高介电常数、较大 $Q_m$ 值和较好的稳定性，用途广，可作拾音器、变压器等。在主成分中，再以取代元素改性或添加物改性，可以使材料性能得到各种改善，如添加适量 $MnO_2$ 可使 $Q_m$ 值高达 3886，添加适量 $SiO_2$ 可使 $k_p$ 达 0.76，Sr 取代部分 Pb，可使 $\varepsilon/\varepsilon_0$ 高达 9153。$Sm^{3+}$ 掺杂的 0.4Pb

$(Mg_{1/3}Nb_{2/3})O_3$-$0.352PbTiO_3$-$0.248PbZrO_3$，$\varepsilon_r = 4090$，$d_{33} = 910pC/N$，$T_C = 184℃$。

② PZN-PZT 体系。主成分为 $xPb(Zn_{1/3}Nb_{2/3})O_3$-$yPbTiO_3$-$zPbZrO_3$。此材料特点是稳定性好、致密度高、绝缘性能优良、压电性能好。例如 $x = 30\%$，$y = 35\%$，$z = 35\%$ 的配方，$k_p$ 可达 0.80，但 $Q_m$ 值低，添加适量的 $MnO_2$ 或 $NiO$ 之后，提高 $Q_m$ 值到 2000 左右。适当选择主成分配比，可获得较高的温度稳定性，材料的用途主要是作陶瓷滤波器和换能等，如稳定性很好的中频滤波器材料配方：$Pb[(Zn_{1/3}Nb_{2/3})_{0.25}Ti_{0.45}Zr_{0.30}]O_3 +$ 1.2%（质量）$MnO_2$。在准同型相界处，可以获得较好的压电性能，如 $0.3Pb(Zn_{1/3}Nb_{2/3})O_3$-$0.35PbTiO_3$-$0.35PbZrO_3$，$d_{33} = 700pC/N$，$k_p = 0.7$。

③ PMN-PT 体系。相图如图 2-13 所示，2018 年，Li 等使用 Sm 对 $(1-x)Pb(Mg_{1/3}Nb_{2/3})O_3$-$xPbTiO_3$ 陶瓷进行掺杂改性，发现体系的压电性能得到极大提升。当 Sm 掺杂量为 2.5%（摩尔），PT 含量为 29%（摩尔）时，体系的压电常数 $d_{33}$ 达到 1510pC/N，是目前报道的压电材料中 $d_{33}$ 最高的压电陶瓷。同时，在 2kV/cm 的单向电场下进行场诱应变测试，发现 2.5Sm-PMN-29PT 陶瓷的应变量远高于 PZT-5H 与 PZT-8 陶瓷。并且在不同温度下测试 2.5Sm-PMN-31PT 陶瓷的场诱应变曲线，驱动电场仍为 2kV/cm 的单向电场，发现 2.5Sm-PMN-31PT 陶瓷的应变量随温度变化比较稳定，在 0~90℃ 范围内应变量的相对变化率仅为 11%，展现出良好的应变温度稳定性。

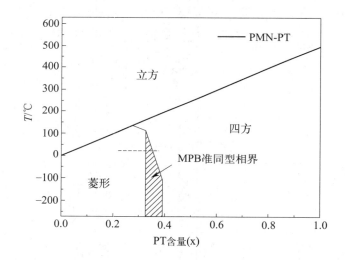

图 2-13　PMN-PT 相图

### 2.1.1.4　其他压电材料

（1）压电单晶

压电单晶主要包括水晶、$LiNbO_3$、$LiTaO_3$、$Bi_{12}GeO_{20}$、$Bi_{12}SiO_{20}$、$LiGaO_2$ 和 $LiGeO_3$ 等。这些人工合成的压电晶体已经成为在高频、超高频领域（特别在微波声学领域）中使用的主要压电材料。

石英晶体又叫水晶，它是最古老的压电晶体。压电效应就是于 1880 年在石英晶体上发现的。石英晶体是压电晶体，其主要化学成分是二氧化硅（$SiO_2$），熔点温度达 1750℃，密度为 $2.65g/cm^3$，莫氏硬度是 7，很难溶于水。石英晶体随温度不同有几种晶型结构，在正常状态下，温度低于 573℃ 时的石英晶体称为 α 石英，作为压电材料使用的主要是这种 α 石英晶体。

压电石英的主要性能特点是：①压电常数小，其时间和温度稳定性极好，常温下几乎不变，在 20～200℃ 范围内其温度变化率仅为 0.016%/℃；②机械强度和品质因数高，许用应力高达 $(6.8～9.8)×10^7Pa$，且刚度大，固有频率高，动态特性好；③居里温度为 573℃，无热释电性，且绝缘性、重复性均好。天然石英的上述性能尤佳。因此，它们常用于精度和稳定性要求高的场合和制作标准传感器。

在压电单晶中除天然和人工石英晶体外，锂盐类压电相铁电单晶材料近年来已在传感器技术得到广泛应用。使用最多的是 $LiNbO_3$。$LiNbO_3$ 属畸变的钙钛矿结构，密度为 $4.64g/cm$，熔点为 1253℃，其单晶体是通过直拉法生长的。刚生长出来的晶体是多电畴的，为使其单畴化，要加热到居里温度（1210℃）附近并通以直流电，也可以在单晶生长过程中施加电场进行单畴化处理。测量表明，$LiNbO_3$ 单晶机电耦合系数大，传输损耗小，具有优良的压电性能，它的压电常数和耦合系数列于表 2-2。除了 $LiNbO_3$ 外，还有一些压电单晶性能列于表 2-3 中。

表 2-2　$LiNbO_3$ 在室温下的压电常数和机电耦合系数

| 测定模 | | 伸缩振动 | 厚度振动 |
|---|---|---|---|
| 压电常数 /$(3.34×10^{-13}C·N^{-1})$ | $d_{15}$ | 221 | 200 |
| | $d_{22}$ | 62.3 | 60.4 |
| | $d_{31}$ | −2.59 | −20.1 |
| | $d_{33}$ | 48.7 | 29.4 |
| 耦合系数/% | $k_{31}$ | 2.3 | 18 |
| | $k_{22}$ | 32 | 31 |
| | $k_{33}$ | 47 | 28 |

表 2-3　几种压电单晶体的纵波换能器

| 单晶体 | 切片 | 耦合系数/% | 位移差 $\varphi$ | 相对介电常数 $\varepsilon_s/\varepsilon_0$ |
|---|---|---|---|---|
| $LiTaO_3$ | Z | 19 | 0 | 43 |
| $LiNbO_3$ | Z | 17 | 0 | 29 |
| $BaNaNb_5O_{15}$ | Z | 57 | 0 | 30 |
| $LiGaO_2$ | Z | 25 | 0 | 8 |
| $LiNbO_3$ | 36°Y | 49 | 4 | 39 |

（2）无铅压电陶瓷体系

因为出色的压电性能，PZT 陶瓷作为传统压电材料长期以来占据主体市场，但是由于材料中含有铅元素，在生产制造、消费使用等环节对人体及自然环境存在严重的铅污染风险。随着人们环境保护意识的增强，各国纷纷出台限制铅元素使用的法律法规，例如 2006 年，欧盟通过并实施了 WEEE 指令和 RoHS 指令，限制铅元素在电子电器设备中的使用，此后北美、日本和韩国也相继颁布了相关的法律法规。我国也于 2016 年颁布了

《电器电子产品有害物质限制使用管理办法》。上述法令的颁布直接推动了压电材料无铅化进程，因此发展环境友好的无铅压电材料逐渐成为了国际上功能材料热门研究方向之一。目前，无铅压电陶瓷主要集中在 $(K,Na)NbO_3$（KNN）、$BaTiO_3$、$Bi_{0.5}Na_{0.5}TiO_3$（BNT）三种无铅压电陶瓷体系。

2004 年，日本学者 Saito 等在 Nature 杂志上发表论文，采用反应模板晶粒生长法在无铅压电陶瓷压电性能上获得突破，织构化的 $(K,Na)NbO_3$ 陶瓷内掺入 Li、Ta 等元素实现了高达 416pC/N 的压电常数。这一结果激发了研究者们对无铅压电陶瓷的兴趣。近年来，Wu 等以"新型相界"设计思路为核心，通过铁电畴尺寸调控和弛豫特性引入，将 KNN 的压电性能提升至 $400\sim650$pC/N。

2009 年，Ren 等通过钙和锆掺杂调控钛酸钡的铁电相变至室温附近，成功构筑了三方-四方相界，制备的 $Ba(Ti_{0.8}Zr_{0.2})O_3$-$(Ba_{0.7}Ca_{0.3})TiO_3$（BCTZ）陶瓷具有非常高的压电性能（$d_{33} \approx 620$pC/N）。2017 年，在高度织构的 BCTZ 陶瓷中同时获得了大压电常数（755pC/N）和有效压电常数（2027pm/V）。

BNT 基材料的巨大应变响应使其成为致动器应用的首选材料。2007 年，Zhang 等在 $Bi_{1/2}Na_{1/2}TiO_3$-$BaTiO_3$-$K_{0.5}Na_{0.5}NbO_3$ 三元固溶体中发现了高的应变响应，其应变值在 8kV/mm 的外电场下为 0.45%，并认为该高应变来源于电场诱导反铁电到铁电的相转变。2016 年，Tan 等利用 Sr 和 Nb 共同改性的 BNT 陶瓷在较低的外电场（$E=5$kV/mm）获得了更高的应变值（$S=0.7\%$），并验证了高应变的起源为电场诱导非极性到极性的相转变。

（3）高分子压电材料

聚乙烯、聚丙烯等高分子材料分子中没有极性基团，因此在电场中不发生因偶极取向而极化的现象。按理这类材料没有压电性，但是由于材料中存在不对称分布的杂质电荷，或因电极的注入效应，也可使这类材料具有一定的压电性，其压电常数如表 2-4 所示。聚偏二氟乙烯、聚氯乙烯、尼龙 11 和聚碳酸酯等是极性高分子材料，当这类材料在高温下处于软化或熔融状态时，加以高直流电压使之极化，并在冷却后撤掉电压，可使材料能对外显示电场。这种半永久极化的高分子材料称为驻极体。高分子驻极体的电荷不仅分布在表面，而且还具有体积分布的特性，若在极化前将薄膜拉伸，即可获得强压电性。高分子驻极体是具有使用价值的压电材料。表 2-5 给出了部分延伸并极化后的高分子驻极体的压电常数。聚合物压电材料与普通压电材料相比，具有声阻抗和介电常数低、柔韧性好和介电强度高、耐机械热冲击并能大面积制作薄片等优点。因此，有关它的研究十分活跃。

表 2-4    非极性高分子浇铸薄膜的压电常数

| 聚合物 | $d_{12}/(10^{-15}C \cdot N^{-1})$ |
| --- | --- |
| 高密度聚乙烯 | 2.7 |
| 低密度聚乙烯 | 6.7 |
| 聚丙烯 | 3 |
| 聚苯乙烯 | 0.3 |
| 聚甲基丙烯酸甲酯 | 0.07 |

表 2-5　室温下高分子驻极体的压电常数

| 聚合物 | $d_{31}/(10^{-12}C \cdot N^{-1})$ | $g_{31}/(10^{-3}m^2 \cdot C^{-1})$ |
|---|---|---|
| 聚偏二氟乙烯 | 30 | 105 |
| 聚氟乙烯 | 6.7 | 30 |
| 聚氯乙烯 | 10 | 120 |
| 聚丙烯腈 | 1 | 6.9 |
| 聚碳酸酯 | 0.5 | 5.4 |
| 尼龙 11 | 0.5 | 4.5 |

在所有的压电高分子材料中，PVDF 具有特殊的地位，它不仅具有优良的压电性、热电性和铁电性，还具有优良的力学性能，见表 2-6。

表 2-6　PVDF 在室温下的压电性能和相对介电常数

| 室温下的压电性能 | | | | | | 不同晶型在不同频率下相对介电常数（首行为 $\alpha$ 型，次行为 $\beta$ 型） | | |
|---|---|---|---|---|---|---|---|---|
| 压电应变常数 $d/(10^{-12}C \cdot N^{-1})$ | | | 机电耦合系数 $k/\%$ | | | 0.1Hz | $10^2 \sim 10^5$Hz | $10^6$Hz |
| $d_{33}$ | $d_{32}$ | $d_{31}$ | $k_{33}$ | $k_{32}$ | $k_{31}$ | | | |
| $-30$ | 4 | 24 | 19 | 3 | 15 | 14 | 10 | 5 |
| | | | | | | 20 | 12 | 5 |

PVDF 是由-CH-CE-形成的链状聚合物 $(CHCF)_n$，其中 $n$ 通常大于 10000。结构分析表明，其中晶相和非晶相的体积通常各占 50% 左右。已发现 PVDF 有四种晶型，即 $\alpha$、$\beta$、$\gamma$ 和 $\delta$。其中 $\alpha$ 相无极性，$\gamma$ 和 $\delta$ 相则极性很弱，$\beta$ 相极性最强，是广泛研究的对象。从熔体急冷得到的通常是 $\alpha$ 相，将其拉伸至原长的几倍，即可得到高度取向的 $\beta$ 相，链轴与拉伸方向平行，极化方向与拉伸方向垂直。$\beta$ 型取向薄膜的介电常数高于 $\alpha$ 型，且在 100Hz～100kHz 的范围内，介电常数与频率几乎无关，如表 2-6 所列。因此，用其制成的换能器，从声频到超高声频的范围内皆可适用。

PVDF 压电材料具有如下优点：

① 低密度。它的密度为 $1.75 \sim 1.78g/cm^3$，仅为压电陶瓷的 1/4。

② 高柔韧性。弹性柔顺常数比陶瓷大 30 倍，柔软而有韧性，它既可加工成几微米厚的薄膜，也可弯曲成任何形状。

③ 较强压电效应。经高电场极化后，机械品质因数 $Q$ 为 PZT 的 3 倍；如对于窄带工作的情况，相同体积的 PVDF 换能器比 PZT 换能器的机械输出功率大 5 倍。

④ 不易退极化。用它制成的换能器在 $30V/\mu m$ 的强场下不退化，不退极化电场强度比 PZT 压电陶瓷的大 100 倍。

⑤ 易于获得局部压电性。

⑥ 声阻抗低与液体可很好地匹配。

基于上述特点，PVDF 压电材料适于制作高灵敏度的水听器。另外，PVDF 还适合于柔软的大面积换能器，并已成功地用于制造非接触式的压电键盘。这种非接触式压电键盘与一般键盘相比，可以在一片压电膜上集成很多键，具有元件少、成本低、寿命长和可靠性高等特点。

研究人员通过向 PVDF 中引入不同的单体发现了压电共聚物家族，包括聚偏氟乙烯三氟乙烯（PVDF-TrFE）、聚偏氟乙烯四氟乙烯（PVDF-ETFE）和聚偏氟乙烯六氟丙烯（PVDF-HFP），单体的加入不仅简化了压电薄膜制备工艺，还提高了压电常数，但是与压电陶瓷相比，压电性能仍然相对较低，因此还需要通过掺杂压电材料、优化压电层结构等方法来提高传感器的压电性能、拓宽应用范围，使其更适用于柔性电子领域。

### 2.1.1.5　压电传感器及其应用

（1）压电力传感器

压电式力传感器是一种常用的力测量传感器，由于其具有高灵敏度、低功耗、响应速度快等优点，被广泛应用于各种力测量领域。压电式压力传感器大多是利用正压电效应制成，在压力作用下，压电材料发生形变，压电体的两端会出现正负极化电荷，在一定范围内，压电体两端产生的极化电荷与压电材料所受压力呈线性关系，根据产生电荷的多少，能测量出压力的大小。

压电式力传感器的典型结构如图 2-14 所示，主要由上盖板、密封圈、绝缘片、压电陶瓷片组、电极、绝缘套、壳体、底座等组成。为避免传感器本身应变传递到压电元件上输出虚假信号而影响传感器的灵敏度，上盖板、壳体及底座均采用了刚度较大的高强度镍铬钢；绝缘套材料为聚乙烯；2 片陶瓷片作为绝缘片隔离上盖板和压电陶瓷片组；电极材料为导电性能良好的铜，其形状和大小与压电陶瓷片一

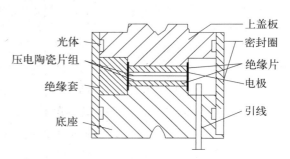

**图 2-14　压电力传感器结构**

致；压电陶瓷片组由 2 片几何尺寸完全相同（直径 16mm，厚度 1mm）的 PZT（锆钛酸铅）圆片形压电陶瓷并联组成。

压电式力传感器有以下优点：高灵敏度，由于压电材料的压电效应，传感器具有非常高的灵敏度，能够检测微小的力变化；低功耗，不需要外部电源供电，只需要通过外部施加一定的压力，就可以产生电压，从而实现自供电；响应速度快，传感器能够快速地响应外部力的变化；抗干扰能力强，由于输出信号是电荷信号，因此具有较强的抗干扰能力，能在较恶劣的环境下正常工作；测量范围广，根据不同的应用需求，可选择不同量程的力传感器，从而实现广泛的测量范围。

压电式力传感器被广泛应用于各种力测量领域，如以下常见应用场景：

① 汽车工业：快速响应压力变化，精确测量进气管中的气体压力，并将压力值转化为相应的电信号为发动机控制提供准确的压力数据。

② 医疗领域：对病人的血压、呼吸等生理参数进行实时监测，为医生提供准确的监测数据。

③ 航空航天：测量飞行器承受的气动载荷，为飞行器的设计和优化提供重要的数据

支持，确保飞行器的安全性和稳定性。

④ 机器人技术：精确测量机器人的关节角度、力矩等，提高机器人的控制精度和稳定性。

⑤ 物联网：测量各种压力参数，为物联网的智能化和自动化提供重要的技术支持。

（2）加速度传感器

加速度传感器是一种小型的惯性传感器，是许多控制系统和检测系统的主要测量工具。随着微电子技术、半导体技术、传感器技术、计算机技术和微加工技术等新技术的应用和发展，加速度传感器也得到了迅猛的发展，广泛应用于军事武器中的惯性制导、卫星导航系统、汽车碰撞时对驾驶员及乘客的冲击情况、医学上对瘫痪病人的康复训练等领域。

压电式加速度传感器又称压电加速度计，属于惯性式传感器，需要附加小的质量块，将加速度转化为力，再通过压电传感器测出受力，从而获得加速度值。以压缩型压电式加速度传感器[如图 2-15(a) 所示]为例来说明其工作原理。压电元件一般由两块压电片（石英晶片或压电陶瓷片）串联或并联组成。在压电片的两个表面上镀银，并在银层上焊接输出引线或在两个压电片之间加一片金属薄片，引线焊接在金属薄片上。输出端的另一根引线直接与传感器基座相连。质量块放置在压电片上，它一般采用密度较大的金属钨或高密度合金制成，以保证质量且减小体积。为了消除质量块与压电元件之间、压电元件自身之间因加工粗糙造成的接触不良而引起的非线性误差，并保证传感器在交变力的作用下正常工作，装配时需对压电元件施加预压缩载荷。

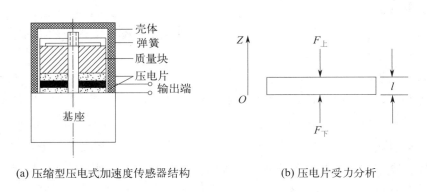

(a) 压缩型压电式加速度传感器结构　　　　　(b) 压电片受力分析

**图 2-15　压电式加速度传感器结构及压电片受力分析**

压电式加速度传感器的灵敏度是指传感器的输出电量（电荷或电压）与输入量（加速度）的比值。传感器固有频率很高，因此频率范围较宽，一般为几赫兹到几千赫兹。但是传感器低频响应与前置放大器有关，若采用电压前置放大器，那么低频响应将取决于变换电路的时间常数。前置放大器输入电阻越大，则传感器下限频率越低。压电式加速度特别适合动态测量，具有体积小、工作可靠、灵敏度高等优点。

（3）压电谐振式传感器

压电谐振式传感器的基本工作原理是逆压电效应。如前所述，当在压电晶体上加一个激励时，压电晶体会产生机械形变，当这个电压是交变电压时，压电晶体内部晶体微粒会发生机械振荡，若此振荡的频率与晶体固有频率相同，则会发生共振现象，此时振荡最稳定，如测出电路的振荡频率，便可得出晶体固有频率。另一方面，晶的机械振荡又会在晶体表面产生电荷，形成电场，这样压电晶体便完成了从电能到机械能，再到电能的转换，如果在这个过程里能补充振荡过程中的能量消耗，可形成电能和机械能的等幅振荡，并一直持续下去。

压电振子最重要的特性参数是谐振频率和复值阻抗，当作用于压电振子的外界参量（如力、温度、压电振子所处介质的特性等）改变时，上述特性参数也将发生改变。若按传感器测量转换过程中的基本效应机理，可分为以下几类。

① 应变敏感型压电谐振传感器：测量压电元件的机械形变，通过谐振频率与应变的函数关系来检测外界参数，主要用于检测力、压力、加速度等，利用谐振频率与压电振子热应力的关系，还可做成红外辐射检测器。

② 热敏型压电谐振传感器：当压电振子的温度被外界参数直接或间接改变时，其谐振频率也将改变，这类传感器包括温度频率测量传感器即压电谐振式温度计和热量测量传感器（谐振器和辅助电加热器组成）。热量测量传感器的工作方式分两种，一种是被测参数转换成辅助加热器耗散功率的变化，典型应用是热电功率计，也可做成电压、电流等电学量的测量传感器；第二种是被测参数转换成辅助加热器和谐振器之间介质的散热系数的改变，由此可做成真空计、气体分析仪、流速传感器等。

③ 质量敏感型压电谐振传感器：压电元件的质量是压电振子谐振频率的决定性因素之一，将被测量转换为压电元件的质量变化，可获得质量敏感型压电谐振传感器。其又可分为两类：选择型变换器，可用于检测湿度或气体成分，还可做成智能机器人中的嗅觉、味觉传感器；非选择型变换器，可用于检测镀膜厚度等。

（4）电子皮肤

随着万物互联技术的发展，人们越来越关注人机交互、人工智能、可穿戴领域中的智能感知。人的触觉感知主要依赖于皮肤，皮肤是人体最大的器官，能感知外界环境的刺激。研究人员对触觉传感器的研究目标是追求接近甚至超越皮肤的感知能力，因此各种模拟人类皮肤触觉功能的柔性传感器和电子皮肤被开发出来。目前的触觉传感技术机理有压阻效应、电容效应、压电效应等。其中，基于压电效应开发的电子皮肤由于具有自供电、高分辨率、高灵敏度和可视化能力而备受关注。

2006 年，王中林教授课题组首次制备了一种新型压电纳米发电机，利用 ZnO 纳米线的压电特性，成功地将环境中的机械能转换输出为电能；在 PDMS 表面粘合单根 ZnO 纳米线以制备高灵敏度的柔性传感器，灵敏度系数（GF）高达 1250；将基于 ZnO 纳米线阵列的压电晶体管与电路集成，制备出了具有高分辨率的触觉成像压力传感器阵列。自供电电子皮肤被认为是智能电子领域很有前途的候选器件，为开发低功耗、长寿命、环保的触觉传感器提供了有效途径。

人体皮肤具有很高的柔软性，在拉伸和受到适当物理刺激后能够稳定以及复原，因此选用的压电材料应具有质量轻、稳定性高、柔软度高、反应灵敏、声阻抗低以及加工简单等要求，以聚偏氟乙烯（PVDF）为代表的压电材料非常适合用于柔性可穿戴式触觉传感器的开发。相关的研究和应用如下：

① 自供电设备。可植入的小型电子设备，如用于监测人体健康的传感器、电子皮肤、人造假肢等，功耗通常位于毫瓦水平，不适合长期依赖外部电源供电，因此研究人员通过将 PVDF 及其共聚物制成自供电设备，来实现对能量的收集转换。Sodano 等将背包的肩带换成 PVDF 传感器，将肩膀和背包之间摩擦的机械能转换为电能，在背包承重约为 22.5kg 时，输出功率为 10mW。

② 生物医学。实时监测健康是未来实现精准医疗的一个重要手段，通过监测脉搏、呼吸等信息，可以提前发出早期健康风险预警。2017 年，Lee 等通过将 PZT 材料转移到 PET 衬底上成功实现了一种超薄的压电脉冲传感器。该传感器有高灵敏度和快速响应，同时拥有良好的机械稳定性，已被成功应用于实时脉冲检测系统。

③ 多功能的电子皮肤。电子皮肤为假肢制造、机器人设计、可穿戴设备等领域搭起了桥梁。He 等通过在柔性纺织基底上沉积了 T-ZnO/PVDF-TrFE 薄膜得到了电子皮肤，对湿度和氧气浓度敏感，可以用来检测肘部弯曲、手指按压等运动，当细菌或有机污染物落在电子皮肤表面，由于电子皮肤具有较高的压电光催化活性，可以自动降解多种有机物污染物，完成自清洁。电子皮肤是一个融合了柔性电子学、器件物理学和材料科学的交叉前沿研究领域，在健康监测、柔性触摸屏、柔性电子皮肤、医疗诊断、虚拟电子，甚至工业机器人方面具有巨大的应用潜力。

## 2.1.2 半导体热敏电阻器

半导体热敏电阻器是指其阻值随温度改变而发生显著变化的敏感元件，由于它能将温度（热）的变化转变为电气参量的变化，故又称热电传感器。其特点是：

① 灵敏度高，电阻温度系数比金属可大 $10 \sim 100$ 倍以上，能检测出 $10^{-6}$ ℃ 的温度变化；

② 体积小，最小尺寸可做到直径 0.2mm，能够测量到其他温度计无法测量的腔体、内孔和血管等温度；

③ 使用方便，阻值可在很宽的范围内进行选择等。

半导体热敏电阻器被广泛应用于工业、农业、医学、交通运输、家用电器和军事技术等各个领域，随着近代尖端技术的发展，特别是空间技术的发展，它的应用领域也正日益扩大。

### 2.1.2.1 热敏电阻器分类

热敏电阻器可从结构、材料、加热方式、温度范围、阻温特性等多方面进行分类，通常以能反映热电转换效应的阻温特性分类。

（1）正温度系数（PTC）热敏电阻器

PTC（Positive Temperature Coefficient，正温度系数）热敏电阻器，其主要材料为钛酸钡及其固溶体。在一定的温度范围内，阻值随温度的升高而增大。根据这种电阻器阻温正特性的不同，又可分为开关型和缓变型热敏电阻两种。开关型电阻阻温特性如图 2-

16 曲线 (1) 所示，而缓变型热敏电阻器阻温特性如图 2-16 曲线 (2) 所示。

(2) 负温度系数 (NTC) 热敏电阻器

NTC (Negative Temperature Coefficient，负温度系数) 热敏电阻器，以过渡金属氧化物制成。在一定温度范围内，电阻值随温度增加而减小，其阻温特性如图 2-16 曲线 (3) 所示，电阻温度系数通常在 -(1～6)%/℃ 范围内。通常以锰、钴、镍和铜等金属氧化物为主要材料，采用陶瓷工艺制造而成。这些金属氧化物具有半导体性质。

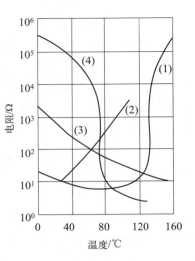

图 2-16　各类热敏电阻
RT-T 特性

(3) 临界负温度系数 (CTR) 热敏电阻

CTR (Critical Temperature Resistance，临界负温度系数) 热敏电阻器，其电阻温度系数虽然也是负的，但存在一临界温度，超过临界温度后，阻值急剧下降，如图 2-16 曲线 (4)。

### 2.1.2.2　热敏电阻器的特性参数

(1) 实际阻值 RT

在规定的温度下，采用不致引起阻值变化超过 0.1% 的测量功率所测得的电阻值叫作实际阻值 RT。由于施加的测量功率很小，本身发热引起的温升也很小，因此 RT 又可叫零功率阻值或冷阻值。RT 的大小与材料和几何尺寸有关。若测量温度为 25℃ (298K)，则 R25 即为热敏电阻器的标称零功率电阻值，因它是标在热敏电阻器上，故也叫名义阻值或标称阻值。

当 $T$ 偏离 25℃ 过大，则按式(2-7)、式(2-8) 换算成 25℃ 的电阻值：
对于正温度系数热敏电阻器：

$$R_{25}=R_{\mathrm{T}}\exp B_{\mathrm{p}}(298-T) \tag{2-7}$$

对负温度系数热敏电阻器：

$$R_{25}=R_{\mathrm{T}}\exp B_{\mathrm{n}}\left(\frac{1}{298}-\frac{1}{T}\right) \tag{2-8}$$

式中，$B_{\mathrm{p}}$、$B_{\mathrm{n}}$ 分别为正、负温度热敏电阻的材料常数，又称热灵敏指标。

(2) 材料常数 $B$

$B$ 是描述热敏电阻材料物理特性的重要参数，对于负温度系数热敏材料，其值的大小取决于材料中载流子的激活能，即：

$$B=\frac{\Delta E}{2K} \tag{2-9}$$

式中，$\Delta E$ 为材料载流子的激活能；$K$ 为玻尔兹曼常数。$B$ 值越大，电阻率越高，绝对灵敏度越高。正、负温度热敏电阻的材料常数 $B_{\mathrm{p}}$、$B_{\mathrm{n}}$ 可用下式求得：

$$B_{\mathrm{p}}=\frac{\ln R_1-\ln R_2}{T_1-T_2} \tag{2-10}$$

$$B_n = \frac{\ln R_1 - \ln R_2}{\dfrac{1}{T_1} - \dfrac{1}{T_2}} \qquad\qquad (2\text{-}11)$$

式中，$R_1$、$R_2$ 分别为温度 $T_1$、$T_2$ 时的电阻值。严格地说，$B_p$、$B_n$ 都不是常数，在工作温度范围内随温度的变化而有些变化。

（3）电阻温度系数 $a_T$

在规定温度范围内，温度每变化 1℃，热敏电阻器实际阻值的相对变化与实际值的比，即

$$a_T = \frac{\mathrm{d}R_T}{R_T \mathrm{d}T} \qquad\qquad (2\text{-}12)$$

由于阻值与温度的关系是非线性的，因而通常表示电阻温度系数时要标出测量温度，如 $a_{25}$ 是表示电阻温度系数在 +25℃ 时测量所得的数值。$a_T$ 决定热敏电阻器在全部工作温度范围内的温度灵敏度，一般来说，电阻率越高，电阻温度系数也越大。

（4）耗散系数 $H$

热敏电阻器在一定电功率下使用时，温度将升高，并向周围介质耗散热量，耗散功率 $\Delta P$ 与其温度 $\Delta T$ 成正比，可用式（2-13）表示：

$$H = \frac{\Delta P}{\Delta T} \qquad\qquad (2\text{-}13)$$

式中，$H$ 为耗散系数，表示温度每提高 1℃ 时所耗散的功率。用它可以描述热敏电阻器工作时，阻体与外界环境进行热交换的程度，其大小与热敏电阻器的结构和所处的介质种类，运动速度、压力和导热性等有关。当环境温度改变时，$H$ 值也略有变化。

（5）热容量 $C$ 和时间常数 $\tau$

热容量 $C$：表示温度升高 1℃ 时热敏电阻器所能吸收的热量，它是比热容和质量的乘积，单位为焦耳/℃。由于热敏电阻器具有一定的热容量，因此也就必然存在一定的热惯性，即温度改变需要一定的时间。现以降温过程为例来说明。

热敏电阻器被加热到温度 $T_a$ 后，再放到温度为 $T_0$ 的环境中，不加电功率，这时热敏电阻器开始降温，其温度 $T$ 是时间 $t$ 的函数，在 $\Delta t$ 的时间内，热敏电阻器向环境耗散的热量为 $H(T - T_0)\Delta t$。这部分的热量是由热敏电阻器因降温所提供的，其值为 $-C\Delta T$，$\Delta T$ 表示在 $\Delta t$ 时间内热敏电阻器下降的温度。

于是有

$$-C\Delta T = H(T - T_0)\Delta t \qquad\qquad (2\text{-}14)$$

写成微分的形式为

$$T - T_0 = \frac{-C}{H}\frac{\mathrm{d}T}{\mathrm{d}t} \qquad\qquad (2\text{-}15)$$

取初始条件 $t = 0$ 时，$T = T_a$，解方程得：

$$T - T_0 = (T_a - T_0)\exp\frac{-t}{\dfrac{C}{H}} = (T_a - T_0)\exp\frac{-t}{\tau} \qquad\qquad (2\text{-}16)$$

式中，$\tau = \dfrac{C}{H}$。$\tau$ 为热敏电阻的时间常数，它表示热敏电阻器在无功率状态下，当环境温度由一个特定温度向另一个特定温度转变时，电阻器的温度变化了两特定温度之差的 $63.2\%$ 所需的时间，这两个特定温度选为 $T_a = 85℃$，$T_0 = 25℃$，则 $T = 85 - (85 - 25) \times 63.2\% = 47.08℃$。

### 2.1.2.3 PTC 热敏电阻器

（1）基本特性

① 电阻温度特性。电阻温度特性是指我们常说的阻温特性，它是 PTC 元件最基本的属性，表示在规定的电压下 PTC 元件电阻值（Ω）的对数与温度之间的关系。一般情况下，当在电路中的 PTC 元件处于正常工作状态时，如果环境温度小于居里温度 $T_c$ 时，此时元件电阻值比较低而且变化不大。而当出现故障（过流或过压）导致元件的温度超在居里温度 $T_c$ 之上时，元件的阻值将急剧增大，到达约 3 到 7 个数量级，从而起到保护电路的作用，也就是说发生了 PTC 效应。这也是 PTC 效应保护电路的基本原理。同时，按其特性可以分为开关型和缓变型（补偿型）两种。具有缓变型曲线的 PTC 元件在一定范围内温度与电阻值的关系近似直线，温度系数在 $+(3 \sim 8)\%/℃$，一般用于温度补偿和温度检测。而开关型 PTC 元件有一个突变的居里温度，在温度达到居里温度后，PTC 元件的电阻值会急剧增加，温度系数可达到 $+(15 \sim 60)\%/℃$。这种特性一般用于电路保护。典型的开关型 PTC 电阻温度特性曲线如图 2-17 所示。

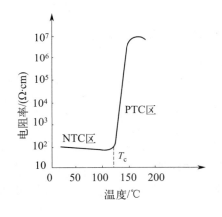

图 2-17　典型的开关型温度曲线

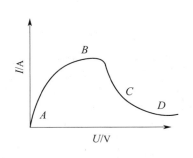

图 2-18　电流-电压曲线

② 电流电压特性。电压电流特性也称伏安特性或静态特性，指 PTC 元件实际工作状态下，从外加电压开始，直至元件内部达到热稳定状态后的过程中，元件两端的电压与其电流之间的关系，典型曲线如图 2-18 所示。该曲线可粗略分 $AB$、$BC$ 以及 $CD$ 三个部分。刚开始加电压时，在 $AB$ 段，由于 PTC 元件两端的电压比较低，PTC 元件温度较低电阻较小，因功耗引起温度升高而导致的电阻变化较小，称为等阻段，电流近似随电压线性增长。在 $BC$ 段，PTC 元件的功耗 $P$（$P = U^2/R$）可以通过本身的电阻阻值变化来自行调整，功耗几乎不变，故 $BC$ 段可称为等功率段，即当电路处于正常工作状态时，PTC

元件电阻值很小（理想状态为零），假设电路中出现故障或过载等原因导致电路中电流突然增大或者出现过压，此时 PTC 元件发热导致电阻值急剧增大，导致电路中电流减小，这个过程形成 PTC 元件的自动控制特性；在 CD 段，由于受到电压效应影响，电阻阻值激增速度减慢，因此电流的变化也变得平缓，而如图 2-18 所示当超过 $D$ 点时，电流开始回升变大。可见在元件加上电压后，随着时间的变化，元件出现电流最大值；随后电流逐渐减小，根据这个特征可以用于确定 PTC 元件在电路中的最佳工作状态。

③ 电流时间特性（动态特性）。电流时间特性也称为动态特性，是指在 PTC 元件规定的散热条件状态下，加上电压时，PTC 元件上的电流随时间而变化的特性，典型曲线见图 2-19 所示。这一特性还是基于 PTC 元件的阻温特性，当元件通电后，温度上升到居里温度之前，电阻初始值很小，电流迅速增大，甚至能达到安培数量级。然后随着时间增加，PTC 元件自身发热升温较快，同时阻值也急剧增大 $10^4$ 以上，实验中也可检测出此时电流大幅度下降，直到约几十毫安以下可以忽略级别，此时电阻降温电阻变小，直至上述过程循环并逐渐达到稳定状态。在这个过程中元件上的电流与随时间变化的关系就叫作 PTC 元件的电流-时间特性。根据外加电压的交流和直流的分别，人们把该特性分为交流动特性与直流动特性两类，如图 2-20、图 2-21 所示。动态特性中，流经 PTC 元件的电流-时间特性受到元件两端的所加电压，以及元件自身的热容量和热交换能力的显著影响。实验发现，PTC 元件两端的电压越大，同时元件自身的热交换能力越弱、热容越小时，元件达到电流稳定时经过的时间就越短，也就是说元件的响应速度越快。像这样的动态特性是 PTC 所特有的，也就是说对 PTC 元件，外加的电压后，先出现较大的初始电流，然后电流将随着 PTC 元件的自身调节过程迅速连续地减小。

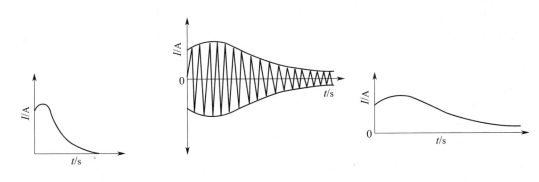

图 2-19　电流时间特性曲线　　图 2-20　交流电压下 PTC 元件　　图 2-21　直流电压下 PTC 元件
　　　　　　　　　　　　　　　　电流时间特性曲线　　　　　　电流时间特性曲线

（2）PTC 热敏电阻器材料

这里讨论的正温度系数热敏电阻器，是一类以 $BaTiO_3$ 或 $BaTiO_3$ 系为基的固溶体为主晶相的半导体陶瓷热敏元件。这类陶瓷半导体的一个重要特性是：当温度低于居里温度时为良好的半导体，当温度达到或高于居里温度时，电阻率可急剧升高几个数量级。这种电阻率随温度升高而升高的特性，简称为 PTC 特性。截至目前，还没发现其他哪种材料具有类似 $BaTiO_3$ 陶瓷半导体这样显著的 PTC 特性。

　　纯净无缺陷的 $BaTiO_3$ 晶体的禁带宽度为 2.9eV，在室温下由本征激发产生的导电电子和空穴浓度极小，故是一种良好的绝缘体。但是在 $BaTiO_3$ 陶瓷的制造过程中，由于各种不同的配方组成和工艺条件的影响，产生各种各样的原子缺陷，可以在禁带中的不同位置形成与各种原子缺陷相对应的杂质能级，而使 $BaTiO_3$ 陶瓷具有半导体特性。然而，原子缺陷的种类是很多的，如本征原子缺陷（如钛、钡氧离子的填隙和缺位）、外来原子缺陷（如施、受主杂质的引入）。而且这引进原子缺陷的浓度又随各种因素（如烧结条件和掺杂浓度等）而变化。所以，原子缺陷和材料的半导性之间的关系是极其复杂的。下面简要地讨论 $BaTiO_3$ 陶瓷半导化途径及其影响因素。

　　① 本征原子缺陷半导化。当氧化物存在化学计量比偏离时，晶体内部将形成空格或填隙原子，这种缺陷称为本征原子缺陷或固有原子缺陷。因为这种缺陷的存在，使晶体的能带结构产生相应的畸变，在 $BaTiO_3$ 晶体中，主要是形成氧负离子缺位，钡正离子缺位。其中氧离子缺位以中性（$V_O^x$）、单电离（$V_O'$）和双电离（$V_O''$）出现，$V_O'$ 和 $V_O''$ 分别在禁带中形成离导带底约 0.1eV 和 1.3eV 的施主能级，使 $BaTiO_3$ 晶体呈 N 型特性；而钡正离子缺位也以中性（$V_{Ba}^x$）、单电离（$V_{Ba}'$）和双电离（$V_{Ba}''$）出现，$V_{Ba}'$ 和 $V_{Ba}''$ 分别在禁带中形成离价带顶约 0.8eV 和 1.6eV 的受主能级，使 $BaTiO_3$ 晶体呈 P 型特性。

　　a. N 型半导体。实验表明，在高温和低氧压（含真空、中性和还原气氛）下，$BaTiO_3$ 晶体是一种氧负离子缺位的 N 型半导体，氧负离子缺位的形成可用式(2-17) 表示：

$$O_O^x \Longleftrightarrow V_O^x + 1/2 O_2 \tag{2-17}$$

此式说明，当氧压降低时，晶格中的氧在高温下通过扩散以气体的形式逸出，相反，当氧压增高时，反应向左进行，氧气通过扩散填充缺位。一个氧空位可以单电离出一个电子或双电离出两个电子，这些单、双电离的氧空位都向导带提供电子，对 N 型电导率都有贡献。

　　b. P 型半导体。实验表明，在高氧压和降低温度的情况下，$BaTiO_3$ 晶体是一个金属离子不足的 P 型半导体，钡正离子缺位的形成可用式(2-18) 表示：

$$1/2 O_2 \Longleftrightarrow O_O^x + V_{Ba}^x \tag{2-18}$$

当氧压上升时，氧可以填充到氧离子晶格位置中去，于是就出现了钡正离子缺位。相反，若氧压降低，反应向左进行，相对过剩的氧就会脱离晶格逸出，$V_{Ba}^x$ 将减少。一个钡缺位可以单电离出一个空穴或双电离出两个空穴。材料的空穴浓度 P 基本是单电离或双电离钡缺位所提供的，它们都能为价带提供导电空穴，对电导率都有贡献。

　　在 $BaTiO_3$ 陶瓷半导体的制备过程中，可以通过烧结条件，来改变晶体的正负离子的化学计量比，达到控制晶体本征原子缺陷浓度从而使其半导化。但由于化学计量比偏离和烧结条件的关系是很复杂的，且低氧压烧结又带来设备和工艺的复杂性，因此，在实际生产过程中，最常用的主要还是通过控制掺杂种类和数量来控制材料导电性能。

　　② 施主掺杂半导化。实验证明，在制备的 $BaTiO_3$ 陶瓷中，只要添加离子半径与 Ba 相近而原子价比 Ba 大，或离子半径与 Ti 相近而原子价比 Ti 大的金属离子时，$BaTiO_3$ 陶瓷就变成具有相当高的室温电导率的 N 型半导体。在实际生产中，常用 $La^{3+}$ 离子取代

$Ba^{2+}$ 离子，或以 $Nb^{5+}$ 离子取代 $Ti^{4+}$ 离子，以实现施主掺杂半导化。因为 $La^{3+}$ 比 $Ba^{2+}$，或 $Nb^{5+}$ 比 $Ti^{4+}$，均多了一个正电荷，则就在取代位置处形成一个带一价正电荷的正电中心，它可以把 La 或 Nb 原子中一个多余的价电子束缚在它的周围。由于这个"多余"电子处于弱束缚状态，在较低的温度下就可以通过热激发使其脱离正电中心的束缚而成为导电电子。这样，导电电子浓度 $N$ 就正比于进入取代位置的 $La^{3+}$ 离子或 $Nb^{5+}$ 离子浓度。实验表明，影响 $BaTiO_3$ 陶瓷半导化的主要因素有杂质及其浓度的影响。

a. 施主杂质。通过施主掺杂而制备 $BaTiO_3$ 系陶瓷半导体时，常选用 $La_2O_3$、$Y_2O_3$、$Sm_2O_3$ 等氧化物作为钡位取代杂质，或用 $Nb_2O_5$、$Ta_2O_5$ 等氧化物作为钛位取代杂质。它们对半导化的效能没有明显的差异，而且掺杂浓度均约在 0.1％（摩尔）左右显示最大的电导率，因此对掺杂浓度必须严格控制在此狭窄的范围内。若超过一定限度后，随着掺杂浓度的继续提高，陶瓷材料的电导率将明显下降，并且重新变成电阻率很高的绝缘体，如图 2-22 所示。目前使用的所有掺杂元素都能观察到类似的规律，产生这种现象的原因主要是杂质浓度高时出现了相应的受主态。产生这种受主态的原因可能有：

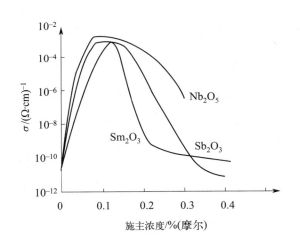

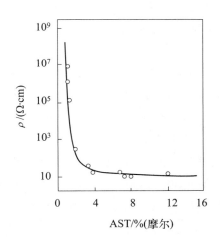

图 2-22　$BaTiO_3$ 的电导率与施主浓度的关系　　图 2-23　AST 对 $BaTiO_3$ 陶瓷电阻率的影响

• $Ba^{2+}$ 缺位

施主浓度较高时将导致 $Ba^{2+}$ 缺位的产生，这将使 $BaTiO_3$ 由电子补偿向缺位补偿过渡。当加入的施主浓度较低时，取代的高价正离子的多余电子将使 $Ti^{4+}$ 还原成 $Ti^{3+}$，这就是电子补偿的情况，此时电导率随杂质浓度的增加而上升。但是，当杂质浓度增加到某一值时，电子杂质浓度高，就有可能出现配对的缺陷。例如，在 $La^{3+}$ 掺杂的情况下，当两个相邻的 $Ba^{2+}$ 离子被两个 $La^{3+}$ 离子取代后，就产生一个钡缺位，其缺陷机构可表达为

$$BaTiO_3 + xLa_2O_3 \longrightarrow (Ba_{1-3x}^{2+} V''_{Ba_x} La_{2x}^{3+})Ti^{4+}O_3^{2-} + 3xBaO \qquad (2\text{-}19)$$

式中，$V''_{Ba_x}$ 为电离钡缺位。显然，一个钡缺位将与两个 $La^{3+}$ 离子相对应，$V''_{Ba_x}$ 双电离的钡缺位产生两个空穴。也就是说一个钡缺位将补偿两个 $La^{3+}$ 离子对电子的贡献，这就是缺位补偿的情况，因此，电导率将随掺杂浓度的增加而减小。

• $Ti^{4+}$ 位上的低价离子取代

在 $Sm^{3+}$、$Gd^{3+}$ 等掺杂的 $BaTiO_3$ 系陶瓷中，三价的稀土元素离子不仅可以占据 $Ba^{2+}$ 位置，也可以部分占据 $Ti^{4+}$ 位置，当掺杂浓度小于 0.1%（摩尔）时，$Sm^{3+}$ 或 $Gd^{3+}$ 主要占据 $Ba^{2+}$ 位置，起施主作用。而当掺杂浓度接近或超过 0.2%（摩尔）时，$Sm^{3+}$ 或 $Gd^{3+}$ 同时占据 $Ba^{2+}$ 和 $Ti^{4+}$ 位置，并且由于电价的补偿作用使陶瓷的电导率急剧下降，直到重新变成绝缘体，其机制可表达为：

$$BaTiO_3 + \frac{x}{2}Sm_2O_3 \longrightarrow Ba^{2+}_{1-x/2}Sm^{3+}_{x/2}(Ti^{4+}_{1-x/2}Sm^{3+}_{x/2})O + \frac{1}{2}xBaTiO_3 \qquad (2\text{-}20)$$

b. 受主杂质。电价低于 2 价的离子对 $Ba^{2+}$ 离子的置换，或者电价低于 4 价的离子对 $Ti^{4+}$ 离子的取代，在 BaTiO3 系陶瓷中都形成受主杂质。如过渡元素 Fe、Mn、Cr、Zn、Co、Cu 以及碱金属 Na 和 K 等，都是已知妨碍 $BaTiO_3$ 陶瓷半导体的受主杂质。用化学纯或工业纯原料之所以难以实现 $BaTiO_3$ 系陶瓷的施主掺杂，是由于原料中存在着这类受主杂质，会使陶瓷出现施主/受主的混合补偿。因此，一般说过渡元素和碱金属元素是制备 $BaTiO_3$ 系陶瓷半导体的有害杂质。

c. 熔剂杂质。采用高纯原料利用施主掺杂实现 $BaTiO_3$ 系陶瓷半导化时，该过程对于掺杂的浓度和分布均匀性以及对有害杂质的污染和烧结条件差异等都是非常敏感的。量产时这些因素往往造成材料性能的波动，难以获得再现性良好的材料。而若用纯度较高的草酸氧钛钡作原料，工艺上很麻烦，原料成本高，不适宜于大批量生产。实践证明，在工业纯的 $TiO_2$ 和 $BaCO_3$ 合成的 $BaTiO_3$ 粉料中，加入一定量的 $SiO_2$ 或一定比例的 $Al_2O_3$、$SiO_2$、$TiO_2$（如 $1/2Al_2O_3 1/4SiO_2 1/4TiO_2$，简称 AST），并在钛钡比上使 $TiO_2$ 适当过量 0.1%～1%（摩尔），可以使 $BaTiO_3$ 系陶瓷半导化。

如图 2-23 所示，不含 AST 的陶瓷的电阻率可高达 $10^{11}\Omega\cdot cm$，而含有 3%（摩尔）左右的 AST 时，陶瓷的电阻率可下降至 40～100Ω·cm。采用 $SiO_2$ 或 AST 等熔剂掺杂能够实现 $BaTiO_3$ 系陶瓷半导化的原因如下：就目前的实验证明，$SiO_2$ 等系玻璃的形成剂，大量的 $SiO_2$ 或 AST 都处于晶粒之间的边界层内，烧结时容易形成液相，促使陶瓷的充分致密化。单纯采用施主掺杂的办法在工业纯原料难于制备 $BaTiO_3$ 系陶瓷半导体的原因，在于原料中受主杂质的"毒化"作用，即受主杂质（如 $Fe^{3+}$、$Cu^{2+}$、$Mg^{2+}$、$Zn^{2+}$ 等）对于施主的电价起了补偿作用。$La^{3+}$ 离子施主电离所放出的一个电子并没有跃迁入导带，而是被 $Fe^{3+}$ 离子受主电离所俘获，这时的[La']=[Fe']，处于施受主混合补偿状态。而当瓷料中引入适量的 $SiO_2$ 或 AST 等熔剂杂质，其在 $BaTiO_3$ 中的溶解度很小，在较高的温度下，即与其他氧化物作用形成熔融的玻璃相，构成胶结 $BaTiO_3$ 晶粒的边界层，并同时把一些对半导化起毒化作用的受主杂质吸收到玻璃相中去，从而消除或削弱受主杂质对 $BaTiO_3$ 系晶粒半导化的阻碍作用。所以说，$SiO_2$ 或 AST 等熔剂掺杂之所以能显示对工业纯制成的 $BaTiO_3$ 系的半导化的有利作用，可能在于硅酸盐玻璃的形成和玻璃相对于受主杂质的溶解或吸收，从而起到了"解毒"的效果。

（3）PTC 元件三大特性的经典应用

PTC 材料自发现以来已经过几十年，得到了长足的发展，不仅理论不断趋于成熟，同时应用范围也不断扩大创新，这与其独特的特性是分不开的。PTC 元件主要特性即为上文论述的三大特性：电阻-温度特性、电压-电流特性、电流-时间特性。本小节将叙述其相应的典型应用，并概述近年来 PTC 元件的新应用。

① 电阻-温度特性的应用。

a. 恒温加热。PTC 热敏电阻器具有恒温作用。在电路开始通电时，PTC 热敏电阻器上的电阻很小，功率很大，其迅速发热，当温度达到居里温度时元件电阻急剧增大。在恒压条件下，通过元件的电流减小，使其发热变小而慢慢降温，最后电阻变小。这样不断重复以上过程，元件在电路中起到自动调节温度的作用，使 PTC 元件在空调电路中常被使用。

常用的电器中，PTC 加热器可用来代替电热管作为新型的空调器辅助电加热，可避免由于空气不流动，电热管温度过高导致烧毁甚至引起火灾的隐患；此外，在电吹风应用中，使用 PTC 发热体可以避免长时间使用而引起的过热现象，避免头发吹焦，安全系数高；使用 PTC 做电驱蚊器的热源，可避免明火加热，使之更加安全可靠；在温度较低的环境中，PTC 元件的延迟启动性能够帮助荧光灯发光，同时使其寿命延长；PTC 陶瓷材料代替传统的镍铬加热丝制成的恒温电烙铁，可以控制焊嘴的温度在开关温度附近，避免出现过热、烧死等现象，同时还节能、延长寿命和安全可靠。

b. 电机或电器设备的过热保护。电机损坏的原因，常常由于超负荷、断相或者电机的传动部分发生机械故障，造成电机绕组异常发热，超过电机最高允许温度。此时可在电路中加入对温度变化高度灵敏的 PTC 热敏电阻元件，利用其在居里温度以下时电阻值变化很小、超过居里温度时电阻值急剧增大的开关特性保护电器。

② 电流-时间特性的应用。

PTC 的电流-时间特性可应用于电动机的启动。日常生活中常用电器电冰箱、空调机以及带微风挡的电风扇等中都含有启动器。例如在电机启动电路中，使 PTC 元件与电机启动组串联，启动瞬间有很大的启动电流，在此满足了电机启动时需要的大电流来获得足够转矩的条件，而后 PTC 元件将产生很多热量使其温度急剧上升，于是 PTC 元件的阻值也猛增至很大，使得电路处于相当于断开的状态，从而使电机启动组脱离工作状态，如此还能达到节能的效果，从而完成启动任务。电压经过 PCT 元件加在整流滤波电路上，将电容器充电至设定值后，智能功率模块 IPM 开始工作，将输入的直流电压转变为三支交流电，使三相电机正常运转。与此同时，IPM 输出一直流电至继电器开关，将 PTC 元件短路。其中，PTC 元件可以防止通电时较大的电流将电路损坏，也可以在继电器失效的状态下保护整个电路。

由电流-时间特性可知，电路中 PTC 元件从开始加压到其电流达到稳定的过程需要一定的时间。因此，PTC 可用于在电路中形成延迟开关元件，在电子行业得到广泛应用。

③ 电压-电流特性的应用。

PTC 元件根据这一特性可用于过流保护，定体发热等电路应用中。

a. 过电流保护。在电路中，PTC 元件与负载串联，电源接通时，正常工作状态下 PTC 元件的阻值随着时间变化不大，基本处于等阻的状态，同时电路也处于稳定有效安全的工作状态。当电路出现故障，导致电路中出现大电流时，PTC 元件因自身发热升温，导致电阻值急剧增大，导致电路中电流减小，使得负载装置得到保护。这就是过流保护的基本原理。

　　b. 定温发热体。PTC 元件在电路中作为发热体加电时，正常情况下具有较低的室温电阻率，此时电路中会流过较大的初始电流，此时 PTC 元件升温较快，其阻值迅速进入跃变区，直至达到稳定后，流过 PTC 元件的电流变小，如此往复使得发热体表面温度与居里温度密切相关，而环境影响很小。这种特性使其可用于烫发机、空调器、家用取暖机、电磁炉和自动热水器等设备。

### 2.1.2.4　NTC 热敏电阻器

　　（1）NTC 热敏陶瓷半导体的导电机理

　　NTC 热敏陶瓷半导体是由一种或一种以上的过渡金属氧化物为主构成的烧结体。其阻温特性由这些氧化物晶体的导电机制决定。下面就以能带结构和晶体结构为基础，讨论 NiO 等过渡金属氧化物的导电机理。

　　NiO 具有立方对称的氯化钠型结构，是一种典型离子晶体，Ni 是一种易变价的过渡金属。在正常温度下，纯 NiO 晶体是良好的绝缘体，其室温电阻率可高达 $5 \times 10^{14} \Omega \cdot cm$。当 NiO 中掺入一价的 $Li^{1+}$ 离子时，它的电导率就急剧增加，呈现 P 型半导体的特性。如在 NiO 掺入 $Li^{1+}$ 时，$Li^{1+}$ 离子取代了 $Ni^{2+}$ 离子，并在它的取代位置上产生了一个有效负电荷。为了保持整个晶体的电中性，它就把邻近位置上的 $Ni^{2+}$ 离子转变成 $Ni^{3+}$ 离子而形成 $Li^{1+} Ni^{3+}$ 离子对。这个 $Li^{1+} Ni^{3+}$ 离子对所对应的能级和 $Ni^{2+}$ 能级非常靠近。当 $Li^{1+} Ni^{3+}$ 受到激发时它就吸收附近的 $Ni^{2+}$ 离子的一个电子形成 $Li^{1+} Ni^{2+}$ 而把这个 $Ni^{2+}$ 离子变成 $Ni^{3+}$ 离子。由于 Ni 是易变价元素，这种变换可以继续下去，使 $Ni^{3+}$ 在整个晶体的氧八面位置中迁移，相当于空穴在晶体中运动。

　　当 $Ni^{3+}$ 受到电场的定向作用时就产生电导，其传导电流的方式为

$$Ni^{3+} + Ni^{2+} \longrightarrow Ni^{2+} + Ni^{3+} \tag{2-21}$$

　　这种通过电子变换实现的导电方式，其电导并不是由于载流子（空穴）在满带中运动的结果，而是在能带之间的跳跃，因此可以把这种电导叫跳跃式电导或称为跳跃电导模型。

　　与 NiO 相似，CoO、MnO 等过渡金属氧化物也有这样的导电过程，如

$$Co^{3+} + Co^{2+} \longrightarrow Co^{2+} + Co^{3+} \tag{2-22}$$

$$Mn^{4+} + Mn^{3+} \longrightarrow Mn^{3+} + Mn^{4+} \tag{2-23}$$

如过渡金属氧化物半导体中含有多种正离子，则还可有多种不同正离子之间的导电过程，如

$$Mn^{2+} + Co^{3+} \longrightarrow Co^{2+} + Mn^{3+} \tag{2-24}$$

温度低时，这些氧化物材料的载流子（空穴）数目少，所以其电阻值较高；随着温度的升高，载流子数目增加，所以电阻值降低。NTC 热敏陶瓷半导体大多数是由尖晶石结构晶体所组成，这种结构的单位晶胞共有 8 个 A 金属离子、16 个 B 金属离子和 32 个氧离子，由此得出尖晶石单位晶胞的通式为 $A_8 B_{16} O_{32}$，简写为 $AB_2 O_4$。氧离子半径大得多，故尖晶石结构实际上是以氧离子密堆积而成的，金属离子则位于氧离子的间隙中。第一类间隙为四个氧离子所包围，位于氧四面体的中心，称为 A 间隙。第二类间隙为六个氧离子所

包围，位于氧八面体的中心，称为 B 间隙。如图 2-24 所示。

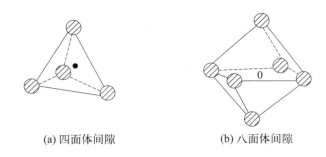

(a) 四面体间隙 　　　　(b) 八面体间隙

**图 2-24　金属离子在四面体和八面体间隙中位置**

由于 A、B 正离子结构分布的不同，尖晶石分正尖晶石、反尖晶石两种，它们各具不同的导电能力。在正尖晶石中，A 间隙全部为 A 离子（通常为二价金属离子）所占据，B 间隙全部为 B 离子（通常为三价金属离子）所占据，其通式可写成 $A^{2+}B_2^{3+}O_4^{2-}$。在反尖晶石中，A 间隙全部为 B 离子所占据，B 间隙由一半 A 离子和 B 离子所占据，其通式为 $B^{3+}(A^{2+}B^{3+})O_4^{2-}$。而半反尖晶石 A 间隙只有部分被 B 离子所占据，其通式为 $(A_{1-x}^{2+}B_x^{3+})(B_{2-x}^{3+}A_x^{2+})O_4^{2-}$。在上述三种尖晶石型氧化物中，由正离子分布所决定的结构类型不同，导致它们电子交换导电条件有差异，从而呈现不同的导电能力。反尖晶石和半反尖晶石型氧化物具有 P 型的半导体特性，而正尖晶石氧化物具有良好的绝缘性能。

显然，实现电子交换方式所具备的必要条件为：

① 在尖晶石型氧化物中必须有可以变价的异价正离子，以产生电子交换。当然，这种变价正离子包括：不同元素的异价离子和同一种元素的异价离子。例如，$Fe_3O_4$ 就是依靠 $Fe^{2+}$ 和 $Fe^{3+}$ 离子的电子交换而导电的。

② 两种异价离子必须同处于 B 间隙位置中。因为是尖晶石中最近邻的 A-A 间隙离子间距和 B-B 间隙离子间距是不同的。由简单的几何计算可知，A-A 间距为 $\sqrt{3}/4a$（$a$ 为晶格常数），而 B-B 间距约为 $\sqrt{2}/4a$。由于 A-A 位置距离较大，电子云交叠很小，因而不可能实现电子交换。只有在 B-B 位置之间才可能进行电子交换。正尖晶石中 B 位置都是同价离子，不可能进行电子交换，所以正尖晶石是绝缘体。

反尖晶石中 B 位置的异价离子数目相等，电子交换的概率最大，是良好的半导体。半反尖晶石虽然也能进行电子交换，但其电导率比反晶石低得多。

（2）NTC 热敏材料

NTC 热敏材料体系种类繁多，常见的热敏电阻的种类、主要的相组成及应用领域见表 2-7。在众多 NTC 材料体系中，较为常见的、应用最多的是以 Mn、Ni、Cu、Co、Fe、Zn 等两种或两种以上的金属氧化物制备而成的半导体热敏陶瓷。这类热敏陶瓷的烧结温度根据所加的助烧剂等不同可在 1100～1200℃ 内变化，材料电阻率在 100Ω·cm～10MΩ·cm 范围内可调，相应的热敏常数 B 值在 2000～7000K 内变化，并且具有较大的电阻温度系数（−6%～−1%）和较宽的使用温区（−100～200℃），工作性能稳定，占据了整个 NTC

热敏材料体系中最重要的位置。

表 2-7 各种典型 NTC 热敏陶瓷的主要组成与应用

| 种类 | 主要化学组成 | 晶系 | 用途 |
|---|---|---|---|
| 低温型 NTC<br>（−60℃以下） | $MnO$、$CuO$、$NiO$、$Fe_2O_3$、$CoO$ | 尖晶石型 | 低温测量与控制 |
| 常温型<br>（−60～300℃） | Cu-Mn-O、Co-Mn-O、Ni-Mn-O、<br>Mn-Co-Ni-O、Mn-Cu-Ni-O、Mn-Co-Cu-O、<br>Mn-Co-Cu-Ni-O、Mn-Co-Ni-Fe-O 系 | 尖晶石型 | 家用电器、<br>工业上温度检测 |
| 高温型（300℃以上） | $ZrO_2$、$CaO$、$Y_2O_3$、$CeO_2$、$Nd_2O_3$、$TbO_2$ | 萤石型 | 汽车排气、工业高温<br>设备的温度检测、<br>触媒转化器、热反应<br>器异常温度报警 |
| | $MgO$、$NiO$、$Al_2O_3$、$Cr_2O_3$、$Fe_2O_3$ | 尖晶石型 | |
| | $CoO$、$NiO$、$Al_2O_3$ | | |
| | $CoO$、$MnO$、$NiO$、$Al_2O_3$、$Cr_2O_3$、$CaSiO_4$ | | |
| | $BaO$、$SrO$、$MgO$、$TiO_2$、$Cr_2O_3$ | 钙钛矿型 | |
| | $NiO$、$TiO_2$ | | |
| | $Al_2O_3$、$Fe_2O_3$、$MnO$ | 刚玉型 | |
| 临界温度系数（CRT）<br>线性阻温关系 | $VO_2$、<br>$CdO$-$Sb_2O_3$-$WO_3$、<br>$CdO$-$SnO_2$-$WO_3$ | 金红石型<br>$CdWO_3$ +<br>$Cd_2Sb_2O_7$<br>混合相 | 控温、报警<br>数字化测温 |

（3）NTC 热敏电阻的应用

NTC 热敏电阻由于灵敏度高、可靠性高以及价格低廉等特点，被广泛应用于家用电器、交通工具以及工业生产设备的温度传感与控制。从元件的功能角度看，主要有温度补偿、温度测量、温度调节、物理量的测量、抑制浪涌电流等作用。

① 温度补偿。石英振荡器中使用了较多的 NTC 热敏电阻器进行温度补偿。因为大部分石英振荡器都有很强的温度依赖性，为使石英振荡器具有良好的温度稳定性，通常用恒温槽使石英振荡器的工作温度保持一定。但这种方法使用的设备庞大，费用较高。现在采用的解决方法为在石英振荡器电路内设置温度补偿电路，效果如图 2-25 所示，可在很广的温度范围内获得较好温度特性。这种具有温度补偿电路的石英振荡器称为 Temperature-Compensated Crystal Oscillators（TCCO），温度补偿元件大多是片式的 NTC 热敏电阻器，这些热敏元件与晶体管电路中使用的其他温度补偿元件相比，跟踪性、稳定性、可靠性及 $B$ 值精度等都有较明显改进。如，$B$ 值精度可达 $\pm 2\%$，可靠性达 6 级以上。一个石英晶体振荡器须使用 2～4 个 NTC 热敏元件。

② 温度测量。NTC 热敏电阻元器件的最主要用途之一是温度检测。TC 热敏电阻器能作为对温度的测量和控制，是由于它具有负的阻温特性，如当温度升高时，热敏电阻的阻值减小，通过的电流增大，这样，通过对回路电流的测量就可以间接地测量温度。如图 2-26 是一种试验型 NTC 热敏电阻温度计的简单电路，这种电路的温度计在低温和高温时的灵敏度有所降低，但一般也可以达到 0.5℃ 的温度精度。需要精密地测温时，可采用如图 2-27 的电桥式热敏电阻温度计，它是用微安表测出不平衡电流的方法直接读出温度，可以测量到 0.005℃ 的温度变化。

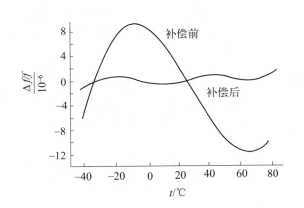

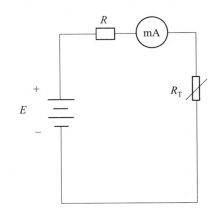

图 2-25　温度补偿前后石英振荡器频率稳定性　　　图 2-26　简单温度计电路图

③ 温度调节器。图 2-28 为用 NTC 热敏电阻器制成的温度调节器的恒温器，当低于要求温度时，NTC 热敏电阻阻值高，晶闸管导通，回路电流大而加热，当超过要求温度时，热敏电阻值下降，晶闸管处于"截止"状态，相当于断路，电路无电流通过，加热器断电，这样就可实现对温度的自动调节和控制。

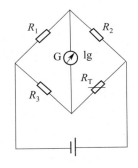

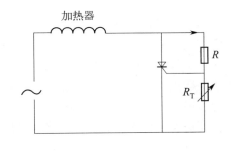

图 2-27　桥式温度计电路　　　　　　　　图 2-28　温度调节器和恒温器

④ 物理量的测定

利用 NTC 热敏电阻器耗散系数与环境介质的种类和状态的关系，可以制成流量计、风速计等装置。如图 2-29 所示的流量计，把热敏电阻器 $R_{T1}$ 放在要测流量的气流或液流中，而把 $R_{T2}$ 放在流动区域之外不受干扰的平静条件下。假定当流体静止时已把电桥调平衡；当流体流动时，必须带走热量，使 $R_{T1}$ 和 $R_{T2}$ 的散热情况出现差异，由于 $R_{T1}$ 的变化，造成电桥不平衡，因而电流表有电流通过，这样通过对电流的测量就间接地测出流量的变化。

⑤ 抑制浪涌电流

电机、开关电源、变压器或照明电源等在接通瞬间，有很大的浪涌电流，这一冲击电流可能会损坏元件（如一些 MOS 器件）或将保险丝烧断。利用 NTC 热敏电阻的电流-电压特性和电流-时间特性，将它们与负荷串联，可以较有效地抑制这种电流。在电源接通前，热敏电阻器有较大的冷态电阻，可以抑制浪涌电流。在较大的电流负荷下，因自热可使电阻值下降到原来的 $1/(10\sim50)$，它所消耗的功率因此也会下降。图 2-30 是负荷接通后的电流曲线。

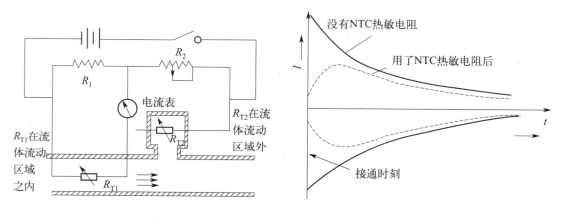

图 2-29　流量计装置　　　　　　　图 2-30　负荷接通后的典型电流曲线

## 2.2　视觉——光敏传感材料与器件

　　人类主要通过眼睛感知外界信息，光敏传感器在人类所使用的各种器件中扮演着至关重要的角色。光作用于物体时，通常会被吸收、反射或透过。对于导电体（如金属），光几乎在进入其表层时就被吸收，对于绝缘体，如果其结构均匀，不产生强烈的光散射，则光能从中透过。所以，一般来说，导体和绝缘体没有很强的光效应，但半导体则有较强的光效应。由于半导体的禁带宽度（$0\sim3.0\text{eV}$）与一般可见光能量（$1.5\sim3.0\text{eV}$）相对应，因此，入射光可以在半导体体内被部分吸收，从而产生一系列较强的光效应。而这些主要以各种光电效应表现出来的光效应，正是半导体能作为光电子学技术或传感器技术中最重要的光传感器的基础。

　　光敏传感器在自动控制、安防监控、光电测量等领域有着广泛的应用，能够实现对光线的精准检测和控制。光敏传感器的工作原理利用了光敏元件对光的敏感性，当光照强度改变时，光敏元件的电阻值也会发生变化，从而产生电信号。常见的光敏元件包括光敏电阻、光敏二极管和光敏晶体管等。其中，光敏电阻是光敏传感器的核心元件，光敏陶瓷属于半导体陶瓷的一种，也称光敏电阻瓷。

　　由于材料的电特性和光子能量的差异，光敏材料在光的照射下吸收光能，产生光电导或光生伏特效应。想要更好地了解光敏材料，首先要先了解它的原理——光电效应。光电效应主要有光电导效应、光生伏特效应和光电子发射效应三种。前两种效应在物体内部发生，统称为内光电效应。它一般发生于半导体中。光电子发射效应产生于物体表面，故又称外光电效应，它主要发生于金属中。

　　（1）光电导效应

　　半导体在光照下电阻率变化的现象，称为光电导效应。这种效应的产生，来自材料吸收光子后其内部载流子浓度发生变化，或者说，因光照产生了附加的自由电子和自由空穴即光生载流子。光子的能量 $W = h\upsilon$，其中 $h$ 为普朗克常数，$\upsilon$ 为光的频率。若入射光子的能量大于半导体的禁带宽度 $E_g$，则价电子将可以被激发至导带。出现附加的电子-空穴对，从而使电导率增大。这种情况称为本征光电导，如图 2-31 所示。若禁带中还存在杂质能级，光照也能激发杂质能级上的电子或者空穴跃迁，这种类型的跃迁称为非本征光电导。在半导体中本征光电导和非本征光电导可以同时存在。

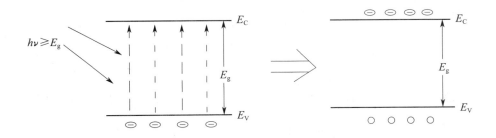

图 2-31　半导体中的光激发过程

对本征半导体材料，当入射光子能量大于或等于禁带宽度时，价带顶的电子跃迁至导带，而在价带产生空穴，这一电子-空穴对即为附加电导的载流子，使材料阻值下降；对杂质半导体陶瓷，杂质原子未全部电离时，光照能使未电离的杂质原子激发出电子或空穴，产生附加电导，从而使阻值下降。不同波长光子具有不同能量，因此，一定的陶瓷材料只对应一定的光谱产生光电导效应，所以有紫外（0.1～0.4$\mu m$）、可见光（0.4～0.76$\mu m$）和红外（0.76～3$\mu m$）光敏陶瓷。同时，还有两点：

① 半导体并非对所有波长的光都表现出光导效应。光电导是由光子激发半导体中的电子所引起的，如果光波的波长或频率不足以激发电子，则即使光的强度很大，半导体也不会产生光导效应。这表明半导体的光电效应对于光的波长具有选择性。

② 并非所有半导体材料都表现出光导效应。在一些半导体中，当受到相应波长的光照射时，可能会产生光生载流子，但这些载流子通常会被禁带内的能级俘获或复合掉，导致其寿命非常短，无法显示出光导效应。为了在这些半导体中也能产生光导效应，就需要往这些半导体材料中掺杂别的元素，增大他们的光生载流子寿命，这个过程一般称为敏化。而利用这一原理，可以将光敏陶瓷用作光敏电阻（如图 2-32 所示），进而运用到各种自动控制系统之中。

图 2-32　光敏电阻

（2）光生伏特效应

当光照射到半导体上时，如果半导体内存在 PN 结，在 PN 结处就会产生一个电动势，这就是光生伏特效应。当半导体材料形成 PN 结时，由于载流子存在浓度差，N 区的电子向 P 区扩散而 P 区的空穴向 N 区扩散，导致在 PN 结附近形成负电荷区和正电荷区，即空间电荷区。这些空间电荷形成自建电场，其方向由 N 区指向 P 区，阻止了进一步的电子和空穴扩散，但却推动了 N 区空穴和 P 区电子向对方移动。最后形成的 PN 结如图 2-33 所示。

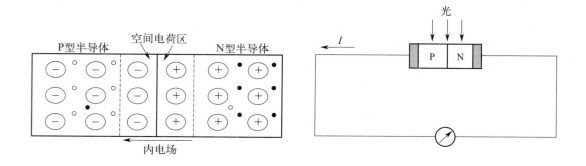

图 2-33　PN 结内部结构　　　　　图 2-34　太阳能电池工作原理

当光子照射到 PN 结时，如果光子能量足够大，满足光子能量大于禁带宽度，将在 PN 结附近激发出电子-空穴对。在自建电场的作用下，N 区的光生空穴会向 P 区移动，P 区的光生电子会向 N 区移动，导致 N 区积累负电荷，P 区积累正电荷，从而产生光生电动势。若接通外电路，则会有电流从 P 区经外电路流向 N 区。利用这个效应，可以制成各种太阳能电池，其工作原理如图 2-34 所示，太阳能是一种持续且无限的能源来源，由太阳能将光能转换成电能，这个过程不会产生任何对环境有害的产物，是一种非常实用的清洁能源技术。

### 2.2.1　光敏材料基本特性参数

（1）光电导灵敏度

在单位光照强度下，产生的光电导 $\sigma$ 就称为光电导灵敏度，$\sigma$ 越大，说明材料的光电导灵敏度越大。非平衡载流子的积聚由杂质和缺陷引起，导致了所谓的陷阱效应。那些具有显著陷阱效应的杂质和缺陷被称为陷阱中心。对于电子陷阱而言，一旦电子掉入其中，它们不会直接与空穴结合，而是必须首先被激发到导带，然后通过复合中心才能复合。电子被陷阱中心俘获并激发后再复合，延长了载流子的寿命，从而延长了弛豫时间，提高了半导体的光电导灵敏度。在生产过程中，通常会有意地掺入适量的杂质，形成这种陷阱中心，以提高光电导灵敏度。这种特定的陷阱中心被称为敏化中心，而掺入的杂质则被称为敏化剂。

（2）光谱响应特性

因为禁带宽度不同，各种半导体材料有着不同的光谱响应范围。而同一种半导体材料，对其光谱响应范围内的不同波长的单色光的响应灵敏度也是不同的。在某一单色波长下，光敏电阻器产生的最大灵敏度与其在光谱响应范围内的最大灵敏度之比，称为相对光谱灵敏度，所谓光谱响应特性，就是相对光谱灵敏度与响应波长的关系曲线。图 2-35 给出了几种不同半导体对不同波长的光的响应特性，从中可以看出，在化合了不同的元素之后，半导体会有不同的响应特性，说明人们可以通过化合或者掺杂来得到不同响应范围的产品。

（3）照度特性

在外加电压一定的情况下，输出信号（电流，电阻）随光照强度改变而改变的现象成为照度特性。一般可以用式（2-25）表示：

$$I = KUaLb \tag{2-25}$$

式中，$I$ 为电流大小；$U$ 为电压；$K$ 为比例系数；$a$ 为电压指数；$L$ 为照度；$b$ 为照度指数。一般光敏电阻的阻值都会随光通量增加而降低，而且这种变化是非线性的，对外表现为光电流增加（图 2-36）。

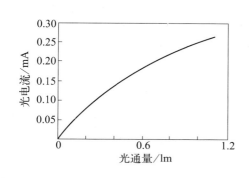

图 2-35 几种不同半导体的响应特性

图 2-36 光敏电阻的照度特性

（4）响应时间

表示在光照下光电流从零上升达到稳定值所需要的时间及遮光后电流消失所需要的衰减时间。一般的光敏陶瓷的响应时间都在毫秒级别。

（5）温度特性

光敏电阻的光导特性和电学特性受温度影响较大，关系较复杂，所以一般用单位温度变化引起的阻值或电流的变化率作为参考。图 2-37 为硫化铅的温度特性曲线。

## 2.2.2 光敏电阻材料及其应用

不同类型的光敏电阻在紫外线、红外线和可见光领域有广泛应用，作为一种通用电子器件，其已

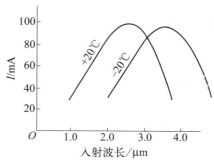

图 2-37 硫化铅光敏电阻的温度特性曲线

有近 100 年的发展历史。近年来，随着科学技术的进步，电阻器的外形和性能得到了改进，研究趋势主要有：高可靠性、高精密度、高稳定性、大功率、小型化、数控化和廉价化。光敏电阻器在电子工业、工农业生产、医疗和军事等领域得到了广泛应用，智能化光敏电阻器的研发对于推动各个领域的发展具有战略意义。

光敏电阻器是一种能够根据光照强度的变化而改变电阻值的传感器，它在很多领域都具有重要的意义：

① 光控制：光敏电阻器可以根据光照强度的变化调节电路中的电阻值，实现光控制功能。例如，可以用于自动调节照明设备的亮度。在一些电子产品中，光敏电阻器可以用于感知环境光照强度，实现自动调节屏幕亮度、键盘背光等功能。

② 安防系统：光敏电阻器可以用于安防系统中，监测光线变化并触发警报，用于保护财产和人员安全。

③ 医疗设备：在一些医疗设备中，光敏电阻器可用于测量光照强度，帮助医生进行诊断和治疗。

④ 环境监测：光敏电阻器可以用于监测光照强度，帮助测量日照时间和光照强度等环境参数，用于气象、环境监测等领域。总的来说，光敏电阻器在现代科技应用中扮演着重要的角色，为各种系统和设备提供了根据光照强度变化而改变电阻值的能力，从而实现自动化、智能化和更高效的功能。

下面介绍一下各种光敏电阻材料及其应用。

（1）硫化镉

光敏电阻常用的制作材料为硫化镉。硫化镉（CdS）的带隙为 2.4eV，是一种重要的 Ⅱ-Ⅵ 化合物半导体，纯的硫化镉粉末为橙黄色，在可见光区具有优异的光电性能，因此被广泛应用于太阳能电池、发光二极管、光敏电阻等电子和光电器件中。

对于基于硫化镉的光敏电阻器，带隙为 2.40eV 的硫化镉材料在 517nm 以下的光下电阻迅速下降。只要光子能量大于硫化镉的禁带隙，价带中的电子就会吸收光子并跃迁到导带，同时在价带中产生空穴。光产生的电子空穴对增加了半导体材料中载流子的数量，使得电阻急剧下降。当入射光消失后，光子产生的电子-空穴对逐渐重新组合，电阻值逐渐恢复到原来的值。因此，吸收入射光子的能力决定了光敏电阻的光敏性能。对于光敏电阻器，提高灵敏度的方法有很多，这里简单介绍几个不同的方法，例如：

① 异质结的形成可以进一步提高硫化镉基光电探测器的光电流与暗电流比。氧化锌（ZnO）是一种带隙为 3.37eV 的功能半导体，常温下为白色，氧化锌的导带和价带分别比硫化镉低 0.2eV 和 0.8eV，所以 ZnO/CdS 异质结是一种很有前途的可见光光敏电阻器结构。由于氧化锌纳米结构具有较高表面体积比，具有优异光学和物理性能，大长径比纳米柱作为衬底可以提高硫化镉材料的光敏性能，所以将氧化锌纳米线/硫化镉层制作在二氧化硅纳米柱表面，一方面使结构具有最大的表面，另一方面，ZnO/CdS 异质结可以提高硫化镉的光敏性能。氧化锌纳米线/硫化镉/二氧化硅纳米柱结构是一种很有前途的可见光光敏电阻结构（结构如图 2-38 所示）。

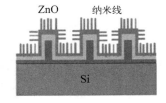

图 2-38　氧化锌纳米线/硫化镉/二氧化硅纳米柱结构

② 将硫化镉与高导电碳纳米异质体的组合可以改善硫化镉基光学器件的光学性能。其中二维石墨烯就是一个很好的选择。石墨烯是一种一原子厚的碳层，具有高热和电导率、透明性和纵横比等显著性质。将氧化石墨烯（GO）还原为还原石墨烯（rGO）是开发类似石墨烯片的一种适用方

法，CdS-rGO 混合物与原始硫化镉相比具有改进的光催化活性。硫化镉纳米结构在还原石墨烯存在的情况下变得更小，从而提高了光催化活性。研究人员开发了一种获得硫化镉纳米棒阵列/还原石墨烯异质结的方法，该结构表现出快速稳定的宽带自供电光响应。还原石墨烯和硫化镉之间的肖特基结的形成有助于改善光催化活性。CdS/rGO 复合材料可用于光电子和光伏器件，因为硫化镉表面和还原石墨烯之间存在适当电荷转移。CdS/rGO 纳米复合材料的光电阻对白光具有快速响应，同时对蓝光、红光和绿光也很敏感，纳米结构相比原始样品提供了更高的表面积与体积比。还原石墨烯的存在增加了电导率，并可能在光照条件下促进电荷的分离，从而降低电子-空穴对的复合，进一步影响上升时间。更高的表面积与体积比、悬挂键以及表面被空气吸收也让衰减时间进一步缩短。

③ 一维纳米结构已成为光电子领域最有前途的候选材料之一，通过不同的方法制备的一维硫化镉纳米结构具有优异的光学和物理性能，更适合用于可见光光电子器件，如太阳能电池、光敏电阻等。纳米结构硫化镉可以通过多种化学和物理方法制备，包括水热法、热蒸发法、模板法、化学气相沉积法、胶体法和气液固辅助法。由于附着力较弱，制备硫化镉纳米结构要比在衬底上制备硫化镉纳米结构容易得多。然而，硫化镉纳米结构的粉末不能直接用作元件，为了解决这一问题，许多研究者尝试在衬底上合成硫化镉纳米结构。2008 年，研究人员利用水热法在 ITO 玻璃基板上成功地合成了硫化镉纳米棒；2015年，研究人员采用溶剂热法在陶瓷（$Al_2O_3$）表面制备了硫化镉纳米膜。硅是重要的半导体衬底，然而，硫化镉纳米结构与抛光后的硅表面粘附性差。通过制备硅柱，可以实现硫化镉层与硅衬底之间的高附着。硫化镉纳米结构可以在硅柱表面成功生长，柱上的硫化镉纳米棒光敏电阻具有很好的光敏性能。同时，对于光伏器件和光敏电阻等光电器件，纳米结构对光的低反射可以明显提高光伏转换效率和灵敏度。

（2）硒化镉

硒化镉（CdSe）为直接跃迁宽带隙半导体，室温下禁带宽度为 1.74eV，对应的波长位于可见光波段，利用内光电效应可以制成可见光光敏电阻器。太阳能跟踪系统是一种保持太阳能电池板始终朝向太阳、显著提高太阳能光伏组件发电效率的关键装置。常见的太阳能跟踪方法包括视日运动轨迹跟踪系统和光电跟踪系统。光电跟踪系统采用光电传感器，可见光光敏电阻是整个太阳能光电自动跟踪系统的核心组件，硒化镉纳米晶薄膜就可应用于这个领域。2018 年，研究人员设计出一种基于硒化镉纳米晶薄膜的光敏电阻（结构如图 2-39 所示），这种光敏电阻可以运用于太阳能光电自动跟踪系统中，并且效率也高于其他的光敏电阻。

（3）硫化铋

硫化铋是另一种常见的光敏材料，具有较高的光敏性和稳定性。硫化铋在常规室温下的带隙能为 1.33eV，能带间隙为 1.3～1.7eV。硫化铋以良好的光电导、良好的非线性光学响应、优异的可见光波段吸收度等独特优势，广泛应用于光电传感器、光电探测器、光电二极管

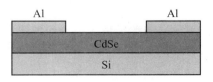

图 2-39　基于硒化镉纳米晶薄膜的光敏电阻结构

阵列等器件上。目前，纳米硫化铋的应用前景非常广泛，在电化学氢存储、氢传感器、X 射线计算机断层扫描成像，光电转化器，生物分子检测以及作为光响应材料方面都有应用。作为光敏电阻，因为其优良的光响应性质，可以运用到光电探测器上。硫化铋具有良好的光吸收特性，因此硫化铋成为薄膜太阳能电池应用的候选者之一，通过对异质结材料的调整，使得硫化铋将在太阳能电池的应用上发挥出巨大潜能。

（4）硫化铅

硫化铅作为传统的 IV-VI 族半导体，在室温下有 0.41eV 的直接窄带隙，硫化铅材料因其探测波段合适、性能良好、可室温下工作和与后端 CMOS 集成电路兼容性良好，是一种非常重要的近红外光电半导体材料，在安防监控、火焰探测、红外成像和军事夜视等领域具有良好的应用前景。商用硫化铅一般将其制备成薄膜使用，这个过程一般用化学浴沉积法，因为具有可塑性成膜、低成本、简便操作、均匀成膜、致密材料和低温工艺等特点，该方法已成为当前实验室甚至工业界制备硫化铅光敏薄膜的热门选择。其制备过程大概如图 2-40 所示。

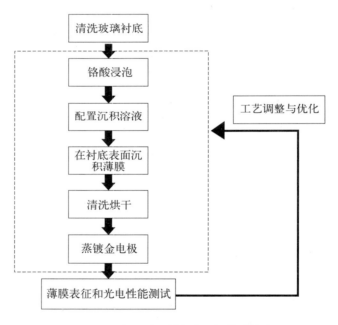

**图 2-40　化学浴沉积制备硫化铅薄膜的流程**

使用化学浴沉积法制备的硫化铅薄膜大多有着光电响应微弱、暗电流过大、表面形貌较差等缺点，因此需要对其进行敏化处理以提高其光电性能，现在最主要的方法就是量子点敏化。硫化铅量子点有着独特的物化特性和优秀的光电性能，且与 Pb-S 族光敏薄膜有着良好的兼容性和界面能带可调控性。硫化铅量子点的平均粒径大小为 1~10nm，表现出显著的纳米晶尺寸效应和量子限域效应。此外，作为典型的零维半导体材料，硫化铅量子点常与其他半导体材料（如有机半导体聚合物、化学沉积法制备的氧化锌、硫化镉）或二维材料（如石墨烯、二硫化钼）复合掺杂或敏化，通过能带工程调控界面，协同提升器件的光电性能。运用量子点敏化并与其他半导体结合之后，硫化铅在红外探测器中的应用非常广泛，这种探测器被称为量子点敏化红外光电探测器。这种探测器中电子和空穴的分离现象使得载流子复合导致的暗电流噪声减小、载流子寿命增加、光电增益提高，在这些有利因素的协同作用下，量子点敏化器件的性能得到明显提升。

## 2.3 嗅觉——气敏传感材料与器件

随着工业的发展，石油化工与石化能源带来了经济和便利，但也造成了严重的大气环境污染。近年来雾霾、酸雨、黑烟等环境问题屡见不鲜；在冶金、采矿以及生活垃圾处理的过程中，常常伴随着各种易燃易爆气体、有毒气体的产生，对环境造成危害。为了满足人们对美好生活的愿望，响应国家建设生态宜居美丽家园的政策，加强对有害污染物排放的检测、控制和转化十分重要。

气体传感器是一种将气体的浓度和组分等信息转换成相应的电信号或其他可以直接显示的信号的器件。气体传感器可用于检测周围环境中有害气体的种类和浓度，实现对气体的监控。在一些极端场景中（如环境地形复杂，存在低危害阈值有毒气体，或多种未知气体同时存在）气体传感器的作用尤为重要。对气体进行高效、准确的检测需要气体传感器灵敏度高、响应速度快。表 2-8 列举了气体传感器的主要检测对象及应用场所。

表 2-8　气体传感器的主要检测对象及应用场所

| 分类 | 检测对象气体 | 应用场合 |
| --- | --- | --- |
| 易燃易爆气体 | 液化石油气、焦炉煤气、发生炉煤气、天然气<br>甲烷<br>氢气 | 家庭<br>煤矿<br>冶金、试验室 |
| 有毒气体 | 一氧化碳(不完全燃烧的煤气)<br>硫化氢、含硫的有机化合物<br>卤素、卤化物、氨气等 | 煤气灶等<br>石油工业、制药厂<br>冶炼厂、化肥厂 |
| 环境气体 | 氧气(缺氧)<br>水蒸气(调节湿度、防止结露)<br>大气污染($SO_x$、$NO_x$、$Cl_2$ 等) | 地下工程、家庭<br>电子设备、汽车、温室<br>工业区 |
| 工业气体 | 燃烧过程气体控制,调节燃/空比<br>一氧化碳(防止不完全燃烧)<br>水蒸气(食品加工) | 内燃机、锅炉<br>内燃机、冶炼厂<br>电子灶 |
| 其他 | 烟雾,司机呼出酒精 | 火灾预报、事故预报 |

气体传感器在各行各业都有广泛应用。它们不仅在工业生产过程中起到了关键的监测和控制作用，还在室内空气质量监测、环境保护、火灾预警、车辆排放控制、食品安全检测等方面发挥着至关重要的作用。通过对各种气体浓度的快速、准确检测，气体传感器为我们提供了重要的数据支持，有力地推动了各行业的发展。

### 2.3.1 气体传感器的性能指标

根据输入信号，可将气体传感器的基本特性分为静态特性和动态特性。静态特性是指传感器在恒定信号或随时间缓慢变化的信号作用下，输入量与输出量之间的转换关系特性，如量程、满量程值、灵敏度、选择性、重复性、分辨率、阈值等。对于气体传感器，其静态特性主要包括灵敏度（Sensitivity）、选择性（Selectivity）及稳定性（Stability），这三者统称为3S特性。动态特性则是指输出信号对随时间变化的输入信号的响应特性，主要参数有瞬态响应特性和频率响应特性。

除此之外，因为多数实际输入量都是随时间变化的，并且输出信号与输入量有不相同的时间函数，所以响应时间也是气体传感器的重要参数。此外，传感器的恢复时间也是十分重要的参数。

下面对主要参数进行简要介绍。

（1）灵敏度

灵敏度（Sensitivity）代表符号"S"，它是气体传感器的重要参数之一。灵敏度一般定义为实验测得的响应值——浓度关系曲线经线性拟合后得到的斜率，也被定义为在整个信号范围内，单位分析物浓度的传感器输出响应的变化。对于不同类型的气体传感器和不同性质的气体，响应值的计算有所不同。

（2）选择性

选择性（Selectivity）是指气体传感器在存在其他气体分析物的环境中，能够区分和识别目标气体的能力，是描述传感器对特定输入信号甄别能力的参数，在某些情况下也被称为交叉灵敏度。计算在相同浓度下测量传感器对目标气体和干扰气体的响应值的比值，这个比值被称为选择性系数。在实际应用中，选择性对于确保传感器准确识别和测量目标气体而不受干扰至关重要。

（3）稳定性

稳定性（Stability）是指在相同的实验条件下，传感器随着时间的推移产生相同输出响应的能力。稳定性主要取决于零点漂移和区间漂移。当没有目标气体存在时，传感器在整个工作时间内输出响应的变化为零点漂移。当存在目标气体时，传感器的输出响应变化则为区间漂移，其主要表现为在工作时间内传感器输出信号的降低。

传感器的稳定性包含两方面：一方面指传感器在对同一个输入量进行多次测量时的重现性；另一方面指传感器在较长时间内保持性能参数的能力，该方面考察了传感器在更长时间内的性能表现，帮助确定传感器的寿命和维持性能的能力。

稳定性是评估传感器可靠性和性能的重要因素。传感器需要在不同时间尺度上保持一致的响应，以满足实际应用中的长期监测需求。理想情况下，一个传感器在连续工作条件下，每年的零点漂移小于10%。

（4）分辨率

分辨率（Resolution）指传感器能够分辨的最小气体浓度改变量，与灵敏度和噪声相关。

（5）响应时间

响应时间（Response Time）一般定义为一定气体浓度下，传感器的输出达到其平衡输出的90%时所需要的时间，即信号从零点上升到平衡点的90%时所花的时间，用T90

标记。从零点上升到平衡输出的 70% 所需要的时间定义为 T70，50% 则定义为 T50。

（6）恢复时间和归零时间

恢复时间（Recovery Time）一般定义为传感器从平衡输出状态恢复到 10% 输出所需要的时间，标记为 RT90。而归零时间是指传感器从通气平衡响应值恢复到 3 个分辨率读数所需要的时间。

动态特性和静态特性均为传感器的外部特性，由气体传感器的内部构造决定，不同原理的气体传感器内部构造不尽相同，其特性计算也不同。

## 2.3.2　气体传感器的分类

传感器一般由敏感元件、转换元件、信号调节电路及辅助电路组成，如图 2-41 所示。其中，敏感单元与气体直接或间接作用后发生物理或化学变化，它是气体传感器的核心部分。

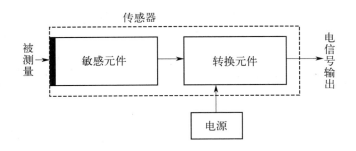

图 2-41　传感器的组成结构

对气体传感器进行分类，可以采用多种标准，如工作原理、检测对象、应用领域等。

（1）按工作原理分类

按照工作原理分类，大致可将气体传感器分为半导体气体传感器、电化学气体传感器、接触燃烧式气体传感器、光学式气体传感器等几种。

（2）按检测气体是否有毒分类

按照检测气体是否有毒分类，气体传感器可分为有毒气体传感器、可燃气体传感器、有害气体传感器等几种。有毒气体传感器主要用于检测有毒气体的浓度，例如氨气、氯气、硫化氢等。有害气体传感器主要用于检测空气中的对人体健康有害的气体浓度，例如二氧化碳、氨气、氢氟酸气体等。

（3）按气体的吸入方式分类

按照气体的吸入方式分类，气体传感器可分为扩散型气体传感器和吸入型气体传感器两种。扩散型气体传感器直接安装在被测气体环境中，被测气体通过自然扩散与传感器检测元件直接接触，无需外部泵或吸气装置。目标气体穿过探测头内的传感器，产生一个正比于气体体积分数或浓度的信号。但是随着扩散的进行，扩散速度将会减慢，故扩散型气体传感器需要将探测头安装在非常接近测量点的位置上。吸入型气体传感器通过使用外部泵或吸气装置，将待测气体吸入气体传感器内进行检测。外部泵或吸气装置可为传感器提供一种速度可控的稳定气流，所以吸入型气体传感器在气流大小和流速经常变化的情况下具有独特优势。

### 2.3.3　半导体气体传感器

自从1962年半导体金属氧化物陶瓷气体传感器问世以来，半导体式气体传感器已经成为当前应用最普遍、具有广泛实用价值的一类气体传感器。

半导体气体传感器的气敏材料主要采用具有半导体性质的金属氧化物半导体或其他半导体材料。当气体在半导体表面吸附后，发生电子转移，引起电导率、伏安特性或表面电位的变化，从而感知气体的种类或浓度变化。

根据其电学输出特性，半导体气体传感器可分为电阻式和非电阻式两大类。其中，非电阻式半导体气体传感器产生的电学信号主要表现为电压、电流和电容等。电阻式半导体传感器可以进一步划分为表面电阻式和体电阻式两种。表2-9列举出了半导体型气体传感器的种类及各自所采用的代表性材料、工作温度和测试气体类型。

表 2-9　半导体型气体传感器的工作特性

| 类型 | 主要的物理特性 | 传感器举例 | 工作温度 | 代表性被测物质 |
|---|---|---|---|---|
| 电阻式 | 表面控制型 | 氧化锡、氧化锌 | 室温 0～450℃ | 可燃性气体 |
| | 体控制型 | LaIx-SrxCoO₃、FeO、氧化钛、氧化钴、氧化镁、氧化锡 | 300～450℃ 700℃以上 | 酒精、可燃性气体、氧气 |
| 非电阻式 | 表面电位 | 氧化银 | 室温 | 乙醇 |
| | 二极管整流特性 | 铂/硫化镉、铂/氧化钛 | 室温～200℃ | 氢气、一氧化碳、酒精 |
| | 晶体管特性 | 铂栅 MOS 场效应晶体管 | 150℃ | 氨气、硫化氢 |

（1）电阻式半导体气体传感器

表面电阻式气体传感器的表面电阻变化取决于吸附气体与半导体材料之间的电子交换。这类器件具有检测灵敏度高、响应速度快、实用价值大等优点。易商业化的材料主要包括 $SnO_2$ 和 ZnO 等物理化学性质较稳定的氧化物，常掺杂少量贵金属（如 Pt、Pd 等）作为激活剂。

体电阻式气体传感器利用体电阻的变化来检测气体。这类半导体中往往存在化学计量比偏离，即组成原子数偏离整数比的情况，如缺金属型氧化物（$Fe_{1-x}O$、$Cu_{2-x}O$ 等）或缺氧型氧化物（$TiO_{2-x}$ 等）。因需与外界氧分压保持平衡，或受还原性气体的还原作用，致使晶体中的结构缺陷发生变化，引起体电阻变化。当待测气体解吸后，传感器的电阻可恢复原状。体电阻式气体传感器多采用 $\alpha\text{-}Fe_2O$、$\gamma\text{-}Fe_2O_3$、$TiO_2$ 等气敏材料。其检测对象主要有液化石油气、煤气和天然气。

金属氧化物常被用于制备电阻式半导体气体传感器。在没有目标气体时，对传感器加热，金属氧化物半导体气体传感器的表面会吸附 $O_2$ 分子，$O_2$ 分子吸引半导体导带中的电子，形成离子化吸附氧，如 $O_2^-$、$O^-$ 和 $O^{2-}$。电子被捕获后，金属氧化物层中形成一个电子耗尽区，这个区域被称为空间电荷场。形成氧离子的类型和数量取决于金属氧化物半导体传感器的工作温度。图2-42展示了金属氧化物表面所形成的氧吸附物种与温度的关系。

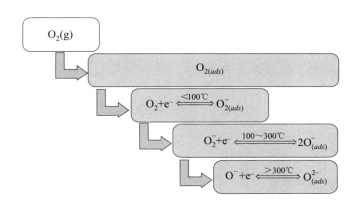

图 2-42 氧吸附物种与温度的关系

当被测气体与表面被氧负离子覆盖的金属氧化物半导体接触后，气体分子与氧负离子之间发生不同的得失电子反应，金属氧化物半导体材料中载流子（电子或空穴）浓度发生改变，从而导致传感器的电阻（电导）发生变化。电阻的增加或减少取决于目标气体类型（氧化性气体或还原性气体）和传感器结构中使用的金属氧化物材料（N 型或 P 型）。

在 N 型金属氧化物半导体气体传感器中，当传感器暴露于还原性气体（如 CO、$H_2$、$NH_3$、$CH_4$）中时，气体向半导体表面释放电子，增加金属氧化物层中电子的数量，使得传感器的电阻降低。当传感器暴露于氧化性气体中（如 $O_3$、$NO_2$）时，气体分子将从半导体表面捕获电子，使电子数量减少，传感器电阻增加。P 型金属氧化物半导体气体传感器中作用规律相反。

上述气体传感过程涉及化学吸附机制，包括与氧气分子或目标气体分子在传感材料表面上的吸附有关的反应。除化学吸附外，传感材料表面同时会发生物理吸附。与化学吸附不同，物理吸附通过库仑力、氢键和其他分子间的作用力实现，吸附是可逆的。物理吸附通常发生在相对较低的温度和高的气体压力下。物理吸附引起的电导率变化往往可以忽略不计，尽管可能会影响材料的介电常数。因此，一般仅考虑化学吸附。

电阻式半导体气体传感器的灵敏度定义为

$$S = \frac{R_s - R_0}{R_0} \times 100\% \tag{2-26}$$

式中，$R_0$ 和 $R_S$ 分别为传感器暴露于气体前后的电阻值。对于一些灵敏度非常高的传感器，常以归一化电阻表示其灵敏度。

（2）非电阻型气体传感器

非电阻型气体传感器主要包括肖特基二极管式、结型二极管式和场效应管式（MOS-FET）三种。

肖特基二极管气体传感器利用气体被金属与半导体的界面吸收后，耗尽层宽度或金属的功函数发生变化从而使器件的整流特性发生变化的特性工作。如 $Pd/TiO_2$、$Pd/ZnO$、$Pt/TiO_2$ 等肖特基二极管气体传感器，可用于 $H_2$ 检测。

MOSFET 型气体传感器采用贵金属（如 Pd、Pt）作栅极。当栅极与气体接触后发生反应，阈值电压发生变化，从而检测气体。这里介绍 Pd-MOSFET 氢气传感器的工作原理和结构。

Pd-MOSFET 的结构与普通 MOSFET 的主要区别在于栅极材料的不同，如图 2-43 所示，即前者为 Pd，后者一般为 Al。

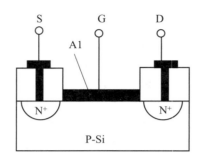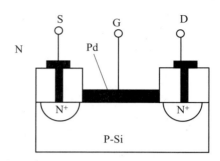

图 2-43    Pd-MOSFET 和普通 MOSFET 结构

S—源极；G—栅极；D—漏极

对于 N-MOSFET 而言，当栅极（G）、源极（S）之间加正向偏压 $V_{GS}$，且 $V_{GS} > V_T$（阈值电压）时，栅极氧化层下面形成反型层，使硅衬底与氧化层接触的薄层由 P 型转变为 N 型。反型层将源极和漏极连接起来，形成导电通道，即为 N 型沟道。此时，MOSFET 进入工作状态。若此时在源极与漏（D）极之间加电压 $V_{DS}$，则源极和漏极之间有电流（$I_{DS}$）通过。$I_{DS}$ 随 $V_{DS}$ 和 $V_{GS}$ 的大小而改变，其变化规律即为 MOSFET 的 $I$-$V$ 特性。当 $V_{GS} < V_T$ 时，MOSFET 的沟道未形成，此时 $I_{DS} = 0$。

Pd-MOSFET 传感器对 $H_2$ 的敏感机理可由以下三个过程来解释：①$H_2$ 分子通过表面反应吸附在栅外表面，被具有催化活性的栅极解离成氢原子，并吸附在栅极的外表面上；②解离的氢原子通过扩散穿过栅极；③氢原子到达栅极与绝缘体的界面处引起电压偏移。该电压偏移主要由偶极层决定。当传感器暴露于 $H_2$ 时，MOSFET 传感器的阈值电压沿负方向偏移 $\Delta V$，且 $\Delta V$ 随 $H_2$ 浓度增加而增加。因此，Pd-MOSFET 气体传感器利用 $H_2$ 在钯栅极上吸附后引起阈值电压 $V_T$ 下降这一特性来检测 $H_2$ 浓度，如图 2-44 所示。阈值电压的大小除了与衬底材料的性质有关外，还与金属和半导体之间的功函数有关。

MOSFET 气体传感器的灵敏度高，但制作工艺较为复杂，成本高。

### 2.3.4    催化燃烧式气体传感器

根据可燃气体燃烧过程中有无催化剂的作用，接触燃烧式气体传感器主要分为两类：直

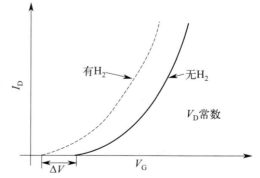

图 2-44    Pd-MOSFET 的转移特性曲线

接接触燃烧式和催化接触燃烧式。与半导体传感器不同的是，催化燃烧式传感器几乎不受

周围环境湿度的影响。催化燃烧式传感器对不燃烧气体不敏感，具有广谱特性，在环境温度下非常稳定，并能对处于爆炸下限的绝大多数可燃性气体进行检测，普遍适用于石油化工厂、造船厂、矿井隧道和浴室厨房的可燃性气体的监测和报警。

传统催化燃烧式气体传感器工作元件结构和电路原理如图 2-45 所示，检测元件与一个特性与其相近的补偿元件组成一个惠斯通电桥。检测元件中心为铂金线圈，周围为负载有催化剂的多孔陶瓷珠。陶瓷珠本身没有活性，不影响输出信号。它的作用是承载催化剂，形成多孔表面，增大气体接触面积，保证铂金线圈的热稳定性和机械稳定性。催化剂一般为 Pt、Pd 等贵金属和过渡金属氧化物。对铂丝通以电流，使检测元件保持高温（300～400℃），当催化剂接触到可燃气后（如甲烷），进行无焰燃烧（氧化反应），使铂丝螺线温度升高，阻值增大。而补偿元件不含催化剂，或不与气体接触，因此无氧化反应发生。无可燃气体存在时，电桥处于平衡状态，$V_1 = V_2$，输出电压为零。接触可燃气体后，检测元件电路的阻值增大，电桥平衡遭到破坏，引起电桥输出电压发生变化，即 $V_2 >$ $V_1$。这个信号与可燃气体的浓度成正比，由此可进行定量分析。

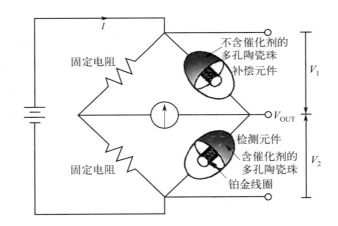

**图 2-45  传统催化燃烧式气体传感器电路**

以煤气为例，其无焰燃烧反应如式（2-27）所示，在燃烧过程中放出热量，使铂丝升温。

$$CH_4 + 2O_2 = CO_2 + 2H_2O \tag{2-27}$$

若气体温度低，完全燃烧时，铂丝电阻值的变化量 $\Delta R$ 与气体浓度 $m$ 的关系可由式（2-28）表示：

$$\Delta R = \alpha \Delta T = \alpha \frac{AQ}{C} m = \alpha k m \tag{2-28}$$

式中，$\alpha$ 为气体传感器的电阻温度系数；$\Delta T$ 为温度升高值；$C$ 为热容；$Q$ 为气体分子的燃烧热；$A$ 为常数；$k$ 为特征常数，与气体传感器的材料、形状、结构以及待测气体种类有关。

图 2-46 列出了铂、镍、铜等三种材料的电阻随温度的变化曲线。在一定的温度范围内，电阻丝的温度可用式（2-29）拟合：

$$R_T = R_0(1 + \alpha T + \beta T^2) \tag{2-29}$$

式中，$R_T$ 为热电阻在任一温度 $T$ 下的电阻；$R_0$ 为热电阻在 0℃时的电阻；$\alpha$ 和 $\beta$ 为常数，与材料性质有关。

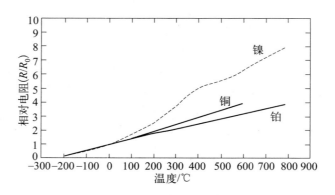

**图 2-46　三种材料的电阻随温度的变化曲线**

催化燃烧式传感器的响应速度快、重复性好、精度高，且不受环境温度和湿度影响。尽管不能分辨易燃气体中单独的化学成分，但由于实际应用中，人们感兴趣的仅仅是易燃危险气体是否存在、检测是否可靠，因此该类传感器能够满足易燃易爆气体的检测预警需要。在使用催化燃烧式传感器时，应注意防护元件表面不被硅化物、硫化物和氯化物等腐蚀。

### 2.3.5　电化学式气体传感器

电化学气体传感器基于气体与电极表面发生氧化还原反应时产生的电流或电位变化工作。按电解质的不同可分为液体电解质和固体电解质，而液体电解质又分为电流型和电位型两种。本节将介绍几种典型的电化学气体传感器。

（1）恒电位电解式气体传感器

恒电位电解式气体传感器是一种电流型气体传感器，其结构如图 2-47 所示，由工作电极、对比电极以及参考电极组成。工作电极通常采用的电极材料为有催化活性的贵金属，如 Au、Pt、Rh 等。将电极材料涂覆在透气憎水隔膜上制成工作电极。隔膜多采用特氟龙（聚四氟乙烯）等低孔隙率材料，用于保护电极，滤除杂质粒子，控制到达电极表面的气体量，防止液体电解质泄露或燥结。工作电极与对电极之间的电势差可由能斯特方程确定。选择合适的参比电极电势，可使参比电极与工作电极的电势差变化值与被测气体浓度呈正比，或使工作电极的电流与被测气体浓度呈正比。

设定合适的电位，使气体在工作电极后发生氧化或还原反应，则在对电极上相应发生还原或氧化反应，使电极的设定电位发生变化，测量电势变化即可知道电解电流的变化，从而得出气体的浓度。电解电流 $I$ 和气体浓度 $C$ 之间的关系为：

$$I = \frac{nFADC}{\delta} \tag{2-30}$$

式中，$n$ 为 1mol 气体产生的电子数；$f$ 为法拉第常数；$A$ 为气体扩散面积；$D$ 为扩散系数；$\delta$ 为扩散层的厚度。同一传感器中，$n$、$f$、$A$、$D$ 及 $\delta$ 一定，因此电解电流与气体浓度呈正比。

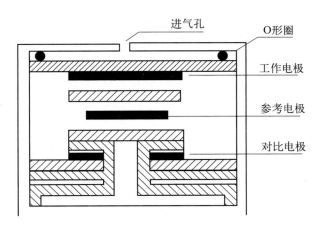

图 2-47 恒电位电解式气体传感器的结构

以 CO 气体的检测为例。通过隔膜的 CO 气体分子在工作电极上被氧化，而对电极上 $O_2$ 被还原，于是 CO 最终被氧化成了 $CO_2$。气体在电极上的氧化还原反应可用式(2-31)~式(2-33) 描述。

氧化反应

$$CO + H_2O \longrightarrow CO_2 + 2H^+ + 2e \tag{2-31}$$

还原反应

$$\frac{1}{2}O_2 + 2H^+ + 2e \longrightarrow H_2O \tag{2-32}$$

总反应

$$CO + \frac{1}{2}O_2 \longrightarrow CO_2 \tag{2-33}$$

于是 CO 分子被电解，通过测量工作电极与参比电极之间的电流，即可得到 CO 的浓度。

(2) 伽伐尼电池式气体传感器

伽伐尼电池式气体传感器是一种原电池传感器，不需要外界施加电压，通过测量电解电流检测气体浓度，其结构如图 2-48 所示，通常由两个电极组成，即工作电极（阳极）和对比电极（阴极），分别由不同材料制成。工作电极一般为 Pt、Au、Ag 等贵金属，对比电极为离子化倾向大的 Pb、Cd 等贱金属，电解质为 KOH、$KHCO_3$ 等溶液。

伽伐尼电池气体传感器常用于检测 $O_2$。$O_2$ 通过隔膜溶解于隔膜与工作电极之间的电解质薄层溶液中，当传感器的输出端接上负载电阻 $R$ 形成闭合回路时，在工作电极上氧气被还原，对比电极上则发生氧化反应，其反应过程如式(2-34)~式(2-37) 所示。

还原反应

$$O_2 + 2H_2O + 4e \longrightarrow 4OH^- \tag{2-34}$$

氧化反应

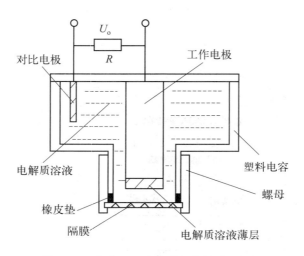

图 2-48　伽伐尼原电池式气体传感器结构

$$2Pb \longrightarrow 2Pb^{2+} + 4e \tag{2-35}$$

$$2Pb^{2+} + 4OH^{-} \longrightarrow 2Pb(OH)_2 \tag{2-36}$$

总反应方程

$$O_2 + 2Pb + 2H_2O \longrightarrow 2Pb(OH)_2 \tag{2-37}$$

氧气电解反应产生的电流与其浓度成正比。该电流在负载电阻 $R$ 两端产生电压$U_0$，测量$U_0$，运用式（2-30）即可得知氧气的浓度。通常，为了增强测量的精确度，伽伐尼电池式氧气传感器还会加入温度补偿电路，用于校正温度对电流的影响。

（3）固体电解质气体传感器

固体电解质型气体传感器采用有机电解质、有机凝胶电解质、固体氧化物电解质、固体聚合物电解质等固态材料，是一种以离子导体为电解质的化学电池，由平衡电位型气体传感器的研究发展而来。以固体电解质为基础的平衡电位型气体传感器被广泛应用于 $O_2$、CO 等气体的探测。通常采用极限电流型原理，利用气体通过薄层透气膜或毛细孔扩散作为限流措施，获得稳定的传输条件，产生正比于气体浓度或分压的极限扩散电流。浓差式氧化锆（$ZrO_2$）氧传感器是比较成熟的产品，已被广泛应用于许多领域，特别是汽车发动机的空燃比控制中。

氧化锆是一种具有氧离子导电性的固体电解质，一般通过掺入一定量的氧化钙或氧化钇等氧化剂产生氧离子空穴，经过高温煅烧形成稳定的氧离子导体。氧化锆氧气传感器基于固体电解质产生的浓差电势测量氧气的浓度，在电极上发生的化学反应如式（2-38）、式（2-39）所示。

电池正极

$$O_2(P_0) + 4e \longrightarrow 2O^{2-} \tag{2-38}$$

电池负极

$$2O^{2-} \longrightarrow O_2(P_1) + 4e \tag{2-39}$$

浓差电动势 $E$ 的大小可由能斯特方程表示：

$$E = \frac{RT}{nF} \ln \frac{P_0}{P_1} \tag{2-40}$$

式中，$F$ 为法拉第常数；$P_0$ 和 $P_1$ 分别为参比气体和待测气体中的氧分压；$R$ 为理想气体常数；$T$ 为电池温度；$n$ 为参加反应的电子个数。根据道尔顿分压定律，有

$$\frac{P_0}{P_1} = \frac{C_0}{C_1} \tag{2-41}$$

式中，$C_0$ 和 $C_1$ 分别为参比气体和待测气体中的氧浓度。如此得到待测气体中的氧浓度。

## 2.3.6 光学式气体传感器

光学式气体传感器利用气体分子对光的吸收、散射、折射等特性来检测气体。光学式气体传感器包括红外线气体传感器、光电比色式气体传感器、化学发光式气体传感器、光散射式气体传感器等类型。

红外线气体传感器利用被测气体的红外吸收光谱特征或热效应实现气体浓度测量，常用光谱范围为 $1 \sim 25 \mu m$，常用的类型有色散（DIR，Dispersive InfraRed）红外线式和非色散（NDIR，Non-Dispersive InfraRed）红外线式两种。NDIR 传感器是一种由红外光源、光路、红外探测器、电路和软件算法组成的光学式气体传感器，主要用于检测化合物，如 $CH_4$、$CO_2$、$N_2O$、$CO$、$CO_2$、$SO_2$、$NH_3$、乙醇、苯等，并可检测绝大多数有机物及有机挥发性混合物。图 2-49 是几种气体对红外线的特征透射光谱，表明气体分子的特征吸收波长不同。

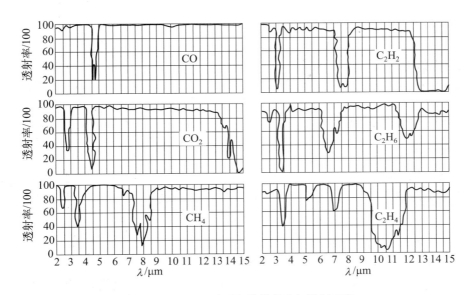

图 2-49　几种气体对红外线的特征透射光谱

光电比色式气体传感器基于比尔定律实现自动光电比色测量，其适用的分析对象有 $SO_2$、$NO$、碳氢化合物、卤素化合物等。

化学发光式气体传感器根据化学氧化反应伴有的光热生成原理而工作。常用的化学发光式气体传感器包括臭氧传感器和 $NO_x$ 气体传感器。其中，前者利用 $O_3\text{-}C_2H_4$ 产生化

学发光反应放出的光子来测定臭氧，后者利用 $O_3$ 的强氧化作用，使氮氧化物与 $O_3$ 发生化学发光反应进行测量。

光散射式气体传感器利用光束与气体中的颗粒相互作用产生散射，包括前散射、边散射、后散射等，来进行气体浊度或不透明度测量，是环境排放监测中最常用的气体传感器之一。

光学式气体传感器一般包括光源、气室和光检测器三个主要部分。图 2-50 所示为红外气体传感器的结构示意图。

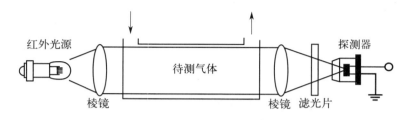

**图 2-50　红外气体传感器的结构**

利用光吸收检测气体一般基于比尔-朗伯定律：

$$I = I_0 \exp(-\alpha l) = I_0 \exp(-\varepsilon c l) \tag{2-42}$$

式中，$I$ 为透过气室的光强；$I_0$ 为入射光强；$\alpha$ 为气体的吸收系数（通常以 $\mathrm{cm}^{-1}$ 为单位）；$\varepsilon$ 为吸光度；$c$ 为气体浓度；$l$ 为光程（通常以 cm 为单位）。对于特定传感器和待测气体而言，$\varepsilon$ 和 $l$ 均为常数，当入射光强一定时，透射光强 $I$ 仅与气体浓度 $c$ 有关，因此可检测气体浓度。光的透过率 $T$ 满足：

$$T = I/I_0 = e^{-\varepsilon c l} \tag{2-43}$$

光学式气体传感器选择性高、响应速度快、输出漂移低、寿命长，性能优异，但设备复杂，价格昂贵。

### 2.3.7　新型气体传感器

随着科技进步，除对气体传感器的性能指标要求提高外，还迫切需要传感器智能化、集成化，能够与其他传感器联动，打造智能传感网络。由此催生了一些新型气体传感器和传感技术，如声表面波（Surface Acoustic Wave，SAW）气体传感器和电子鼻等。

（1）声表面波气体传感器

SAW 气体传感器是一种利用声波的传播特性来测量气体种类和浓度的传感器。SAW 是一种沿着固体表面或界面传播的弹性波，通过逆压电效应，由制备于压电材料上的叉指换能器（IDT）产生，当传播到输出端后，可通过压电效应，再次转换为电信号，为

**图 2-51　延迟线型声表面波气体传感器的结构**

外部电路读取。SAW 气体传感器有延迟线型、谐振型等不同结构。

图 2-51 为延迟线型 SAW 气体传感器的结构示意图。输入 IDT 通过逆压电效应产生 SAW，当声波到达输出 IDT 后，在压电效应的作用下重新被还原为电信号。在 SAW 的传播路径上覆盖有敏感膜，敏感膜可选择性吸附气体，使得传感器的中心频率发生偏移，损耗增大，或相位偏移。SAW 气体传感器一般采用频移作为传感器的特征指标。根据敏感材料和吸附气体的物化性质，吸附气体与声波的作用机制可能是质量负载、弹性负载或声电耦合等。

SAW 传感器在不同环境下，检测神经毒气和其他待测气体，且灵敏度等参数都比较高。目前 SAW 传感器正朝着集成化的方向发展。设计出可手持、具有阵列化和数字化特点的 SAW 传感器，并且能够更快地分析出气体浓度和其他相关参数是未来发展的趋势。

（2）电子鼻

电子鼻由英国华威大学的 Persaud 等在 1982 年提出。他们模仿人类嗅觉系统的结构和机理提出了一种用于气体检测、分析和识别的电子系统，简称人工嗅觉系统，又称电子鼻。电子鼻通常由传感器阵列、信号预处理单元、模式识别单元等部分组成。气体传感阵列相当于人类嗅觉系统的嗅觉受体，通过一组不同类型的气体传感器组合，采集和分析气体混合物的特征，从而实现复杂气体环境中的成分识别；信号预处理单元相当于嗅球，它负责对气体传感阵列产生的电信号进行调制、放大、滤波等；模式识别单元相当于大脑中枢，它对预处理信号进行特征提取和模式分类，并给出对气体的判决结果。气体传感器是电子鼻的核心部件，它利用各种化学、物理效应将气体信号转换成电信号从而得到气体信息，它的性能直接决定着电子鼻的整体性能。因此，气体传感器要具有良好的交叉敏感性、选择性、可靠性和稳定性，且满足响应快、恢复时间短、重复性好等要求。图 2-52 展示了利用集成人工智能的便携式电子鼻快速、非侵入检测新冠病毒的示例。

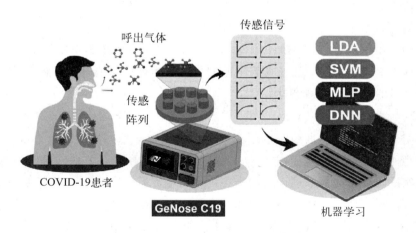

图 2-52　集成人工智能的便携式电子-新冠病毒检测系统

电子鼻在食品安全、环境监测和医疗诊断等领域展现出广阔的应用前景。在食品工业中，电子鼻可以用于检测食品的新鲜度和质量；在环境监测中，它能够识别和量化空气中的污染物；在医疗诊断中，电子鼻则有潜力通过分析呼气样在早期发现疾病。

# 2.4　其他传感材料与器件

## 2.4.1　压敏传感材料与器件

### 2.4.1.1　压敏陶瓷材料基本特性

压敏陶瓷是指其电阻值随外加电压变化而有显著非线性变化的半导体陶瓷，这种陶瓷制成的电阻被称为压敏电阻（Variable Resistor，简称 Varistor），其伏安特性如图 2-53 所示。它具有非线性伏安特性。非线性特性主要表现在：当施加电阻器上的电压低于某一临界电压时，电阻器的阻值非常高，其作用接近于绝缘体（服从欧姆定律）。当电压超过这一临界值时，电阻就会急剧减少，其作用相当导体（其 I-V 关系为非线性）。

压敏陶瓷加上电极并包封后即成为压敏陶瓷电阻器，自 1940 年用作电力避雷器之后，压敏陶瓷电阻器的应用越来越广泛。主要用于过电压吸收、稳压限幅、非线性补偿及函数变换电路中；用于电视机、空调、洗衣机、日光灯的电子镇流器等家用电器的过电压及防雷保护。并且由于其造价低廉、制作方便，在航天、航空、国防等许多领域也得到广泛应用。按照外形和结构的特征，压敏陶瓷电阻器可分为单层结构压敏电阻

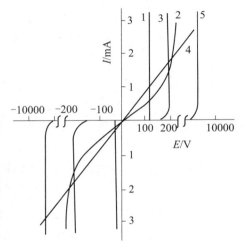

图 2-53　压敏电阻的伏安特性
曲线及其与线性电阻的对比
1—齐纳二极管；2—SiC 压敏电阻；
3—ZnO 压敏电阻；4—线性电阻；
5—ZnO 压敏电阻

器、多层结构压敏电阻器（multilayer varistor，MLV）和避雷器用压敏电阻片（亦称阀片）三种。根据其工作电压，压敏陶瓷电阻器也可分为低压压敏电阻器和高压避雷器阀片两种。下面介绍它的几个基本特性。

（1）伏安特性

压敏电阻器的伏安特性曲线一般用比较直观的直角坐标方法来表示。以 ZnO 压敏电阻为例，典型的 ZnO 压敏电阻的电流电压特性如图 2-54 所示，其曲线分为三部分，包括在较低电流密度、较低电场强度下的预击穿区，当电流密度上升到一定程度后电场强度基本没有变化或者说变化很小的击穿区，以及在更大电流下的回升区。

① 预击穿区：在低电场的时候，电源电压低于介电强度，压敏电阻处于预击穿区，电流处于微安级别，电压与电流接近线性关系，ZnO 压敏电阻处于高阻态，此时其电阻值可达几百兆欧以上，近似于绝缘体，ZnO 压敏电阻进入"截止"状态。研究表明，此区域导电特性主要由晶界电阻和电容所决定。

②击穿区：当负荷在中电场区域的时候，压敏电阻处于击穿区，也就是非线性区，这

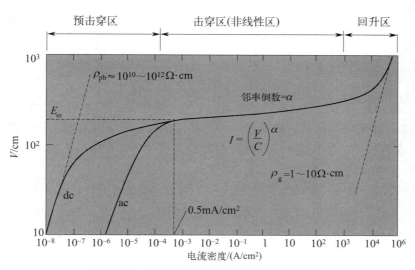

**图 2-54 ZnO 压敏电阻器的伏安特性曲线**

C 为常数，在数值上等于流经压敏电阻器的电流为 1A 时电压值

里的击穿并不是指介质材料被热击穿或者电击穿破坏，而是指在伏安特性当中，当外加电压超过压敏电压的时候，电阻率明显下降的现象。从图中可以看到，虽然压敏电阻电场上升不到一个数量级，但是电流密度已经从 $10^{-3}A/cm^2$ 上升五个数量级到 $10^2A/cm^2$。电流随电压的增加而急剧增大，电压与电流呈现出强非对称性关系，氧化锌压敏电阻进入"导通"状态。这时候认为 ZnO 压敏电阻发生了隧穿电子电导现象。研究表明此区域的非线性的成因主要是晶界效应以及双肖特基势垒的形成。

③ 回升区：外加电压进一步增加，ZnO 压敏电阻处于回升区，非线性减弱乃至消失，压敏电阻呈现低阻态，电流电压呈线性关系，这时候伏安特性主要是由晶粒电性能决定的，也有研究认为这时候晶粒电阻和晶界电阻在量级上是相当的。

了解压敏电阻 I-V 曲线图及其分区，可以对相应电压或电流值所处区域初步判断压敏电阻的导电特性，有助于分析其导电机制，做更深入的微观分析。

（2）压敏电阻的主要参数

① 非线性系数。在给定的外加电压作用下，压敏电阻器伏安特性曲线上某点动态电阻 $R_d$ ($R_d = dV/dI$) 和静态电阻 $R_j$ ($R_j = V/I$) 的比值，称作压敏电阻的电流指数 $\beta$；静态电阻 $R_j$ 与动态电阻 $R_d$ 的比值，称作压敏电阻器的电压指数 $\alpha$。电流指数 $\beta$ 和电压指数 $\alpha$ 通称非线性系数，是描述压敏电阻器伏安特性非线性强弱的重要参数，$\beta$ 小于 1，而 $\alpha$ 大于 1。$\alpha$ 或 $\beta$ 的大小就可以说明压敏电阻伏安特性偏离欧姆定律的程度，若 $\beta$ 越小、$\alpha$ 越大，表示非线性程度越大，伏安特性曲线上升越显著。在生产和应用压敏电阻时，通常是分别确定两电流值 $I_1$ 和 $I_2$，并令 $I_2 = 10I_1$，分别测得 $I_1$ 和 $I_2$ 相对应的电压值 $V_1$ 和 $V_2$，然后按式（2-44）求出 $\alpha$ 值。工程上计算非线性指数 $\alpha$ 会选取电流在 0.1mA 和 1mA 分别对应的电压值代入式（2-44），有时候也会选取 0.01mA 和 0.1mA 分别对应的电压值。

$$\alpha = \frac{\lg I_2 - \lg I_1}{\lg V_2 - \lg V_1} \tag{2-44}$$

② 压敏电压。在正常环境条件下，压敏电阻器流过规定的电流（通常是 1mA 直流）时的端电压，称压敏电阻器的压敏电压，记做 $V_{1mA}$，通常标记在元件上，故也叫标称压敏电压。它是使用和制造压敏电阻器的一个重要参数，几乎所有考核压敏电阻器特性的实验都是以压敏电压的变化率来评价。从微观角度来说，压敏电压的计算式为：

$$V_{1mA} = n \times V_{gb} \tag{2-45}$$

其中，$n$ 为压敏电阻内部所包含的晶界数量；$V_{gb}$ 为单个晶界所承受的介电强度。对于某种材料压敏电阻器来说，其 $V_{gb}$ 值变化不大，也就是说，压敏电阻器的压敏电压由晶界数量 $n$ 决定。晶界数目 $n$ 由晶粒大小决定，晶粒越大，晶界数量越少，因此 $V_{1mA}$ 越小，反之亦然。

③ 漏电流 $I_L$。漏电流是指在正常工作时流过压敏电阻的电流，它也是表征压敏电阻性能的重要参数。压敏电阻在工作时会产生相应的能量损耗，当漏电流为 $I_L$ 时，其能量损耗为 $I_L^2 R$，因此漏电流的大小决定了压敏电阻在正常工作时所产生的能量损耗。其次，漏电流的大小也决定了它正常工作时电压的大小，为了防止压敏电阻因功耗太大而损坏，其正常工作电压必须限制在某一范围之内。因此，漏电流越小，压敏电阻的性能越好。在实际应用中，一般取工作电压为 $0.75V_{1mA}$ 或 $0.83V_{1mA}$ 时，流过压敏电阻器的电流即为漏电流。

对于交流应用来说，总的漏电流是由阻性电流和容性电流组成的。在预击穿区，漏电流 $I_L$ 由阻性电流 $I_R$ 和容性电流 $I_C$ 组成，分别对应晶界的电阻和电容，对不同的压敏电阻来说，$I_R$ 和 $I_C$ 都会有不同的数量级，但 $I_L$ 的大小主要由 $I_C$ 组成，$I_C$ 的大小通常会比 $I_R$ 高几个数量级，因此压敏电阻在这一区域作为一个损耗电容。在非线性区，漏电流主要为阻性电流，且电流值随电压值的变化而急剧增大，在 $V_{0.5mA}$ 处，容性电流等于阻性电流。

④ 通流容量。通流容量也称为通流量，是按规定的波形、冲击次数和时间间隔进行脉冲试验的情况下，压敏电阻器压敏电压变化率小于初值的 ±10% 时所能承受的最大电流峰值。压敏电阻器所能承受的冲击次数是波形、幅值和时间间隔的函数，当电流波形幅值降低 50% 时，冲击次数可增加 1 倍。所以在实际应用中，压敏电阻器所吸收的浪涌电流应小于产品的最大通流容量，以使压敏电阻器有较长的工作寿命。

根据国家标准，常用的测试压敏电阻用的冲击电流有两种波形：一种是 $8/20\mu s$ 模拟雷电电流波，即通常所说波前时间为 $8\mu s$、半峰值时间为 $20\mu s$ 的脉冲波；另外一种为 2ms 的方波。

⑤ 残压比。残压是指冲击电流流过压敏电阻时两端所测得的电压值峰值。残压比是指残压与流过压敏电阻的电流值为 1mA 时两端产生的电压之比。而本文中的残压指的是，施加 $8/20\mu s$ 脉冲电流峰值为 500A 时压敏电阻两端测得的电压峰值。残压比通常用来表征大电流区的伏安特性，在大电流区，晶界被击穿，因此残压的大小主要由晶粒电阻的大小决定。通常来说，低的残压比意味着压敏电阻在大电流下具有较好的非线性，能承受的冲击电流能量就越高，反之亦然。因此残压比越小说明被测压敏电阻在大电流区具有越好的非线性特性，在应用于电力电子线路时，该压敏元件保护能力和限压性能越好。

### 2.4.1.2　压敏陶瓷电阻材料的分类

压敏陶瓷电阻材料主要有硅压敏电阻器、SiC 压敏电阻器、金属氧化物压敏电阻器

（ZnO、TiO$_2$、SnO$_2$、SrTiO$_3$、BaTiO$_3$、Fe$_2$O$_3$）等为基而制成的结型和体型压敏器件。

（1）硅压敏电阻器

硅压敏电阻器是由单晶硅经杂质扩散、化学镀镍，芯片分割和焊接组装等工艺而制成的结型器件。实际上，其是利用在单晶硅中形成的 PN 结的非线性特性所制成的特殊稳压二极管。

硅压敏电阻器的主要特点：体积小，工作电压低，约为 0.55V 和它的整数倍，这是目前其他类型的压敏电阻器无法做到的。电压非线性指数为 20 左右，电压温度系数 -30mV％/℃，耐浪涌能力有几十安培，因此它广泛地应用在低压和晶体管电路中。

（2）SiC 压敏电阻器

碳化硅（SiC）作为第三代半导体的代表材料，具有宽带隙、高热导率、高击穿电场强度、高机械强度、抗辐射和抗腐蚀等优点。SiC 压敏电阻器俗称 SiC 电阻器，是最早出现的非线性元件，虽然非线性系数较小，但具有工艺简单、成本低、固有电容小和耐浪涌能力强等优点，目前仍是过压保护、稳压、调幅、非线性补偿等不可缺少的压敏电阻器。

SiC 压敏电阻器主要是由 SiC 晶体所构成，主要原料为石英砂和焦炭。在主要原料中掺入少量的添加物，在氧化气氛中，从 2300～2600℃ 的温度冶炼而成的高温合成的 SiC 晶体经破碎、除铁、清洗等一系列工序获得粉状的原料。制得原料后，然后按一定的比例加入黏土、长石等黏合剂，对于低压电阻还要加入少量的石墨粉，随后按陶瓷工艺制成基体，再在 1000～1300℃ 的温度下进行烧结，最后在表面烧制电极，装配成电阻器。

对于小功率的 SiC 压敏电阻器可做面圆片状、棒状和垫圈状，而大功率的 SiC 压敏电阻器可做成圆盘串并组合而成，为了提高额定功率，还可以安装散热器等。研究证明，在合成 SiC 时加入少量的铝和硼，可以提高非线性系数 $\alpha$ 值，因为在冶炼 SiC 晶体时，气氛中的氮取代 SiC 晶体的 C 而形成施主能级使 SiC 晶体呈 N 型特性。加入少量的铝或硼等受主杂质，并随着其含量的增加，SiC 晶体由 N 型向 P 型转化，在转变点上电阻率最大，制成的压敏电阻器的非线性系数也最大。实验结果表明，在 SiC 晶体中，铝的含量在 0.01％～0.05％（质量）或硼的含量在 0.003％～0.06％（质量）范围内，通过适当的调整，均可使 $\alpha$ 值达到 8 左右。一般 SiC 压敏电阻器单个元件的电压范围较宽，可达数千伏，$\alpha$ 值较小，在 2～3 之间，片状元件容许耐浪涌电压为 200V/mm，容许耐浪涌电流为 2A/cm$^2$。

如图 2-55 所示是 SiC 压敏电阻器，主要由 SiC 敏感膜片、压敏电阻、金属层和压力参考腔四个部分组成。

（3）金属氧化物压敏电阻器

金属氧化物压敏电阻器（MOV）是近年迅速发展的新型敏感元件，如以 ZnO、Fe$_2$O$_3$、TiO$_2$、SnO$_2$、BaTiO$_3$、SrTiO$_3$ 等为基而制成的结型和体型压

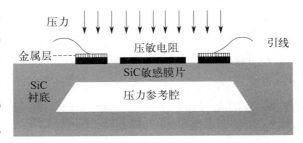

图 2-55　SiC 压敏电阻器

敏器件，品种很多，用途广泛。金属氧化物（ZnO）压敏电阻由金属氧化物的混合物制成，结构如图 2-56 所示。将这些材料在极高的温度下压制和烧结，以在高导电性晶粒之间产生具有高电阻边界的多晶结构。

① $SnO_2$ 压敏电阻。$SnO_2$ 为四方晶系金红石结构，具有四方对称性，也就是它的三个晶轴相互垂直，而且 $a = b \neq c$。$SnO_2$ 是 N 型宽能隙半导体，禁带宽度通常认为是 $3.5 \sim 4.0 \text{eV}$。$SnO_2$ 通常情况下呈绝缘体状态，晶体结构如图 2-57 所示：

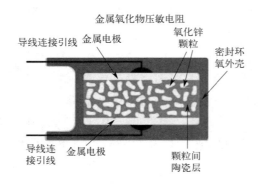

图 2-56　ZnO 金属压敏电阻的构造

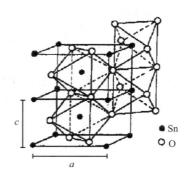

图 2-57　$SnO_2$ 的结构

$SnO_2$ 晶胞为体心正交平行六面体，含有 6 个原子，包括 2 个 Sn 原子和 4 个 O 原子。Sn 原子位于晶胞顶角和体心位置，配位数为 6，位于由 6 个 O 原子构成的氧八面体中心，每个 O 原子同时为三个氧八面体的顶点，可以认为 $SnO_2$ 晶胞是由许多稍微变形的 $SnO_6$ 八面体构成，这些八面体在 $c$ 方向形成链状，通过共用八面体顶角的 O 原子相互连接。在室温下，$SnO_2$ 晶胞的晶格常数为 $a = 4.738\text{Å}$，$c = 3.188\text{Å}$，$c/a = 0.673$，密度为 $6.95 \text{g/cm}^3$。

$SnO_2$ 半导体的禁带宽度比较宽，为 $3.6 \text{eV}$，从理论上说，属于典型绝缘体，但由于其存在晶格氧空位，在禁带内形成 $E_D = 0.15 \text{eV}$ 的施主能级，向导带提供浓度约为 $10^{15} \sim 10^{18} \text{cm}^{-3}$ 的电子。常温下其价带电子被激发到导带去的概率是极小的，因此 $SnO_2$ 半导体主要不是依靠本征激发实现导电，而是通过附加能级上的电子或空穴的激发，即施主能级电子或受主能级空穴的激发。对于纯 $SnO_2$ 半导体，附加能级的形成与其化学计量比（即氧过剩或氧不足）有关；而含有杂质的 $SnO_2$ 半导体，附加能级的形成还与杂质缺陷有关。在制备 $SnO_2$ 半导体时，由于制备工艺条件的变化，造成材料中的 Sn/O 偏离化学计量比，当氧分压高于某一临界值时，造成 $SnO_2$ 半导体内氧过剩，即 $SnO_2 \rightarrow SnO_{2+x}$；当氧分压低于临界值时，则造成半导体内氧缺失，即 $SnO_2 \rightarrow SnO_{2-x}$。对于用一般方法制备的二氧化锡，其组成为 $SnO_{2-x}(x < 1)$。由于这种偏离，材料中产生了相当数量的氧空位，容易电离出自由电子，从而使二氧化锡材料表现出 N 型半导体的性质。

$SnO_2$ 性质稳定，加热到 $1500\,^\circ\!C$ 结构也不会发生变化。$SnO_2$ 在高温时不会熔化，而是直接升华，其升华温度没有定论，但与周围环境的大气压及其本身的致密度有关。一般认为，小于 $1500\,^\circ\!C$ 时 $SnO_2$ 挥发率不大，在 $1500 \sim 1550\,^\circ\!C$ 以上，$SnO_2$ 剧烈挥发。由于 $SnO_2$ 在高温时会挥发，因此纯的 $SnO_2$ 很难烧结成瓷，结构比较疏松，但可以通过引入掺杂制得致密度较高的陶瓷样品。M. O. Orlandi 等通过研究高分辨率下 $SnO_2$ 压敏电阻的微观结构，指出添加剂的掺杂使所得 $SnO_2$ 晶粒与晶粒间存在两种不同类型的晶界，如图 2-58 所示。

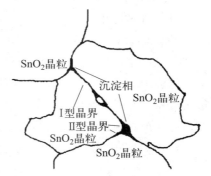

图 2-58　两种晶界

Ⅰ型晶界被认为是于非线性特征有关的晶界；Ⅱ型晶界被认为是于非线性特征无关的晶界。研究表示，$Cr_2O_3$ 的添加通过促进晶界势垒的形成来增强非线性行为。少量添加 $Sb_2O_5$ 可以改变电导率，降低氧空位并构建电位屏障。以往的研究表明，$Mn_2O_3$ 可以提高陶瓷压敏电阻系统的非线性系数。研究者制备 （98.99-$x$）％ $SnO_2$-0.05％ $Cr_2O_3$-0.05％ $Sb_2O_5$-1.00％ $CoO$-$x$％$Mn_2O_3$ 的物质。掺杂后的物质致密度有一定的提高，锰氧化物（$Mn_2O_3$）的加入促进了晶粒分布均匀和致密化的微观结构，晶粒尺寸在 $2 \sim 3\mu m$ 之间，密度在 $6.75 \sim 6.80g/cm^3$ 之间。$Mn_2O_3$ 的作用是减少残余孔隙率。

② ZnO 压敏电阻。

a. 电阻器的组成。

氧化锌压敏电阻器是以 ZnO 为主体材料，再加入适量的掺杂物（如 $Bi_2O_3$、$Co_2O_3$、$MnO_2$ 等），采用陶瓷工艺制备而成。氧化锌压敏电阻器具有对称和非对称的伏安特性，电压非线性指数大，耐浪涌能力强，电压范围宽，温度特性好，响应速度快，成本低廉，具有极为广阔的应用前景，特别是在高压和特高压电路的稳压和过压保护方面。

ZnO 压敏电阻器的性能主要取决于主体材料，自 1968 年日本松下电器公司发表多元氧化锌配方以来，人们对材料开展了大量研究工作，获得了大量实用性材料，包括过渡元素和稀土元素在内的数十种元素，为设计、制造和改进压敏电阻器提供了方便。

目前我国使用最多的配方是：$(100-x)ZnO + x/6(Bi_2O_3 + 2Sb_2O_3 + Co_2O_3 + MnO_2 + Cr_2O_3)$。$x$ 改变，同一工艺条件制得产品性能就有所不同。表 2-10 给出了产品非线性指数 $\alpha$、压敏电压值随 $x$ 变化的情况。$x = 3$％（摩尔）时，$\alpha$ 值最高，下面就以此配方为例，介绍各组成的作用。

表 2-10　ZnO 压敏电阻的非线性指数 $\alpha$、压敏电压值随 $x$ 变化的情况

| 添加物含量 $x$/％(摩尔) | 非线性系数 $\alpha$ | 压敏电压 $V_{1mA}$/(V/mm) |
| --- | --- | --- |
| 0.1 | 1 | 0.001 |
| 0.3 | 4 | 40 |
| 1.0 | 30 | 80 |
| 3.0 | 50 | 150 |
| 6.0 | 48 | 180 |
| 10.0 | 42 | 225 |
| 15.0 | 37 | 310 |

● ZnO 是基本成分，在瓷体中主晶相是含有 Zn 填隙和少量 Co 或 Mn 替位的 N 型半导体，它构成电阻体的主体，并且提供导电电子的来源。

• $Bi_2O_3$ 在 ZnO 陶瓷半导体中形成 $Bi_2Zn_{4/3}Sb_{2/3}O_6$ 的焦绿石以及一系列富铋相（如溶有 Zn 和 Sb 的 $12Bi_2O_3 \cdot Cr_2O_3$、$13Bi_2O_3 \cdot Cr_2O_3$、$14Bi_2O_3 \cdot Cr_2O_3$ 及 $\beta$-$Bi_2O_3$、$\alpha$-$Bi_2O_3$ 等）。在烧结的相变过程中部分 Bi 被吸附到 ZnO 晶粒边界以内形成厚度约为 20Å 的富 Bi 层，产生晶面电荷而形成耗尽层和界面势垒，因此 $Bi_2O_3$ 的添加对产生非线性有重要的作用。事实上多元 ZnO 陶瓷半导体绝大部分是含铋的，因 $Bi_2O_3$ 在高温烧结时会形成液相，有降低烧结温度以及防止二次粒长的作用。但 $Bi_2O_3$ 在高温烧结时也容易挥发，可在配方中适当增加其含量。

• $MnO_2$ 在 ZnO 及尖晶石相和焦绿石相中易于形成 $Mn^{2+}$ 替位离子。实验表明，添加 $MnO_2$ 对非线性有强烈的影响，如图 2-59 所示。因为 $MnO_2$ 在晶粒边界处形成界面态或电子陷阱，使肖特基势垒高度增加，伏安特性曲线变陡，从图 2-59 可见，当 $MnO_2$ 含量在 0.1%（摩尔）以下时，$MnO_2$ 含量对非线性的影响是很显著的。但超过 0.1%（摩尔）以后，影响就不那么显著了，而达到 0.5%（摩尔）以后，界面态密度已达到饱和值，非线性的变化不大，因此继续增加 $MnO_2$ 含量意义就不大了。

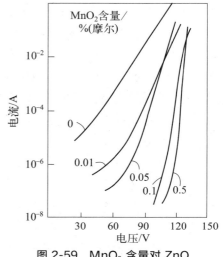

图 2-59　$MnO_2$ 含量对 ZnO 压敏陶瓷 *I-V* 特性影响

试样组成：ZnO 99%（摩尔），$Bi_2O_3$ 1%（摩尔）

• ZnO 陶瓷中如没有 $Co_2O_3$ 则电阻率为 $1\sim5\Omega \cdot cm$，阻值不随电压而变化。添加 $Co_2O_3$ 后，电阻率可增至 $10^3\sim10^9\Omega \cdot cm$，$a$ 值可达 $30\sim40$。由此推测，其中的 $Co^{3+}$ 离子在 ZnO 禁带中产生深能级，有助于在 ZnO 晶面形成界面态，增强非线性，作用机理与 $MnO_2$ 相似。

• $Sb_2O_3$、$Cr_2O_3$ 是形成 $Zn(Zn_{4/3}Sb_{2/3})O_6$ 尖晶石相的关键成分，由于尖晶石相有抑制晶粒长大的作用，添加 $Sb_2O_3$ 后 ZnO 晶粒小，$c$ 值高。添加 $Cr_2O_3$ 也有抑制晶粒长大的作用，但效果没有 $Sb_2O_3$ 显著。相反，如果用 $TiO_2$ 代替 $Sb_2O_3$ 则可促进晶粒成长，得到的 $c$ 值较低。

在实际工作中，必须综合考虑各种影响因素，并结合实验数据选择和调整配方成分才能取得应有的效果。

目前关于 ZnO 压敏电阻的导电机理有很多种，目前广为接受的是双肖特基势垒模型，除此之外还有二步传输模型、雪崩击穿模型和空间电荷限制电流模型。

图 2-60 是 ZnO 的能带结构图。

在未接触时，ZnO 的晶粒内部的载流子电子的数量较多，ZnO 是属于 N 型半导体，故晶粒内部的费米能级较大；在 ZnO 内部掺杂金属氧化物的杂质使其半导体化之后，在烧结的过程中晶界层会产生空位缺陷，晶粒内部的自由电子将会向晶界表面的空位处扩散，直至两者的费米能级相等为止。当电子扩散结束后，晶界层由于空位缺陷填充会形成负电荷区，而 ZnO 晶粒表面由于自由电子迁移会形成正电荷区，于是就形成了空间电荷

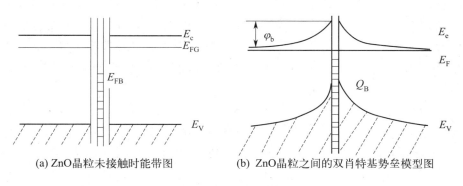

(a) ZnO晶粒未接触时能带图　　　(b) ZnO晶粒之间的双肖特基势垒模型图

图 2-60　ZnO 的能带结构图

区，这种结构称为 ZnO 压敏电阻的耗尽层。同时也被称为肖特基势垒。由于两个 ZnO 晶粒中间存在一个晶界层［如图 2-60(b) 所示］，所以会形成两个相邻的耗尽层，于是在晶界处形成了两个背靠背的相邻肖特基势垒，故称为双肖特基势垒。此势垒结构决定了 ZnO 压敏电阻的非线性性能。

b. 氧化锌压敏电阻器的制备。

氧化锌压敏电阻器工艺过程与一般电子陶瓷元件相似，瓷片烧结后，需要玻化处理，印银电极后的产品经测量分选，即可焊线或组装。其工艺要点在于：

● 烧结温度：ZnO 陶瓷半导体一般是在 1200～1350℃ 于空气中烧结，根据产品的性能要求，选择最佳的烧结温度。由图 2-61 可见，随烧结温度的提高，ZnO 晶粒增大，晶界减少，$c$ 值下降。据研究发现，$a$ 值的峰值关系与不同温度下富 Bi 相的转变有关。在 1350℃ 以下，随着温度的升高，富 Bi 相逐渐由 $14Bi_2O_3 \cdot Cr_2O_3$ 的四方相转变成 $\beta\text{-}Bi_2O_3$ 四方相和 $\delta\text{-}Bi_2O_3$ 立方相，$a$ 值逐渐增大，而当烧结温度超过 1350℃ 时，由于富 Bi 相的消失，$a$ 值急剧下降。

应用时，如希望 $a$ 值大 $c$ 值小，可选取 1300～1350℃ 较高的烧温，如果要求提高 $c$ 值，$a$ 值又可以低些，则可选 1200～1300℃ 为烧结温度。

● 玻化处理：为了改善 ZnO 瓷体的压敏性能，在制备过程中，往往把烧结后的瓷体再在 800～1000℃ 的温度下进行玻化处理。即在 ZnO 瓷体表面上涂覆上 $Bi_2O_3$ 或 $Bi_2O_3$ 和 $Mn_2O_3$ 的混合物，然后在 800～1000℃ 下进行热处理，使涂覆的氧化物沿 ZnO 瓷体的气孔和晶界扩散到体内，进一步提高边界层的特性。

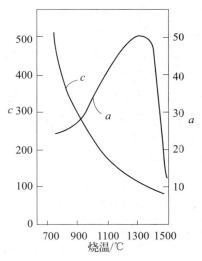

图 2-61　ZnO 陶瓷半导体的 $a$、$c$ 与烧温关系

经过这样玻化处理的 ZnO 瓷体，不仅可以改变工作电压，而且使电阻器在一定温度、湿度和负载条件下的稳定性得到了显著的提高，即使是呈线性特性的 ZnO 瓷体，进行玻化处理后，也可以转变成具有良好非线性的压敏半导体。

● 电极：ZnO 压敏电阻器的电极一般是用银、铝、铜等制成的。为了降低成本，除有的改为喷铝或铜代替烧银电极外，最近还出现一种更加廉价的组装工艺，它是将烧结好的电阻基体放在浓度为 10%～35% 的盐酸中，以除去基片表面金属氧化物中的氧离子，使其表面上留有 Zn、Bi 等纯金属混合物，可能发生的化学反应如式（2-46）～式（2-49）所示。

$$ZnO + 2HCl = ZnCl_2 \tag{2-46}$$

$$ZnCl_2 = Zn + Cl_2 \tag{2-47}$$

$$Bi_2O_3 + 6HCl = 2BiCl_3 + 3H_2O \tag{2-48}$$

$$2BiCl_3 = 2Bi + 3Cl_2 \tag{2-49}$$

这些反应使得基片表面形成一层很薄的 Zn 和 Bi 金属层，然后用铝-锡-铋焊料直接焊在基片上，或者直接借助焊料将两个散热片黏附在基片两侧。

● 引线：压敏电阻器用于浪涌保护时，引线（和连接线）应尽量选择短些，因为引线（和连接线）越长，寄生电感便越大，当浪涌电流通过寄生电感时将产生越大的附加电压。

c. ZnO 陶瓷半导体的显微结构

ZnO 陶瓷半导体的显微结构主要是指其相组成和相分布，从上述讨论可知，ZnO 陶瓷半导体是一种由 ZnO 和其他金属氧化物添剂所形成的多相结构体，随着添加物含量及烧结温度的不同，这种多相组成会有较大的差异，下面就以五元配方在 1350℃温度下烧结形成的相组成和分布为例进行讨论。关于 ZnO 陶瓷半导体的多相结构，一般认为是由下面四种相组成：

● $N$ 型 ZnO 主晶相：溶解有少量 Co 的 ZnO 相，具有纤锌矿型，晶格常数 $a = 3.24Å$，$c = 5.19Å$，$c/a = 1.60$，ZnO 晶相构成瓷体的主晶相，且由于 Zn 的填隙或 Co 的溶入取代，使它具有 $N$ 型导电的特性。

● 掺杂的立方焦绿石相：溶解有 Co、Mn 和 Cr 的 $Bi_2(Zn_{3/4}Sb_{2/3})O_6$ 的立方焦绿石相，其晶格常数 $a = 10.45Å$。这一相处于晶粒边界，对瓷体的压敏特性不起直接作用，但在高温时与 ZnO 作用生成富 Bi 相。立方焦绿石相在 700℃的温度下开始形成，在约 850℃时达到最大值，并于约 950℃消失，但是在缓慢冷却过程中，若无 Cr 存在，尖晶石相又会与 $Bi_2O_3$ 作用重新生成焦绿石相。

$$Bi_2(Zn_{3/4}Sb_{2/3})O_6 + ZnO = Zn(Zn_{3/4}Sb_{2/3})O_4 + Bi_2O_3 \tag{2-50}$$

立方焦绿石相为过渡相，温度升高就消失。在烧结过程中阻碍 ZnO 主晶相的生长，间接影响 a。

● 溶解有 Co、Mn 和 Cr 的 $Zn(Zn_{3/4}Sb_{2/3})O_4$ 的立方尖晶石相：其晶格常数 $a = 8.32Å$。这一相呈微粒状，同样处于晶界处，对 ZnO 瓷体的压敏特性不起直接作用，但烧结时由于它的存在会阻碍 ZnO 晶粒边界的移动而抑制晶粒长大。立方尖晶石相在 850℃开始形成，并随烧结温度的上升而逐渐增加，因为温度上升时，焦绿石相按式（2-51）转变为尖晶石相。

$$Bi_2(Zn_{3/4}Sb_{2/3})O_6 + ZnO = Zn(Zn_{3/4}Sb_{2/3})O_4 + Bi_2O_3 \tag{2-51}$$

式（2-51）表明，焦绿石相中的 Bi 离子全部为 Zn 离子所取代，而尖晶石相与焦绿石相的浓度比随温度的升高而增加，当高温淬火时（快速冷却），形成的尖晶石相会被保留下来。另外，若尖晶石相中溶有 Cr，因为 Cr 有稳定尖晶石的作用，使它在冷却过程中不与 $Bi_2O_3$ 作用生成焦绿石相，故即使缓慢冷却，尖晶石相也能存在，在烧结过程中阻碍 ZnO 主晶相的生长，主要影响 $c$，间接影响 $\alpha$。

● 富 Bi 相：富 Bi 相含有 D 相和 B' 相，其中 D 相是在 $Bi_2O_3$-ZnO-$Sb_2O_3$ 系统中形成的 $\beta$-$Bi_2O_3$ 四角相，其晶格常数 $a = 10.93\text{Å}$，$c = 5.62\text{Å}$。B' 相是在 $Bi_2O_3$-ZnO-$Sb_2O_3$ 系统中形成的 $\delta$-$Bi_2O_3$ 立方相，其晶格常数 $a = 5.48\text{Å}$。由于富 Bi 相溶有大量的 ZnO 和少量的 $Sb_2O_3$，有利于液相烧结成瓷；又由于富 Bi 相溶有少量的 Co 和 Mn 而存在晶界内，故有产生高 $\alpha$ 值的作用。

d. ZnO 压敏电阻器的性能特点。

● 具有优良的非线性特性：ZnO 压敏电阻器伏安特性的非线性指数大，$\alpha$ 值可达到 50 以上，其绝缘电阻可以高达 $10^{10}\Omega$ 以上。在大电流范围使用时，常用 $V_{100A}/V_{1mA}$ 来衡量抑制过电压的效果，其电压比为 $1.8 \sim 2.2$，因此这种压敏元件的抑制电压低，保护效果好。

● 使用电压范围宽：这种压敏元件可以制成几伏到上千伏的单个元件，也可以通过串联组合制成更高电压的器件，如 $3.3 \sim 500\text{kV}$ 的无间隙避雷器已完成了系列化，现正向 1000kV 高压发展，是目前世界上能在几万伏高压电路作稳压和过压保护的唯一固体元件。

● 通流能力大：ZnO 压敏电阻器的通流能力可达 $2500 \sim 3000\text{A/cm}^2$。且经受大电流的冲击后，其放电电压和压敏电压具有较高的稳定性，也就保证了器件长期使用的可靠性。

● 伏安特性具有很好的对称性：ZnO 压敏电阻器在直流电路、交流电路和脉冲电路中都可以使用，并且由于无方向性而便于安装使用。

### 2.4.1.3 压敏电阻器应用

（1）氧化锌避雷器是目前效果最好的、发展最快的保护装置，如图 2-62 所示。避雷器是连接在导线和地之间的一种防止雷击的设备，通常与被保护设备并联。避雷器可以有效保护电力设备。

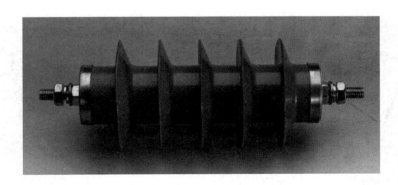

图 2-62 氧化锌避雷器

避雷器的使用场景包括发电站、配电站、发动机、电动机、输电、变压器、铁路供电和地铁供电等。

（2）过压保护器多用在家用电器（如空调、冰箱、洗衣机、电视机、电磁炉等）中、电子、通信、计算等低压配电系统中，以及汽车等消费电子产品和军用电子产品中等电路中，起到过电压保护和静电放电保护的作用。

#### 2.4.1.4　未来的发展趋势

随着时代的发展和科技的进步，器件朝着小型化和低压化发展，实际应用要求的提升对压敏电阻的性能提出了更高的要求。叠层式压敏电阻（MLV）的性能更好，体积小，重量轻，响应快，寿命长，稳定性好，更能满足严苛变化使用要求。目前我国的高性能叠层式压敏电阻（MLV）还是主要依赖进口。由于其制作工艺较为复杂，技术难度较大，国产的高性能 MLV 很少，因此需要继续加强技术研究，提升制作工艺，以提高产品的性能。ZnO 压敏电阻的低压化、片式化是目前应用的主要趋势。

### 2.4.2　湿敏传感材料与器件

湿度在全球生态系统以及气象学、生物学、医学和农/林业等领域中扮演着十分重要的角色。例如，一个地区的生态组成受环境湿度的影响，农作物的生长需要适宜的土壤湿度，纺织车间需要控制空气湿度以防范静电的危害，人们的生活舒适度及身体健康与环境湿度息息相关。因此，湿度监测对人类的生产生活有着非常重大的意义。使用湿敏传感器对湿度进行测量是直观监测湿度的常用方法。人们很早就制成了毛发湿度计[图 2-63（a）]，它是将一个机械应变片与头发连接，利用头发的伸缩反映环境中的相对湿度。图 2-63（b）是利用两根温度计制成的简易湿度计，它是用一端浸在水中的灯芯包裹一根温度计的探头，灯芯中的水蒸发吸热使两根温度计产生温差从而反映环境湿度，原理是水的蒸发速度受湿度影响。然而，这两类湿度计的灵敏度和准确性都很差。如今，不同的应用领域对湿敏传感器的响应/恢复时间、灵敏度、准确性、监测范围、工作温区、工作寿命、生产成本以至于重量、体积等有不同的要求，一类湿敏传感器很难同时满足如此多样的需求，因而湿敏材料的探索和湿敏传感器的研究仍将是一项长期工作。

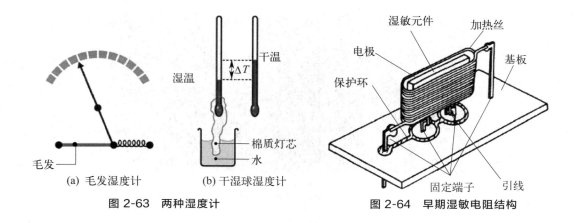

(a) 毛发湿度计　　(b) 干湿球湿度计

图 2-63　两种湿度计

图 2-64　早期湿敏电阻结构

湿度可以用水汽压（绝对湿度）、相对湿度或露点温度进行表征。其中，相对湿度的测量最为简便，目前市场上的湿敏传感器主要是通过将相对湿度转化为可测量参数的方法来监测湿度。相对湿度（Relative Humidity，RH）是指空气中水汽压与相同温度下饱和水汽压的百分比，在给定温度下，$RH$ 可用式（2-52）进行计算：

$$\%RH = \frac{P_{\mathrm{v}}}{P_{\mathrm{s}}} \times 100 \tag{2-52}$$

式中，$P_{\mathrm{v}}$ 为空气中水分实际分压；$P_{\mathrm{s}}$ 为相同温度下空气中水分饱和压力，单位为 Bar 或 kPa。

从 20 世纪 50 年代开始，人们逐步开发出电解质、有机聚合物和陶瓷等湿敏材料，其中，电解质和有机聚合物普遍存在耐用性差且易受环境干扰的问题，而之后出现的以 $Al_2O_3$ 和 $Fe_2O_3$ 为感湿体的陶瓷湿敏传感器具有化学稳定性高、工作温度范围广、对湿度变化响应快等显著优势，使陶瓷在湿敏传感领域具有广阔的应用前景。湿敏陶瓷主要通过环境湿度变化引起其自身某些特征参数（如电导率/电阻率、相对介电常数等）的相应变化来对湿度进行测量。以电阻率变化型器件为例，早期陶瓷湿敏电阻器结构如图 2-64 所示，电极与湿敏元件（陶瓷薄片）共同组成了感湿体，感湿体阻值受其表面吸附水分量的调控。由于感湿体暴露在空气中，长期工作过程中易受到油污、灰尘等污染而影响湿敏元件的性能，因此通常采用加热丝包裹感湿体，利用适当的高温对感湿体进行清洁以保证器件的正常工作。

衡量湿敏材料的主要有如下参数：

① 灵敏度：可用元件的输出量变化与输入量变化之比来表示。常以相对湿度变化1%$RH$ 时电阻值变化的百分率表示，其单位为%$RH$/℃。

② 响应时间：以在相应的起始湿度和终止湿度这一变化区间内，63%的相对湿度变化所需时间作为响应时间。一般说来，吸湿的响应时间较脱湿的响应时间要短些。

③ 温度系数：表示温度每变化 1℃时，湿敏元件的阻值变化相当于多少%$RH$ 的变化，其单位为%$RH$/℃。

④ 分辨率：湿敏元件测湿度时的分辨能力，以相对湿度表示，其单位为%$RH$。

实际应用对湿敏元件的要求很高。一般的湿敏元件应能满足

① 可靠性高，寿命长；

② 阻值范围适中，便于与二次仪表配套；

③ 温度系数小（0.2%$RH$/℃），尽量不用温度补偿线路；

④ 能在腐蚀性气体环境中使用；

⑤ 工作温度范围宽；

⑥ 响应速度快。

空气中的水分子附着于半导体陶瓷的表面时，将不同程度影响载流子的数量、类型及其迁移率。湿度越大则水分子附着越多，对电导率的影响也越大。正湿阻特性湿敏陶瓷主要靠若干自由电子来传导电流。水分子的附着使这类自由电子受到约束，因而电阻增加。如果水分子附着后能释放出更多的自由电子，则属于负湿阻特性湿敏陶瓷。通常在负湿阻

特性湿敏陶瓷中除存在电子电导外，还存在离子（$H^+$，$OH^-$）电导现象。特别是当湿度比较高、陶瓷表面附着水分连成水膜时，离子电导便起到主导作用，电阻将下降几个数量级。正湿阻特性湿敏陶瓷通常都具有憎水性，其表面难于凝结成水膜，不会在凝结水膜上出现离子电导，其阻值只会增加而不会下降，一般有几倍之多。

### 2.4.2.1　湿敏陶瓷材料的分类

常见的湿敏陶瓷材料主要包括金属氧化物、尖晶石型（$AB_2O_4$）化合物、钙钛矿型（$ABO_3$）化合物及其复合材料这几种类型。

（1）金属氧化物

金属氧化物具有优异的机械强度、热性能、物理稳定性和抗化学侵蚀性，基于金属氧化物的陶瓷湿敏传感器工作温度范围广且制造成本较低，是最受欢迎的湿敏陶瓷材料。

① $Al_2O_3$。$Al_2O_3$ 在 25～80℃ 的温区内对整个相对湿度范围的响应几乎不存在温度依赖性，是非常理想的湿敏陶瓷材料。Cheng 等制备了无定形 $Al_2O_3$ 并以其作为感湿体制成了图 2-65 所示的湿敏传感器。实验采用 LiCl、$MgCl_2$、$Mg(NO_3)_2$、KCl 和 $KNO_3$ 等不同盐的超饱和水溶液在室温下分别产生约 11％、33％、54％、85％ 和 95％ 的相对湿度。结果表明，制成的传感器在较大的频率范围内（40Hz～1MHz）对几乎整个相对湿度范围都表现出良好的线性响应（如图 2-66 所示），特别是在较低测试频率下，其阻抗随相对湿度的上升出现明显下降，对较低的相对湿度值也能表现出很高的灵敏度。这主要是由于 $Al_2O_3$ 的纳米管结构不仅可以扩大传感面积、增强表面活性，其尖端和表面缺陷带来的高局部电荷密度和强静电场还可以促进吸收到纳米管壁上的水的解离，从而增强材料的导电性。此外，该传感器还表现出良好的响应/恢复速度。可见，$Al_2O_3$ 纳米管是制作高灵敏湿敏传感器的理想材料，具有广阔的应用前景。

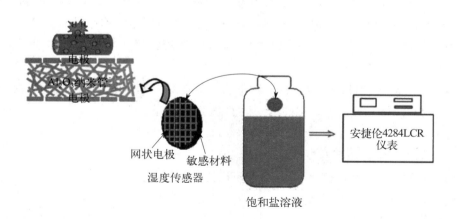

图 2-65　$Al_2O_3$ 作为感湿体制成的湿敏传感器

② 半导体-金属氧化物。某些具有半导体特性的金属氧化物型陶瓷材料，如 ZnO、$TiO_2$、$SnO_2$、CuO 和 NiO 等，具有高表面体积比、丰富的表面物理性质和高吸附/解吸活性等内在特性，并且可以通过调控材料的微观结构、粒径、化学计量比或掺杂的方式改变其物理化学性能，是作为湿敏传感器感湿体的理想材料，也是最常用的材料。

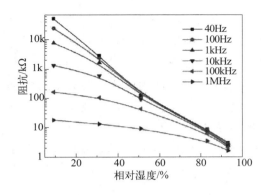

图 2-66　不同频率下非晶 Al$_2$O$_3$ 纳米管传感器的

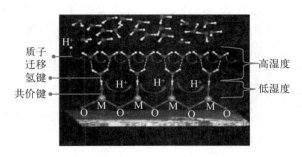

图 2-67　半导瓷表面水分子的相互作用

半导瓷的湿敏特性与水分子在材料表面的吸附机理息息相关，机理可用图 2-67 进行概括。首先，当半导瓷暴露在潮湿的空气中时，其表面的活性位点将会吸引空气中的水蒸气，使水分子发生解离形成羟基（OH$^-$）并与金属正离子相结合，这一过程属于化学吸附，化学吸附层不受环境湿度变化影响而稳定存在；当空气湿度进一步增大时，水分子仅靠氢键作用吸附在化学吸附层上，这一过程属于物理吸附，且第一层物理吸附层的水分子都与相邻两个羟基相连，如图 2-68（a）所示。湿度进一步增大，更多水分子发生吸附，使物理吸附层不断增加，同时，高层的水分子排列更加无序，因为部分水分子可能只以单个氢键连接在表面。随着湿度增加，半导瓷的某些特征参数发生变化，这与吸附层的粒子传导有关：对于化学吸附层，其导电性是由电子的迁移或 H$^+$ 在相邻 OH$^-$ 间跃迁引起的质子迁移形

(a) 水分子的物理吸附　　(b) Grotthuss机制的简要说明

图 2-68　水分子在材料表面的吸附机理

成的，因此，材料导电性的增加或减小取决于其半导体特性的类型（N 型或 P 型）；对于物理吸附层，其导电性则是由 Grotthuss 机制引起的，即质子通过氢键发生隧穿而在相邻水分子间迁移，这个过程可以用图 2-68（b）来表示。另外，由于高层水分子间的相互作用较弱，使得水分子更容易发生移动，在材料表面形成连续的偶极子和电解质层，从而增加材料的介电常数和体电导率。

陶瓷本身的多孔结构特性对水分子在其表面的吸附和相互作用起决定性作用，因为水分子非常容易吸附在开放的空隙中并发生凝结。这一现象对于纳米晶半导瓷更加明显，因此半导瓷非常适合作为感湿体。

基于 ZnO、TiO$_2$、SnO$_2$、CuO 和 NiO 等半导瓷的湿敏传感器响应明显、易于制造且成本低，受到广泛研究。其中，ZnO 是一种具有纤锌矿结构的 N 型宽禁带（3.2～3.4eV）半导体，纳米晶 ZnO 具有表面形貌可控、表面活性位点丰富、在大温度和相对湿度范围内良好的工作稳定性、化学惰性、低廉的合成成本和便携性等特殊性能，成为湿敏传感器领域的研究热点。

a. 纯 ZnO 湿敏传感器。

Qi 等采用简单的湿化学方法合成了花状 ZnO 纳米棒，并制成了 ZnO 薄膜湿敏传感器。经测试，该传感器具有灵敏度高、响应速度快、恢复速度快、稳定性良好等特点，表明花状 ZnO 纳米棒可以作为湿敏材料用于制造高灵敏度传感器。

Jung 等按图 2-69(a) 流程在 $SiO_2/Si$ 衬底上选择性生长 ZnO 纳米棒，制成了惠斯通电桥湿敏传感器。从图 2-70 的数据结果可知，该传感器在 20%～90% $RH$ 范围内的差分输出电压响应表现出近似线性的行为。此外，将传感器交替暴露在 90% $RH$ 下 10s、20% $RH$ 下 20s，测试结果表明制成的 ZnO 纳米棒湿敏传感器具有较快的响应速度和恢复速度，但灵敏度较差。

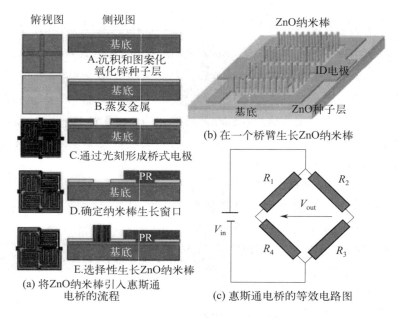

图 2-69　将 ZnO 纳米棒引入惠斯通电桥

b. 掺杂改性的 ZnO 湿敏传感器。Zhang 等采用溶胶-凝胶法制备了 Er 掺杂的 ZnO 纳米多孔粉末，将其印刷在陶瓷衬底上并加上 Ag-Pd 叉指电极制成了薄膜湿敏传感器。图 2-71 的响应测试结果表明，3% Er 掺杂的 ZnO 薄膜湿敏传感器具有最高的灵敏度，并且在 11%～95% $RH$ 范围内表现出线性响应；另外，该传感器湿滞小、响应速度快。结果说明 Er 掺杂 ZnO 材料有很大的应用潜力。

（2）尖晶石型（$AB_2O_4$）化合物

尖晶石型化合物的组成一般为 $AB_2O_4$，其中，A 为二价金属离子，特别是ⅡA 族、ⅡB 族和ⅧB 族的金属元素，如 $Mg^{2+}$、$Zn^{2+}$ 等，或复合离子；B 通常为三价金属离子，如 $Fe^{3+}$、$Al^{3+}$ 和 $Cr^{3+}$。通常，尖晶石型化合物总是存在高的缺陷密度，且具有半导体特性。

$MgAl_2O_4$（即铝镁尖晶石）具有熔点高、热导率低、室温和高温下强度高、耐腐蚀性好等特点，是一种广受研究的尖晶石型湿敏材料。Zhang 等采用熔盐法合成了微棒状 $MgAl_2O_4$，并将其作为感湿体制成了薄膜湿敏传感器，该传感器在 11%～95% $RH$ 范围内（特别是 40% RH 以上）随相对湿度增大阻抗下降明显（可达数十兆欧），同时还具有湿滞小、响应/恢复速度快等特点。Crochemore 等采用固相法制备了 Mn 掺杂 $MgAl_2O_4$ 样品，通过对比不同相对湿度下样品的阻抗谱，发现样品对于 12% RH 以上的相对湿度变化具有很高的灵敏度。同时，样品作为湿敏材料还具有响应/恢复时间快、重现性好等特点。

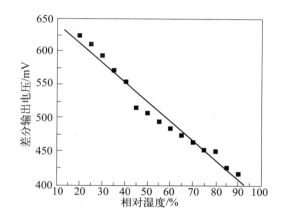

图 2-70　基于惠斯通电桥的 ZnO 纳米棒湿敏
传感器的差分输出电压-相对湿度曲线

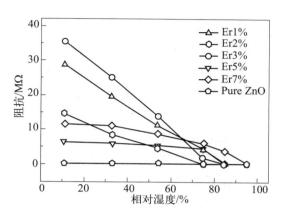

图 2-71　不同 Er 掺杂量下 ZnO 薄膜湿
敏传感器的阻抗-相对湿度曲线

（3）钙钛矿型（$ABO_3$）化合物

钙钛矿型化合物的组成为 $ABO_3$，其中 A 是稀土离子或易受湿度影响的碱土金属离子，B 是过渡金属离子。钙钛矿型化合物比普通的金属氧化物具有更高的活性，某些钙钛矿型化合物会在特定的温度区间内表现出湿度敏感性，因此可以作为湿敏材料。

Zhang 等采用复合氢氧化物媒介法合成了单晶 $BaNbO_3$ 粉体，并将其作为感湿体制成了薄膜湿敏传感器，传感器在较小的相对湿度范围内（10%～40% RH）表现出了高灵敏度（阻抗变化接近三个数量级）、快响应/恢复速度和良好的重现性。Cho 等以陶瓷为衬底，采用气溶胶沉积法制备了 $CsPb_2Br_5/BaTiO_3$ 薄膜湿敏传感器。该传感器具有极高的灵敏度（约 21426.6pF/% RH）、快速的响应/恢复时间（约 5s）、低湿滞和优异的长期稳定性等特点，这主要归因于薄膜的微观多孔和毛细管结构有利于水分子的吸附和快速扩散。该工作为制作高灵敏度湿敏传感器提供了一种有效方法。

### 2.4.2.2　湿敏传感器的分类与应用

（1）湿敏传感器的分类

根据响应参数的不同，陶瓷湿敏传感器可分为阻抗型、电容型、声表面波型和光学型等几种类型。

① 阻抗型/电容型湿敏传感器。阻抗型/电容型传感器是最常见的湿敏传感器类

型，其依靠其阻抗（实部或虚部）随相对湿度的变化（增大或减小）来工作的。阻抗型陶瓷湿敏传感器一般是由贵金属叉指电极，以及通过厚膜沉积技术或薄膜印刷技术覆盖在玻璃或陶瓷衬底上（电极之间）的感湿体共同组成的。电容型陶瓷湿敏传感器通常为夹层结构（如图 2-72 所示），这类传感器的制作

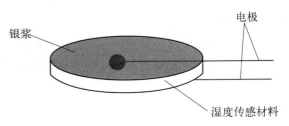

图 2-72　三明治式电容型湿敏传感器

工艺相对简单，且可靠性高、可实现小型化，因而在市场上备受欢迎。电容型湿敏传感器是依靠其介电常数（或容量）随相对湿度的变化来工作的，通常在低频电场下，传感器的容量将随相对湿度的增大而增大，这是因为感湿体表面吸附的水分子在低频电场作用下发生明显的空间电荷极化现象，吸附的水分子越多，极化越强，介电常数也随之增大；在高频电场下，水分子的极化跟不上电场的变化，因而感湿体的介电常数基本不随相对湿度变化。

② 声表面波湿敏传感器。SAW 传感器其表面覆盖湿敏传感膜即可制成 SAW 湿敏传感器。SAW 湿敏传感器的工作过程可概括为：压电基片上存在一对 IDT，其中一个作为输入端，对其施以交变电信号激励，将在逆压电效应的作用下产生沿基片表面传播的声表面波；当声波行至延迟路径上时，由于湿敏传感膜表面水分子的吸附/脱附行为会改变膜的某些特征参数（如质量密度、电导率、厚度和弹性等），声波的特性（速度、频率等）将发生改变；最后，输出端 IDT 接受声波并在正压电效应的作用下输出电信号，得到输入和输出电信号的频率差可作为响应表征传感器的灵敏度等性能。Yan 等采用射频磁控溅射的方法在 SAW 谐振器的表面镀上一层 $SiO_2$ 涂层制成了 SAW 湿敏传感器，该传感器表现出良好的灵敏度、响应/恢复速度和稳定性。

③ 光学湿敏传感器。光学传感器与普通的电子传感器相比具有巨大的优势，如体积小、耐用性强、可在易燃环境和更高温度和压力条件下工作、抗电磁干扰性能强等。光学湿度传感器是依靠感湿体光学参数（如反射率、折射率等）随相对湿度的变化来工作的。

（2）湿敏传感器的应用

湿度传感器在性能方面已取得了重要的发展，现今湿度传感器的发展趋势是拓宽其应用领域。目前的湿度传感器已不再只局限于对环境湿度的检测和控制方面，其在呼吸监测、语音识别、非接触开关以及皮肤监测等领域也发挥着重要作用。

① 环境湿度监测。湿敏电阻传感器在环境检测上的应用非常广泛，在不同行业发挥着重要作用，如电子、电力行业（用于结露检测，确保设备的安全运行），制药、医疗行业（在药品生产和医疗设备中，湿敏传感器用于监测和控制湿度，确保产品质量和安全），粮食、仓储、烟草、纺织行业（湿敏传感器用于粮食、木材等物品的储存过程中的潮湿控制，防止物品受潮或霉变），气象行业（在气象监测中，湿敏传感器用于测量环境湿度，

帮助预测天气变化和大气环境质量评估），汽车防雾系统（在汽车工业中，湿敏传感器用于防雾系统的湿度监测和控制，提高行车安全）。

② 与人体有关的湿度检测。随着可穿戴电子技术的快速发展，湿敏传感器在人体相关湿度检测中逐渐形成了以下潜在应用（图 2-73）：

a. 通过检测呼出气体的湿度，以非接触方式监测呼吸行为（包括速率、强度和变化）；

b. 可以通过说话时检测湿度来识别一些简单的单词；

c. 检测皮肤水分；

d. 手指上的水分可用于调节湿敏传感器的状态，实现非接触式开关；

e. 纸尿裤监测。

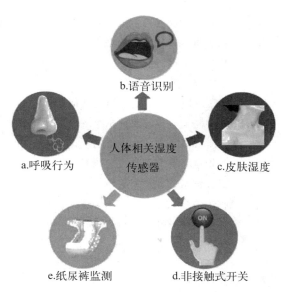

图 2-73　人体相关湿度传感器的应用

 **思考题**

1. 以 $BaTiO_3$ 为例说明自发极化的产生。

2. $PbTiO_3$-$PbZrO_3$ 二元系统相图可分为哪几个区？

3. 压电陶瓷组分越靠近准同型相界时，材料的介电常数 $\varepsilon$、弹性柔顺常数 $s$、机电耦合系数 $k_p$、机械品质因数 $Q_m$、介质损耗有什么变化趋势？为什么？

4. 什么是压电陶瓷的同价取代改性？常用那些离子？说明同价取代改性的共同特点。为什么同价取代可以达到改性效果？

5. 什么是压电材料的软性添加改性？常用哪些离子？其性能特点是什么？"软性"添加改性为什么能使材料性质变"软"？

6. 什么是压电材料的硬性添加改性？常用哪些离子？其性能特点是什么？"硬性"添加改性为什么能使材料性质变"硬"？

7. $BaTiO_3$ 系陶瓷本征原子缺陷主要有氧负离子缺位和钡正离子缺位，说明这两种缺陷形成的条件，以及它们分别使 $BaTiO_3$ 系陶瓷形成哪种类型的半导体。

8. 通过施主掺杂而制备 $BaTiO_3$ 系陶瓷半导体时，为什么掺杂浓度均约在 0.1%（摩尔）左右时陶瓷显示最大的电导率？

9. 受主杂质和熔剂杂质分别对 $BaTiO_3$ 系陶瓷半导化有什么影响？为什么？请加以论述。

10. 请说明正尖晶石、反尖晶石和半反尖晶石的差别？并写出三种尖晶石的化学式。

11. 尖晶石型氧化物实现电子交换方式所具备的必要条件是什么？

12. PTC 和 NTC 热敏电阻器主要应用在哪些方面？

13. 什么是光电导效应和光生伏特效应？

14. 简述光敏电阻器的应用。

15. 简述常用的几种光敏电阻材料及其应用。

16. 如何评价气体传感器的性能？

17. 气体传感器有哪些类型？简述各类传感器的工作原理、器件结构和所采用的气敏材料。

18. ZnO 压敏电阻器各组分及其作用是什么？分别加以论述。

19. ZnO 压敏电阻器的烧成温度如何选择？

20. ZnO 陶瓷半导体的四种相组成分别是什么？分别加以论述。

21. ZnO 压敏电阻器的性能特点。

22. 衡量湿敏材料有哪些主要参数？

23. 常见的湿敏陶瓷材料有哪几种？

24. 根据响应参数的不同，陶瓷湿敏传感器可以分为几类？

25. 简述湿敏传感器的应用。

 **参考文献**

[1]  郭天太，李东升，薛生虎. 传感器技术 [M]. 北京：机械工业出版社，2019.

[2]  张洪润，邓洪敏，郭竞谦. 传感器原理及应用 [M]. 北京：清华大学出版社，2021.

[3]  孟立凡，蓝金辉. 传感器原理与应用 [M]. 北京：电子工业出版社，2015.

[4]  徐科军. 传感器与检测技术 [M]. 北京：电子工业出版社，2011.

[5]  戴蓉，刘波峰，赵燕，等. 传感器原理与工程应用 [M]. 北京：电子工业出版社，2021.

[6]  赵新宽. 传感器技术及实训 [M]. 北京：机械工业出版社，2016.

[7]  刘梅冬，许毓春. 压电铁电材料与器件 [M]. 武汉：华中理工大学出版社，1990.

[8]  许煜寰. 铁电与压电材料 [M]. 北京：科学出版社，1978.

[9]  李标荣，莫以豪，王筱珍. 无机介电材料 [M]. 上海：上海科学技术出版社，1986.

[10]  范兰德拉特. 压电陶瓷 [M]. 彭浩波，译. 北京：科学出版社，1981.

[11]  Tressler J F, Alkoy S, Newnham RE. Piezoelectric sensors and sensor materials [J]. J. Electroceram. 1998, 2-4: 257-272.

[12]  Saito Y, Takao H, Tani T, et al. Lead-free Piezoceramics [J]. Nature, 2004, 432: 84-87.

[13]  Zheng T, Wu J G, Xiao D Q. Recent development in lead-free perovskite piezoelectric bulk materials [J]. Prog. Mater. Sci. 2018, 98: 552-624.

[14]  Liu W, Ren X. Large piezoelectric effect in Pb-free ceramics [J]. Phys. Rev. Lett. 2009, 103: 257602.

[15]  Zhang S T, Kounga A B, Aulbach E, et al. Giant strain in lead-free piezoceramics $Bi_{0.5}Na_{0.5}TiO_3$-$BaTiO_3$-$K_{0.5}Na_{0.5}NbO_3$ system [J]. Appl. Phys. Lett, 2007, 91 (11): 112906.

[16]  Liu X M, Tan X L. Giant strains in non-textured ($Bi_{1/2}Na_{1/2}$) $TiO_3$-based lead-free ceramics [J]. Advanced Materials. 2015, 28: 574-578.

[17]  Wang Z L, Song J H. Piezoelectric nanogenerators based on zinc oxide nanowire arrays [J]. Science, 312 (5771): 242-246.

[18]  程斌，陈家详，曹凌云，等. 柔性触觉传感电子皮肤研究进展 [J]. 科学通报，2024，69 (20): 2978-2999.

[19] Park D Y，Joe D J，Kim D H，et al. Self - powered real - time arterial pulse monitoring using ultrathin epidermal piezoelectric sensors [J]. Advanced Materials，2017，29（37）：1702308.

[20] 徐开先，叶济民. 热敏电阻器 [M]. 北京：机械工业出版社，1981.

[21] 冷森林. 陶瓷半导体材料中的热敏陶瓷研究 [M]. 哈尔滨：哈尔滨工业大学出版社，2021.

[22] 莫尔桑，赫贝尔. 电子陶瓷材料、性能、应用 [M]. 武汉：武汉工业大学出版社，1993.

[23] 徐廷献. 电子陶瓷材料 [M]. 天津：天津大学出版社，1993.

[24] 莫以豪，李标荣，周国良. 半导体陶瓷及其敏感元件 [M]. 上海：上海科学技术出版社，1983.

[25] 周东祥，张绪礼，李标荣. 半导体陶瓷及应用 [M]. 武汉：华中理工大学出版社，1991.

[26] 曲远方. 功能陶瓷及应用 [M]. 北京：化学工业出版社，2014.

[27] 曲远方. 现代陶瓷材料及技术 [M]. 上海：华东理工大学出版社，2008.

[28] 武五爱. 电化学传感器原理及应用研究 [M]. 北京：化学工业出版社，2020.

[29] 雍永亮. 气体传感器理论：团簇的气敏性能研究 [M]. 北京：电子工业出版社，2019.

[30] 李新，魏广芬，吕品. 半导体传感器原理与应用 [M]. 北京：清华大学出版社，2018.

[31] 莫锦秋，梁庆华，王石刚. 微机电系统及工程应用 [M]. 北京：化学工业出版社，2015.

[32] Hong S，Wu M，Hong Y，et al. Fet-type gas sensors：a review [J]. Sensor. Actuat. B-Chem. 2002，330（76）：129240.

[33] Nurputra D K，Kusumaatmaja A，Hakim M S，et al. Fast and noninvasive electronic nose for sniffing out COVID-19 based on exhaled breath-print recognition [J]. NPJ Digital Medicine，2022，5（1）：115.

[34] Hodgkinson J，Tatam R P. Optical gas sensing：a review [J]. Meas. Sci. Technol. 2013，24（1）：012004.

[35] 王振林，李盛涛. 氧化锌压敏陶瓷制造及应用 [M]. 北京：科学出版社，2017.

[36] Farahani H，Wagiran R，Hamidon M N. Humidity sensors principle，mechanism，and fabrication technologies：a comprehensive review [J]. Sensors，2014，14（5）：7881-7939.

[37] Chen Z，Lu C. Humidity sensors：a review of materials and mechanisms [J]. Sensor Lett. 2005，3（4）：274-295.

[38] Memon M M，Liu Q，Manthar A，et al. Surface acoustic wave humidity sensor：A Review [J]. Micromachines，2023，14（5）：945.

[39] 裴立宅. 功能陶瓷材料概论 [M]. 北京：化学工业出版社，2021.

[40] 焦宝祥. 功能与信息材料 [M]. 上海：华东理工大学出版社，2011.

# 可靠传输——信息传输材料与器件

    人类发展历史上出现过五次信息技术的革命。第一次是语言的使用，其成为人类进行思想交流和信息传播不可缺少的工具；第二次是文字的出现和使用，使人类对信息的保存和传播取得重大突破，超越了时间和地域的局限；第三次是印刷术的发明和使用，使书籍、报刊成为重要的信息储存和传播的媒体；第四次是电话、广播、电视的使用，使人类进入利用电磁波传播信息的时代；第五是计算机与互联网的使用，即网络的出现。多次信息技术的革命都和信息传输密切相关。

    我国是世界上最早建立有组织传递信息系统的国家，早在三千多年前的商周时代已有记载，西周的烽火狼烟、驿传邮递等即为例证。中国古代传递信息的方式还有击鼓传令、信鸽传书、风筝通信等。原始通信方式是依靠人的视觉和听觉。进入数字时代，信息的载体发生了变化，信息的传输方式也发生了根本性的变化。

    "物联网"，顾名思义就是"万物相连的互联网"。它有两层含义：第一，核心和基础仍然是互联网，是在互联网基础上延伸和扩展的网络；第二，其用户端延伸和扩展到了物品与物品之间，进行信息交换和通信，即万物相连。物联网通过智能感知、智能识别与信息通信，广泛应用于网络的融合中。物联网是通过无线模块和互联网连接推动的，所有"物"连入网络都必须配备无线模块。如果说传感器是物联网的触觉，那么无线传输就是物联网的神经系统，其将遍布物联网的传感器连接起来。作为智能终端接入物联网的信息入口，无线通信模块承接了物联网感知层和网络层的连接与数据传输，所有感知层终端数据需要通过无线通信模块传输至网络层，然后通过后台对各个终端进行通信以及控制。

    现代无线通信通常采用微波进行信息传输。而在无线通信初期，人们常用的是长波和中波。1901 年，马克尼使用 800kHz 中波信号进行了从英国到北美纽芬兰的世界上第一次横跨大西洋的无线电波的通信试验，开创了人类无线通信的新纪元；1914 年，第一次世界大战爆发，无线电立即成为军事界的新宠，它使得战地部队间能够快速地通信；第二次世界大战期间，无线电波技术获得重大进步，如英国人发明了雷达，美国人发明了电视。第二次世界大战结束后，无线电迎来了和平的发展时期，但是由于电子元器件的限制，只能使用 20kHz 到 30MHz 左右的频率进行无线电通信。20 世纪 60 年代以后，各种微波器件及集成电路相继问世，微波通信迎来新一轮的发展与挑战。

射频/微波的四大基本特性使其被广泛应用于现代通信。

（1）似光性

射频/微波能像光线一样在空气或其他介质中沿直线以光速传播，在不同的介质界面上入射和反射。射频/微波的波长很短，比地球上一般物体（如房屋等）的几何尺寸小或在同一数量级。当射频/微波照射到这些物体上时将产生明显的反射。因此，可以制成尺寸、体积合适的天线，用来传输信息，实现通信；也可接收物体所引起的回波或其他物体发射的微弱信号，用来确定物体的方向、距离和特征，实现雷达探测。

（2）穿透性

射频/微波照射某些物体时，能够深入物体的内部。微波（特别是厘米波段）信号能穿透电离层，是探测外层空间的宇宙窗口；能够穿透云雾、植被、积雪和地表层，具有全天候的工作能力，是遥感技术的重要手段。因此微波适合用于卫星通信。

（3）非电离性

射频/微波的量子能量较小，不足以改变物质分子的内部结构或破坏物质分子键结构。理论上，作为一种非电离辐射，微波的能量很小，低功率微波辐射对人体不会引起显著的能量作用。由物理学可知，在外加电磁场周期力的作用下，物质内分子、原子和原子核会产生多种共振现象。其中，许多共振频率处于射频/微波频段。为研究物质内部结构提供了强有力的实验手段，形成了一门独立的分支学科——微波波谱学。另一方面，利用物质的射频/微波共振特性，可研制射频/微波元器件，建立射频/微波系统。

（4）信息性

射频/微波频带比普通的中波、短波和超短波的频带要宽千倍以上，可携带的信息量比普通无线电波大很多。因此，移动通信、多路通信、图像传输、卫星通信等多使用射频/微波作为传送手段。

# 3.1　传输线理论

传输线是高频/微波电路的基础，也是电磁场的基础，学习传输线理论，可以更好地处理和理解高频电路，以及微波和电磁场理论。传输线是用以引导电磁波的装置，是用来传输电能量和信号，并考虑了寄生参数的传统导线。

## 3.1.1　集总参数元件的射频特性

在射频/微波领域，金属导线、电阻、电容和电感不是单纯的元件，存在着许多寄生参数。

### 3.1.1.1　金属导线

直流信号下，金属导线一般不存在电阻、电感和电容等寄生参数。在低频下，这些寄生参数很小，可以忽略不计。但当工作频率进入射频/微波范围时，金属导线不仅具有自身的电阻、电感或电容，而且还是频率的函数，寄生参数对电路工作有重要影响。

　　假设圆柱状导线的半径为 $a$，长度为 $l$，材料的电导率为 $\sigma$，则其直流电阻可表示为

$$R_{dc} = \frac{l}{\pi a^2 \sigma} \tag{3-1}$$

　　对于直流信号，导线的全部横截面都用来传输电流，电流（I）分布在整个导线横截面上，其电流密度可表示为

$$J_{z0} = \frac{I}{\pi a^2} \tag{3-2}$$

　　然而，对于交流信号，根据法拉第电磁感应定律，交流电流会产生磁场，磁场又会产生电场，进而产生与原始电流方向相反的感生电流。这种效应在导线的中心部位（即 $r=0$ 位置）最强，导致 $r=0$ 附近的电阻显著增加，因而电流趋向于在导线外表面附近流动，这种现象随着频率的升高而加剧，通常称为"趋肤效应"。在频率大于 2500MHz 时，此导线相对于直流状态的电阻和电感可分别表示为

$$\frac{R}{R_{dc}} \approx \frac{a}{2\delta} \tag{3-3}$$

$$\frac{\omega L}{R_{dc}} \approx \frac{a}{2\delta} \tag{3-4}$$

式中，

$$\delta = (\pi f \mu \sigma)^{-\frac{1}{2}} \tag{3-5}$$

　　$\delta$ 定义为"趋肤深度"；$\mu$ 为磁导率。式（3-3）一般在 $\delta \ll a$ 条件下成立。由式（3-5）可知，趋肤深度与频率之间的平方成反比。

　　金属导线具有一定的电感量，这个电感在射频/微波电路中会影响电路的工作性能。电感值与导线的长度、形状、工作频率有关。金属导线可以看作一个电极，它与地线或其他电子元件之间存在一定的电容量，这个电容对射频/微波电路的工作性能也会有较大的影响。

### 3.1.1.2　电阻

　　电阻是在电子线路中最常用的基础元件之一，可以用来提供"分压"或"限流"功能，也可用作直流或射频电路的负载电阻以完成某些特定功能。电阻的应用场合与构成材料、结构尺寸、成本价格、电气性能有关。在射频/微波电子电路中使用最多的是薄膜片电阻，一般使用表面贴装元件（SMD）。单片微波集成电路中使用的电阻有三类：半导体电阻、沉积金属膜电阻以及金属和介质的混合物电阻。

　　物质的电阻大小与物质内部载流子的迁移率有关。从外部看，物质的体电阻与电导率 $\sigma$ 和物质的体积 $L \times W \times H$ 有关，即

$$R = \frac{L}{\sigma WH} \tag{3-6}$$

定义薄片电阻 $R_h = \frac{1}{\sigma H}$，则

$$R = R_h \frac{L}{W} \tag{3-7}$$

当电阻厚度一定时，电阻值与长宽比成正比。

在射频应用中，电阻的等效电路比较复杂，不仅具有阻值，还会有引线电感和线间寄生电容，其性质将不再是纯电阻，而是"阻"与"抗"并存。具体等效电路如图 3-1 所示。图中 $C_a$ 表示电阻引脚的极板间等效电容，$C_b$ 表示引线间电容，$L$ 为引线电感。

对于线绕电阻，其等效电路还要考虑线绕部分造成的电感量和绕线间的电容，引线间电容与内部的绕线电容相比一般较小，计算时可以忽略。

以 $500\Omega$ 金属膜电阻为例（等效电路见图 3-1），设两端的引线长度各为 2.5cm，引线半径为 0.2032mm，材料为铜，已知 $C_a$ 为 5pF，根据式(3-4)计算引线电感，并求出图 3-1 等效电路的总阻抗对频率的变化曲线，如图 3-2 所示。由图 3-2 可看出，在低频下阻抗即等于电阻 $R$。而随着频率的升高，当频率达到 10MHz 以上时，电容 $C_a$ 的影响开始占优，导致总阻抗降低；当频率达到 20GHz 左右时，出现了并联谐振点；高于谐振频率后，引线电感的影响开始显现，阻抗增加并逐渐表现为开路或有限阻抗值。结果说明，看似与频率无关的电阻器，在射频/微波波段不再仅是一个电阻器。在微波集成电路中，为了优化电路结构和某些寄生参数，会对薄膜电阻的形状进行设计。

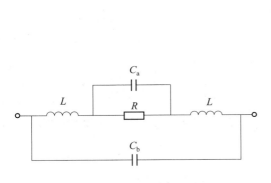

图 3-1　电阻的等效电路

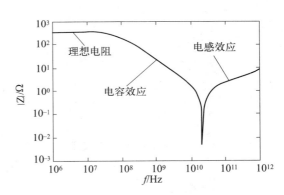

图 3-2　电阻的阻抗绝对值与频率的关系

### 3.1.1.3　电容

在低频下，电容器一般可以看成是平行板结构，其极板的尺寸要远大于极板间距离。电容量定义为

$$C = \varepsilon_0 \varepsilon_r \frac{A}{d} \tag{3-8}$$

式中，$A$ 为极板面积，$d$ 为极板间距离，$\varepsilon_r$ 为极板间填充介质的相对介电常数。

理想状态下，极板间介质中没有电流，但实际的介质并非理想状态，介质内部存在漏导电流，导致漏导损耗。在射频/微波频率下，介质中的极化电荷很难跟上电场的振荡，在时间上有滞后现象，也会引起对能量的损耗，所以电容器的阻抗由电导 $G_e$ 和电纳 $\omega C$ 并联组成，即

$$Z = \frac{1}{G_e + j\omega C} \tag{3-9}$$

其中，电流起因于电导，有

$$G_e = \frac{\sigma_d A}{d} \tag{3-10}$$

式中，$\sigma_d$ 为介质的电导率。

在射频/微波应用中，还要考虑引线电感 $L$、引线导体损耗的串联电阻 $R_s$、以及介质损耗电阻 $R_e$，故射频电容的等效电路如图 3-3 所示。

例如，一个 47pF 的电容器，假设其极板间填充介质为 $Al_2O_3$，损耗角正切为 $10^{-4}$（假定与频率无关），引线长度为 1.25cm，半径为 0.2032mm，可以得到其等效电路的频率响应曲线如图 3-4 所示。其特性在高频段已远偏离理想电容，当损耗角正切为频率的函数时，其特性变异更严重。

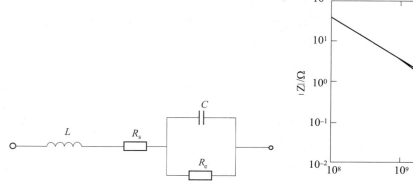

图 3-3　射频电容的等效电路

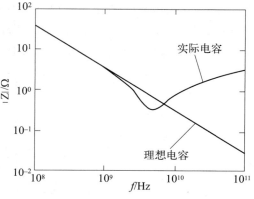

图 3-4　电容器等效电路效率响应曲线

### 3.1.1.4　电感

电感器常采用线圈结构，在高频下也称为高频扼流圈，一般用直导线沿柱状结构缠绕而成。导线缠绕构成电感的主要部分，而导线本身电感可以忽略不计，细长螺线管的电感量为

$$L = \frac{\pi r^2 \mu_0 N^2}{l} \tag{3-11}$$

式中，$r$ 为螺线管半径；$N$ 为圈数；$l$ 为螺线管长度。在考虑了寄生旁路电容 $C_s$ 以及引线导体损耗的串联电阻 $R_s$ 后，电感的等效电路图如图 3-5 所示。

例如，一个 $N = 3.5$ 的铜电感线圈，线圈半径为 1.27mm，线圈长度为 1.27mm，导线半径为 63.5mm。假设它可以看作一细长螺线管，根据式(3-11) 可求出其电感部分为 $L = 61.4nH$。其电容 $C_s$ 可以看作平板电容器产生的电容，极板间距离假设为两圈螺线间距离 $d = l/N = 3.6 \times 10^{-4}$mm，极板面积 $A = 2a \times l_{wire} = 2a \times (2\pi r N)$，$l_{wire}$ 为绕成线圈的导线总长度，根据式(3-8) 可求得 $C_s = 0.087pF$。导线的自身阻抗可由式(3-1) 求得，即 $0.034\Omega$。于是可得对应的阻抗频率特性曲线，如图 3-6 所示。由图看出，这一铜电感线圈高频特性完全不同于理想电感，在谐振点之前其阻抗升高很快，而在谐振点之后，寄

生电容 $C_s$ 的影响逐步处于优势地位而使电感的阻抗逐渐减小。

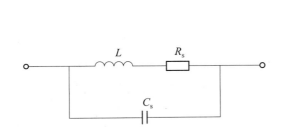

图 3-5　高频电感的等效电路

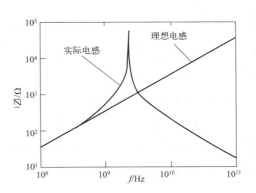

图 3-6　铜电感线圈的阻抗频率特性曲线

## 3.1.2　长线理论

在微波波段，波长很短，传输线的几何长度 $l$ 往往比工作波长 $\lambda$ 还长。通常把 $l/\lambda$ 称为传输线的电长度，把 $l/\lambda \gg 0.1$ 的传输线称为长线。在短线上，任一时刻电压和电流处处相同。而在长线上，任一时刻，各点的电压和电流处处不同，它们不仅是时间的函数，也是位置的函数，求解传输线方程即是求解长线上的电压和电流分布问题。

### 3.1.2.1　电磁波基础

由麦克斯韦方程组可知，时变电场产生磁场，时变磁场产生电场，时变电磁场的能量以电磁波的形式在空间进行传播。无线电波、微波、红外线、可见光、紫外线、X 射线和 $\gamma$ 射线等都是电磁波。天线是发射和接收电磁波的装置。电磁波脱离场源在空间传播称为电磁波的辐射。导波系统是束缚和传导电磁波的装置，也可称为传输线。在导波系统里，电磁波从一处被导行到另一处。导波系统里的电磁场称为导行电磁波。

传输线包括平行双导线、同轴线、带状线和微带线等几种类型。平行双导线在频率升高后，能量会向空间辐射出去，适用于传输频率小于 300MHz 的电磁波。在微波频段，平行双导线不能作为传输线。而同轴线虽然是封闭形式，没有辐射损耗，但随着频率继续升高，同轴线横截面的尺寸必须相应减小才能保证 TEM 波传输，这样会增加导体损耗，降低传输功率容量，因此同轴线也不能传输微波高频段的电磁波，适用于频率小于 3GHz 的电磁波。带状线和微带线中，电磁波在金属板（带）之间的区域传输，有电磁辐射，适用于传输分米波和厘米波。如果把同轴线的内导体去掉，变成空心的金属管，不仅可以减少导体损耗，而且可以提高功率容量，可以传输更高频率的波，适用于传输厘米波和毫米波。介质波导中，电磁波在介质内部和周围传输，有电磁辐射，适用于传输毫米波。

导行电磁波分为横电磁波 TEM 波、横电波 TE 波和横磁波 TM 波三种。对于横电磁波 TEM 波，电力线和磁力线位于导波系统的横截面内，其电场无纵向分量，磁场无纵向分量，即 $E_z = 0$、$H_z = 0$，只能存在于多导体导波系统，如双导线和同轴线；对于横电波 TE 波，电力线位于导波系统的横截面内，磁力线为空间曲线，其电场无纵向分量，磁场有纵向分量，即 $E_z=0$、$H_z\neq0$，可存在于金属波导和介质波导中；对于横磁波 TM 波，磁力线位于导波系统的横截面内，电力线为空间曲线，其电场有纵向分量，磁场无纵向分量，即 $E_z\neq0$、$H_z=0$，可存在于金属波导和介质波导中；$E_z\neq0$、$H_z\neq0$ 的波称为混合波（EH 波或 HE 波）。混合波可视为 TE 波和 TM 波的叠加，存在于开波导或非均匀波导。

### 3.1.2.2 传输线方程及其解

一般来讲，凡是能够引导电磁波沿一定方向传播的导波系统都称为传输线。严格来讲，以 TEM 波方式传输电磁波的导波系统称为传输线。传输线理论是微波电路设计和微波网络理论的基础。

（1）集中参数

低频电路中，一般认为电场能量集中在电容中，磁场能量集中在电感器中，能量消耗都在电阻中，连接各元件的导线是一种理想导线。这些参数元件构成的电路称为集中参数电路。

（2）分布参数

由电磁场理论可知，当高频信号通过传输线时会产生分布参数。导线通过电流时，周围产生高频磁场，因此传输线各点产生串联分布电感；当两导体间加入电压时，导线间会产生高频磁场，因此导线间产生并联分布电容；电导率有限的导线中有电流流过时，由于趋肤效应，电阻增加，从而产生分布电阻；导线间的非理想介质会产生漏电流，产生分布漏电导。这些参数分布在正规传输线上，称为分布参数。在微波波段，分布参数会引起沿线电压、电流的幅度和相位的变化。如果传输线上沿线的分布参数是均匀的，则称为均匀传输线，否则称为非均匀传输线。

（3）传输线方程

尽管集中参数理论不能应用于微波频段的整个传输线，但可以应用于每个微分小线元上。这样，将电路理论中的基尔霍夫定律应用到每个小线元的等效电路中，可得出传输线上任意点电压、电流所服从的微分方程，解其微分方程便可得到长线上任一点的电压和电流的表达式。

传输线的基本方程是一个二元微分方程组，如式(3-12) 和式(3-13) 所示，又称为电报方程。其中 $Z_1$ 为传输线的分布阻抗，$Y_1$ 为传输线的分布导纳。

$$\frac{\mathrm{d}V}{\mathrm{d}z}=Z_1 I \tag{3-12}$$

$$\frac{\mathrm{d}I}{\mathrm{d}z}=Y_1 V \tag{3-13}$$

整理上式可得到波动方程如式(3-14)～式(3-16) 所示。

$$\frac{\mathrm{d}^2 U(z)}{\mathrm{d}z^2}-\gamma^2 U(z)=0 \tag{3-14}$$

$$\frac{\mathrm{d}^2 I(z)}{\mathrm{d}z^2}-\gamma^2 I(z)=0 \tag{3-15}$$

$$\gamma=\sqrt{(R+j\omega L)(G+j\omega C)} \tag{3-16}$$

式中，$\gamma$ 为传输线的传播常数，它是传输线的一个重要参数。

### 3.1.3 传输线的特性参数和状态参数

传输线状况可以由特性参数和状态参数来描述。特性参数用来衡量传输线的传播特性，如特性阻抗、传播常数、相速和波长等；状态参数用来衡量传输线的状态，主要有输入阻抗、反射系数、驻波系数和行波系数等。

（1）特性阻抗

在无界介质中，均匀平面波（TEM 波）的电场与磁场的幅度之比，称为波阻抗或特性阻抗。传输线上的入射波电压和入射波电流之比，称为传输线的特性阻抗 $Z_0$。

$$Z_0=\sqrt{(R+j\omega L)/(G+j\omega C)} \tag{3-17}$$

特性阻抗的单位是 $\Omega$，但不代表损耗，反映的是入射波电压和电流的振幅关系，和传输线所填充的材料、横向几何结构以及横截面内电磁场的分布状态有关，与线的长度无关。特性阻抗是表征传输线本身特性的一个参量。

低耗传输线工作在高频时，$R\ll\omega L$ 和 $G\ll\omega C$，此时 $Z_0\approx\sqrt{L/C}$。双导线的 $Z_0$ 一般在 $250\sim700\Omega$ 之间，同轴线的 $Z_0$ 常为 $50\Omega$ 或 $75\Omega$，个别情况也有 $60\Omega$、$100\Omega$、$150\Omega$ 等。

（2）传播常数

根据传输线方程可得到

$$\gamma=\sqrt{(R+j\omega L)(G+j\omega C)}=\alpha+j\beta$$

其中，$\gamma$ 是传播常数，描述传输线上电压波和电流波的衰减和相位变化的参数；$\alpha$ 是衰减常数；$\beta$ 是相移常数。如果是无耗传输线，此时 $R=0$ 和 $G=0$，因此衰减常数 $\alpha=0$，有

$$\beta=\omega\sqrt{LC} \tag{3-18}$$

$$\gamma=j\omega\sqrt{LC} \tag{3-19}$$

（3）相波长和相速

传输线上的行波，任何瞬间如果沿传播方向上的两点之间的相位差为 $2\pi$，则这两点的距离称为相波长 $\lambda_p$。

$$\lambda_p=2\pi/\beta \tag{3-20}$$

传输线上行波的等相位面移动的速度称为相速 $v_p$。

$$v_p=\omega/\beta=f\lambda \tag{3-21}$$

如果是无耗传输线，有

$$v_p=\frac{1}{\sqrt{LC}} \tag{3-22}$$

（4）输入阻抗

传输线上 $z$ 处的电压 $U(z)$ 和电流 $I(z)$ 之比称为输入阻抗 $Z_{in}$。输入阻抗并不指传

输线输入处的阻抗，输入阻抗相当于从该点向负载看去的阻抗，如图 3-7 所示。传输线上各点的电压和电流是不同的，线上任一点的总电压和总电流之比是由负载和该点 $z$ 到负载的距离所决定的。

图 3-7　传输线的等效阻抗

$$Z_{in}(z) = \frac{U(z)}{I(z)} \tag{3-23}$$

对于无耗传输线

$$Z_{in}(z') = Z_0 \frac{Z_L + jZ_0 \tan(\beta z')}{Z_0 + jZ_L \tan(\beta z')} \tag{3-24}$$

式中，$z'$ 为 $z$ 到负载的距离；$\beta$ 为 $2\pi/\lambda_p$。

（5）反射系数

传输线上 $z'$ 处的反射波电压 $U^-(z')$ 和入射波电压 $U^+(z')$ 之比，或反射波电流 $I^-(z')$ 和入射波电流 $I^+(z')$ 之比的负值，称为反射系数 $\Gamma$。

$$\Gamma(z') = \frac{U^-(z')}{U^+(z')} = -\frac{I^-(z')}{I^+(z')} \tag{3-25}$$

反射系数 $\Gamma$ 与输入阻抗 $Z_{in}$ 的关系为

$$Z_{in}(z') = \frac{U^+(z')(1+\Gamma(z'))}{I^+(z')(1-\Gamma(z'))} = Z_0 \frac{1+\Gamma(z')}{1-\Gamma(z')} \tag{3-26}$$

$$\Gamma(z') = \frac{Z_{in}(z') - Z_0}{Z_{in}(z') + Z_0} \tag{3-27}$$

（6）驻波比

因为反射系数为复数，不便测量。工程上为了测量方便，在无耗传输线上引入驻波系数的概念，电压波的最大振幅 $|U|_{max}$ 与电压波的最小振幅 $|U|_{min}$ 之比称为驻波比（VSWR）。

$$\rho = \frac{|U|_{max}}{|U|_{min}} \tag{3-28}$$

其倒数为行波系数

$$K = \frac{1}{\rho} = \frac{|U|_{min}}{|U|_{max}} \tag{3-29}$$

驻波比是从量的方面反映传输线上反射波情况的一个参量，只反映反射波强弱程度，不反映相位关系。

## 3.1.4　传输线的阻抗匹配

阻抗匹配是使传输线上传输的是行波或尽量接近行波的一种技术措施。阻抗匹配关系到传输线的传输效率、功率容量和工作稳定性。当传输线中传输的波是行波状态时，微波功率传输有以下特点：匹配负载可以吸收最大功率，传输线的效率最高，传输线功率容量最大，微波信号源的工作较稳定。

在选择匹配网络时，尽可能选择满足性能指标的最简单设计（价格便宜、可靠、损耗小)、在较大的带宽内匹配、可实现性高；可调整性强的网络。

传输线的匹配包括两个方面：信号源与传输线之间的匹配，如信号源的共轭匹配和信号源的阻抗匹配；传输线与负载之间的阻抗匹配，如 $\lambda/4$ 阻抗变换器和支节匹配。

当传输线终端为纯电阻 $R_L$，而且负载 $R_L \neq Z_0$ 时，线上传输行驻波，传输线终端为电压波腹点或波节点。如果 $Z_0$ 和 $R_L$ 给

图 3-8　1/4 波长阻抗变换器

定，只要在传输线和负载之间加入一段特性阻抗为 $Z_{01}$［式(3-30)］的 $\lambda/4$ 传输线，则可在中心频率实现阻抗匹配，此传输线称 1/4 波长阻抗变换器，如图 3-8 所示。

$$Z_{01} = \sqrt{Z_0 Z_L} \tag{3-30}$$

# 3.2　信息传输材料

射频/微波是现代信息传输的主要频率，相关的电子元器件包括射频电缆、射频基板、滤波器和谐振器等，涉及的材料包括金属、高分子、陶瓷和单晶材料等。

通常一种电子元器件就可能包含多种材料，如射频同轴电缆由内导体、绝缘介质、外导体（屏蔽层）和护套四部分组成。绝缘介质可能是塑料（如聚乙烯），也可能是无机物（如二氧化硅）。高频覆铜基板由铜箔附着在基板上而形成，基板既可能是高分子（如聚四氟乙烯），也可能是陶瓷（如氧化铝），也可能是陶瓷高分子复合材料。因此，下面对不同材料分别进行介绍。

## 3.2.1　导体材料

### 3.2.1.1　铜线

同轴电缆的内导体通常是由铜或铜合金制成的金属线，负责传输信号，位于电缆的中心位置。其一般选用高电导率金属材料，例如无氧铜、铜包钢、高强度铜合金等。由于铜容易氧化，也可以采用其他包覆铜线，如：镀锡铜线，其具有抗氧化、耐蚀、易焊等特点；镀银铜线，银的电导率比铜要高，可以在高温（200℃）、高频（3GHz 以上）的环境下使用；镀镍铜线，可以在更高的环境温（250℃）下使用。

目前通信电缆的内导体线径有好几种，每种线径的电缆在一定频率时都有一定的衰减值。在低频时，线芯越粗，直流电阻越小，电缆衰减常数也越小。根据通信距离、允许的线路衰减来选择导电线芯的线径。在高频时，由于趋肤效应和邻近效应造成的高频附加电阻将占有效电阻的很大比例，甚至超过一半。当导线直径加粗时，虽然直流电阻下降，但交流附加电阻却相应上升，因此总有效电阻下降不大。高频对称通信电缆中，各国对铜导线的直径都规定不超过 1.2～1.3mm。如市内通信电缆所用的铜导电线芯直径为 0.32～0.80mm，其中以 0.5mm 的导电线芯用得较多；而长途对称通信电缆所采用的铜导电线芯直径则为 0.80～1.20mm，其中以 1.0mm 的用得较多。

镀银铜线是聚四氟乙烯绝缘电缆所采用的内导体。一方面由于银的电阻比铜小，特别是接触电阻小，降低了导体的电阻损耗，使电缆的衰减较小；另一方面，银层作为铜导体的保护层，使四氟乙烯电缆在 350～450℃ 的高温下烧结加工时及电缆使用于 200℃ 时，减少和避免铜导体的氧化变质、防止和隔离氟化氢等有害气体对铜导体的腐蚀，从而使电缆有较好的电气稳定性。镀银工艺主要采用电镀和包覆法。

在微小型电缆和绳管式半空气绝缘电缆中，内导体尺寸较小，一般铜线的机械强度不够，为了提高内导体的机械强度，避免加工和使用中导体断裂和弯曲，采用铜包钢线或高强度铜合金线。铜包钢线既有铜的良好特性，又具有钢的高强度和耐疲劳性。在较高频率下，由于趋肤效应使电流仅流经铜层，只要铜层厚度大于透入深度，则包钢线在电性能上与铜线一样。因此铜包钢线在较高频率下，具有增强力学性能而不降低铜的良好电性能的优点。

### 3.2.1.2　金属管

管状导体是空气和半空气绝缘的低衰减大功率电缆内导体所采用的主要结构形式。由于高频下趋肤效应的作用，高频下电流仅在导体表面极薄一层流通，因此只要管状导体的管壁比电流的穿透深度大 4～5 倍，则管状导体的射频电阻实际上与实心导体完全一样。管状导体与实心导体相比，既节省了有色金属材料（铜、铝），又减轻了内导体的重量，这对内导体尺寸较大的空气和半空气绝缘射频电缆更为有效。虽然管状导体相比同直径的实心导体更容易弯曲，但是其柔软性较差，易变形，加工工艺较复杂。

裸铜管做外导体的线缆，屏蔽衰减性能非常好（可达到 −120dB），是常用的半刚线缆，常用于通信、导航、电子对抗、医疗、仪器仪表的机内连接线。由此材质延伸的还有镀锡铜管（便于焊接）、镀三元合金铜管（抗氧化）。

### 3.2.1.3　编织金属

编织金属层是射频同轴电缆常用的一种外导体层。编织工艺是一种用编织机将金属丝或扁线按一定规律交织覆盖在电缆绝缘表面，成为一个保护层或屏蔽层的工艺。根据编织结构可分为以下几类：

① 单层编织。其屏蔽效果约为 −50dB，常用于 1GHz 以下。常规使用材质有：裸铜线编织；镀锡铜丝编织（镀锡目的是提高强度，避免铜氧化及腐蚀，提高可焊性）；镀银铜线编织（镀银目的防止铜层氧化降低导电性能）。

② 双层编织。其屏蔽效果约为 −85～−75dB。该类线缆屏蔽频率可达 6GHz。该类线缆是目前应用最为广泛的。常规使用材质有：双层镀银铜线编织；镀银铜线+扁线编织（主要是低损线缆）。

③ 双层（铝箔+编织）。其屏蔽效果约为 −85dB。常规使用材质有：铝箔+镀锡铜线编织；铝箔+铝镁线编织（这种组合的外导体线缆成本比较低，如对电气性能指标要求不高，可作为首选）。

④ 双层（缠绕+编织）。内层采用缠绕的镀银铜带，外层屏蔽采用编织，其屏蔽效果可达到 −100dB。很多微波电缆采用这种结构。

⑤ 三层屏蔽。由两层编织中间加一层箔状屏蔽组成，其屏蔽效果约为$-100 \sim -90\mathrm{dB}$，而且中间这层铝带耐高温，用此结构做的线缆如低损耗耐疲劳柔性电缆，其工作温度范围$-55 \sim +225℃$。

航空航天和电动汽车的发展对设备提出了小型化、轻量化的要求，相应的射频同轴电缆也需要减轻重量。因此表面镀金属的高分子材料也成为可选择的编织材料之一，如表面镀银的聚酰亚胺纤维，其兼有金属材料的导电性能和高分子材料密度小的特点。

#### 3.2.1.4 铜箔

铜箔作为一种有效的导体材料，是高频高速覆铜板的核心材料，被广泛应用于微波通信领域，特别是5G通信领域。5G通信技术的特点是大带宽、低时延、高密度，这就要求相关材料具备良好的导电性、散热性和柔性。铜箔同时具备了以上特性，因此成为了5G通信领域的理想材料。

铜箔具有低表面氧特性，可以与不同基材，如金属、绝缘材料等结合，且拥有较宽的温度使用范围，是覆铜板及印制电路板制造的重要材料。在当今电子信息产业高速发展中，电解铜箔被称为电子产品信号与电力传输、沟通的"神经网络"。

目前的铜箔类型有压延铜箔和电解铜箔两类。其中压延铜箔具有较好的延展性等特性，是早期软板制程所用的材料，适合于制造高精密图形。而电解铜箔则是具有制造成本较低的优势。

电解铜箔是含铜离子化学溶液在旋转的钛鼓上沉积形成的。钛鼓与直流电压源相连，其中电源阴极连接到钛鼓上，阳极浸没在铜电解质溶液中。当施加电压时，钛鼓以非常慢的速度旋转，铜溶液里面的铜离子在电流的作用下慢慢地沉积到钛鼓的阴极表面。钛鼓的内侧铜表面较光滑，而另一侧的铜表面相对较粗糙。铜箔的光滑面和粗糙面在经过不同的处理流程后，就可以用于印刷电路板的制作。铜箔经过一定处理后，可以增强铜与介质材料之间的结合力。同时可以减缓铜的氧化来起到抗变色的作用压延铜箔是通过连续冷轧操作制成的。从纯铜坯料开始不断碾轧缩减厚度并延长长度，其表面的光滑程度取决于轧机的状态。

## 3.2.2 高分子材料

在通信电缆中，为了保证电磁波的正常传输，防止电缆内各导电线芯直接的接触，导电线芯之间必须加绝缘介质；绝缘介质还可以使线芯的位置固定，减少回路间的耦合；绝缘材料还要求良好的柔软性和一定的机械强度，同时易于加工；为了使电磁能量（在绝缘介质中）的损耗尽可能小，要求绝缘材料的体积绝缘电阻率高，相对介电常数小，介质损耗角正切小，以及耐电压强度高。由于高分子材料具有上述一系列优点，如绝缘性能优异、对各种溶剂有良好的稳定性、防潮性好、机械强度好并且加工方便（容易挤包、连接等）等，所以高分子材料是通信电缆最理想的绝缘材料，常用的有聚乙烯、聚丙烯及氟塑料等。

覆铜板用基板材料是印刷电路板（PCB）制造的重要材料，随着通信技术不断向着高频波段发展，以酚醛树脂和环氧树脂等高分子材料因其介电性能无法满足信号高速、低损耗传输的需求而面临淘汰。开发高频下具有低介电常数和低介电损耗，同时又具有良好耐热性、耐湿性和尺寸稳定的高分子材料用于制造高频基材，对高频或 5G 通信技术至关重要。目前，聚四氟乙烯、聚酰亚胺和聚苯醚等高分子材料因本征介电常数和介电损耗较低、吸湿率小、耐热性好，在高频基板领域受到广泛关注。

### 3.2.2.1　聚乙烯

聚乙烯（PE）材料环保、成本低，是最常见的射频电缆绝缘和护套材料之一，介电常数 $\varepsilon$ 和介质损耗角正切 $\tan\delta$ 很小，在很宽的频率范围内几乎不变，同时 $\varepsilon$ 和 $\tan\delta$ 随温度的变化也很小，因此是很理想的绝缘材料。聚乙烯作为绝缘材料时，其电绝缘性能好，可以有效防止电线电缆内部的电流泄漏和短路；耐热性好，可承受一定温度范围内的高温；耐老化性能好，使用寿命长；有良好的机械强度和耐磨性，以及抗应力开裂的能力。作为护套材料时，具有抗腐蚀、耐磨性强、重量轻等特点，可有效保护内部的绝缘层不受环境的影响；同时具有一定耐振性，有效减小使用过程中振动带来的损害。

理想情况下，聚乙烯是一种非极性聚合物，其主链为简单的碳氢化合物（$-CH_2CH_2-$）$_n$。它是一种半晶体，熔点约为 130℃。PE 介电损耗的来源是偶极子杂质、端基、链折叠和分支点。这些基团的浓度越低，介电损耗就越低。影响介电损耗的因素有密度、氧化度和吸水量等因素，密度越高（或结晶度越高），损耗越低；加工处理时间越长，氧化加剧，损耗峰增加；吸水率增加，水引起的损耗增加，在应用于海底电缆护套材料时需要重视。由宽频介电测量可知，PE 在大约 $10^9$ Hz 处存在一个小的色散，这是 PE 的固有特性，起因可能是非晶相的局部偶极子运动。随着加工技术和聚合度的改善，PE 可以获得更少的杂质和更低的介电损耗。

### 3.2.2.2　聚丙烯

聚丙烯（PP）是一种微极性半结晶聚合物，熔点为 170℃，其主链可表示为 $\left[-CH_2-\underset{\underset{CH_3}{|}}{\overset{\overset{H}{|}}{C}}-\right]_n$。其在 $10^8\sim10^9$ Hz 时存在较低的介电损耗。为了改善加工特性，以满足挤压成海底电缆电介质的要求，PP 常和 PE 共聚，其介电常数与聚丙烯均聚物几乎相同。

与聚乙烯相比，PP 表面硬度比 PE 高，耐磨性及弯曲变形能力均十分良好，所以 PP 有"低密度高强度塑料"之称。PP 优于 PE 的另一优点是几乎没有环境应力开裂现象，PP 具有极为优良的耐环境应力开裂性。不过由于 PP 本身分子结构规整度很高，使它在室温和低温下的冲击性能很差。PP 是非极性材料，所以有很好的电气绝缘性；它的电绝缘性基本上类似于 LDPE，而且在广阔的频率范围内不发生变化。由于它的密度极低，介电常数比 LDPE 还小（$\varepsilon_r=2.0\sim2.5$），介质损耗角正切为 0.0005～0.001，体积电阻率为 $10^{14}\Omega\cdot m$ 以上，击穿场强也很高，为 30MV/m，再加上吸水性很小，所以 PP 完全可以用作高频绝缘材料。

### 3.2.2.3　聚四氟乙烯

聚四氟乙烯（PTFE）又称塑料王，被广泛用在通信电缆、连接器、印刷电路板及微波滤波器等电子器件中。1938 年被美国杜邦公司发现，1945 年杜邦公司为聚四氟乙烯申请注册商标，实现了 PTFE 工业化。聚四氟乙烯是由四氟乙烯单体经聚合而成的非极性聚合物，其结构如图 3-9 所示。

氟原子在所有元素中电负性最高，原子半径小，C-F 键键能非常大，使 PTFE 具有高度的热稳定性、化学稳定性及抗老化能力，能在 −190～250℃ 的温度下长期工作；PTFE 的分子结构中只含碳和氟两种元素，整体是完全对称而且没有支链和侧基的线型非极性高分子，介电常数与损耗因子在已知高分子材料中最小；分子结构中的 C-F 键键长较短，且晶态时聚四氟乙烯为螺旋形结构，氟原子正好可以把聚四氟乙烯主链覆盖起来，保护碳原子主链不受外界分子的进攻与侵蚀，因而具有较低的表面能与摩擦系数和较高的耐酸碱腐蚀性，几乎能耐其他一切化学药品的腐蚀。但也有一些缺点：力学性能差，抗拉强度低，硬度低无回弹性；线膨胀系数较大，在 25～250℃ 时达 $10～12×10^{-5}/℃$；导热性差，其热导率很低，为 $0.20\text{W}/(\text{m·K})$，易造成热膨胀、热变形和热疲劳等。

当 $f<10^4\text{Hz}$ 时，聚四氟乙烯具有目前聚合物中最低的介电损耗，$\tan\delta<10×10^{-6}$；在 10GHz 的频率下，介电常数为 2.1，而且几乎不随频率和温度变化，介电损耗在 $10^{-4}$ 左右。

#### 3.2.2.4　聚酰亚胺

聚酰亚胺（PI）是分子结构含有酰亚胺基链节的芳杂环高分子化合物，由于分子链中存在活泼的环氧基团，使得 PI 主要分为缩聚型、加成型和热塑型三类，其一般结构如图 3-10 所示。

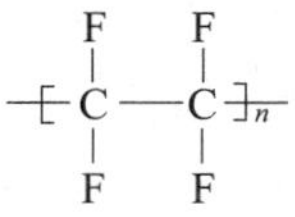

图 3-9　聚四氟乙烯 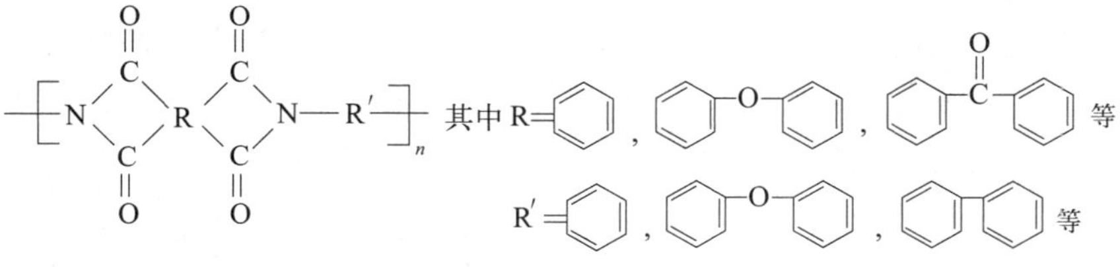　　　　图 3-10　聚酰亚胺分子结构

由于聚酰亚胺分子链中存在多重芳香杂环结构单元，因此聚酰亚胺树脂及其复合材料具有耐高低温、高绝缘性、高阻燃性等特性，通常其玻璃化转变温度在 260℃ 以上，能够满足无铅焊料的焊接温度，适用于温度高的电路，同时还具有优良的力学性能、化学稳定性、耐老化性能、耐辐照性能等优异的综合性能。聚酰亚胺树脂的介电常数和损耗偏高，在 10GHz 下，介电常数为 3～4.0 之间，介电损耗在 0.006～0.008 之间。在实际生产应用中通过在 PI 分子结构中引入含氟基团降低其介电常数和介电损耗。除此之外，聚酰亚胺的线膨胀系数比铜箔大得多，由于两者线膨胀系数的不同使得覆铜板在受热时会产生很大的内应力，导致电路出现翘曲断裂、脱层等质量问题，严重地影响了聚酰亚胺基覆铜板产品性能。因此，需要采用分子链改性、共聚改性、添加填料、交联改性和纳米粒子杂化法等方法来对 PI 树脂进行改性，满足其在覆铜板行业的发展要求。

改进配方的聚酰亚胺称为 MPI，由于本身的化学结构，其具备优异的抗化学性、机械强度与高电阻抗等特性，不仅被大量地应用在微电子工业与航天科技上，更因在平坦化及易加工等特性上较传统的无机材料有优势，而被大量使用在电子元件的封装上，是一种有前途的新型封装材料。由于其是非结晶材料，操作温度宽，在低温压合铜箔时，表面与铜较易结合，价格较低。通过氟化物配方改性后，MPI 天线在 10～15GHz 高频信号下的性能与 LCP（液晶高分子聚合物）天线差不多。

### 3.2.2.5  LCP

LCP 即液晶高分子聚合物（Liquid Crystal Polymer），是一种由刚性分子链构成的，在一定物理条件下能出现既有液体的流动性又有晶体的物理性能各向异性状态（此状态称为液晶态）的高分子物质。与其他有机高分子材料相比，LCP 具有独特的分子结构和热行为，在熔融状态下，LCP 分子排列像棒状一样直。在成型时，剪切应力的作用下，进一步提高了这种排列取向，表现出极好的各向异性。这种取向有序的特殊结构使其具有自增强效果，力学性能优异，强度高，尺寸稳定性、耐化学药品性、加工性等性能良好，且耐热性好，热膨胀系数低。由于分子骨架对称性高，再加上液晶本身结构使主链的运动受限，LCP 在高频段表现出极低的介电常数和介电损耗。在 0～110GHz 范围内，LCP 的介电常数为 2.90～3.16，介质损耗因数为 0.002～0.0045。此外，LCP 薄膜具有低吸湿性，在吸湿状态下对它的介电常数和介质损耗因数的影响甚少。

在通信领域，随着无线网络从 4G 走向 5G，频率不断提升，对各种电子零部件性能及其稳定性提出了更高的要求。LCP 的介电性能突出，介电常数低，介电常数和介电损耗随着频率的变化波动非常小，高频信号传输稳定性优越。LCP 材料凭借优异的性能被广泛应用于高速连接器、5G 基站天线振子、5G 手机天线、高频电路板等方面。

表 3-1 给出了不同材料制作的高频基板的基本性能。不同材料制作的基板性能各有优劣，为适应 5G 甚至 6G 的需求，不同种类材料的各方面指标仍在持续改善中。

表 3-1  五种高频基板的性能比较

| 物性 | 聚四氟乙烯 PTFE | 聚苯醚 PPO | 环氧 FR-4 | 液晶聚合物 LCP | 低温共烧陶瓷 LTCC |
|---|---|---|---|---|---|
| 介电常数 $\varepsilon_r$ | 2.17～3.21 | ～3.38 | 3.9～4.4 | 2.9～3.16 | 5.7～9.1 |
| 介质损耗 $\tan\delta$ | 0.0013～0.009 | 0.001～0.009 | 0.02～0.025 | 0.002～0.0045 | 0.0012～0.0063 |
| 剥离强度 /(N/mm) | 1.04 | 1.05 | 2.09 | — | — |
| 导热性 /(W/m℃) | 0.5 | 0.64 | — | 0.5 | 8 |
| 频率范围 | <40GHz | <12GHz | <10GHz | <110GHz | <20GHz |
| 温度范围/℃ | −55～288 | 0～100 | −50～100 | −50～320 | −50～850 |
| 吸水性 | <0.05 | 0.1 | 2.2 | 0.04 | <0.05 |
| CTE/($10^{-6}$/℃) | 70～90 | 45～50 | 15～20 | 3～17 | 5.9 |
| 价格 | 高 | 中 | 非常低 | 低 | 中 |

#### 3.2.2.6　高分子陶瓷复合材料

用于高速信号传输和器件小型化的微波基板要求材料具有低介电损耗、合理的相对介电常数、优异的机械和热稳定性以及高导热性。陶瓷具有高的相对介电常数和优异的热性能，但其脆性限制了其在微波封装技术中的应用。聚合物具有低介电损耗和低加工温度，在电子封装中具有重要的应用，如聚四氟乙烯（PTFE）、聚乙烯、聚苯乙烯、高密度聚乙烯（HDPE）、聚醚醚酮（PEEK）、聚酰胺、LCP 和环氧树脂等。低损耗聚合物基质中填充陶瓷的复合材料，由于其优异的介电常数、低损耗、柔韧性和低加工温度，为微电子封装提供了一种更高效的微波基板。陶瓷填料的体积分数、尺寸、形状、相间连通性以及介电性能决定了聚合物陶瓷复合材料的整体性能。

用于聚合物陶瓷复合材料的聚合物基体主要有两种：热塑性聚合物和热固性聚合物。与热固性聚合物相比，热塑性聚合物具有更高的化学惰性和环境耐受性。聚四氟乙烯是一种众所周知的热塑性塑料，而聚酰胺是聚合物陶瓷复合材料中常用的热固性材料。

Sebastian 等在聚乙烯聚合物基体中加入介电常数为 $10 \sim 110$ 的陶瓷填料合成了聚乙烯陶瓷复合材料，并观察到介电损耗随陶瓷填料的增加而增加；Subodh 等开发了聚乙烯和环氧基陶瓷复合材料，具有高介电常数和低损耗特点的 $Sr_9Ce_2Ti_{12}O_{36}$ 用作陶瓷填料，制备的聚乙烯陶瓷复合材料（$\varepsilon_r$ 为 12.1 和 $\tan\delta$ 为 0.004）和环氧陶瓷复合材料（$\varepsilon_r$ 为 14.1 和 $\tan\delta$ 为 0.022）具有较高的介电常数和较低的介电损耗；Koulouridis 等将陶瓷粉与硅橡胶（PDMS）混合制备了聚合物陶瓷复合材料。复合材料具有低介电损耗及柔韧性，可以用作天线和滤波器的微波衬底。复合材料提供了更高的自由度来控制材料的电、磁、热和力学性能。

### 3.2.3　微波电介质陶瓷

微波电介质是一类微波频率下低介电损耗的电介质材料，主要应用于制造介质谐振器、集成电路芯片、介质波导等微波器件。

#### 3.2.3.1　微波电介质基础

微波电介质的主要性能参数包括介电常数、品质因数、谐振频率温度系数。下面分别进行介绍。

（1）介电常数

在微波频率下，主要是电子和离子极化机制对偶极矩和介电常数起主导作用。由于电子位移极化在介电常数中所占比例极小，所以起主要作用的是离子极化。由经典介电函数式可知：

$$\varepsilon' = 1 + \varepsilon_\infty + \frac{Nq^2}{m} \times \frac{\omega_0{}^2 - \omega^2}{(\omega_0{}^2 - \omega^2)^2 + \gamma^2\omega^2} \tag{3-31}$$

$$\varepsilon' = \frac{Nq^2}{m} \times \frac{\gamma\omega}{(\omega_0{}^2 - \omega^2)^2 + \gamma^2\omega^2} \tag{3-32}$$

因此，在微波频率下，当 $\varepsilon_r \gg 1$ 且 $\omega \ll \omega_0$ 时，

$$\varepsilon' = \frac{Nq^2}{m\omega_0^2} = 常数 \tag{3-33}$$

$$\varepsilon'' \approx \frac{Nq^2\gamma\omega}{m\omega_0^4} \propto \omega \tag{3-34}$$

$$\tan\delta = \frac{\varepsilon''}{\varepsilon'} \approx \frac{\gamma\omega}{\omega_0^2} \propto \omega \tag{3-35}$$

从元件小型化考虑，材料通常需要高的介电常数，因为微波元件的尺寸与介电常数的平方根成反比。当微波在电介质材料中传播时，其波长与在空气中传播时的波长具有式（3-36）所示关系。

$$\lambda = \lambda_0 / \sqrt{\varepsilon_r} \tag{3-36}$$

当谐振器长度 $L$ 正好等于半波长的整数倍时，在长度方向上发生谐振。谐振器尺寸与介电常数的平方根成反比，即

$$L = \frac{n\lambda}{2} = \frac{n\lambda_0}{2\sqrt{\varepsilon_r}}, n = 1, 2, 3, \cdots \tag{3-37}$$

（2）品质因数

品质因数 $Q$ 是微波系统能量损耗的一个度量标准。微波谐振器的损耗是由介质损耗、导体损耗、辐射损耗和外部损耗这四个部分组成。$Q_d$ 是介质品质因数，$Q_c$ 是导体品质因数，$Q_r$ 是辐射品质因数。

有载品质因数 $Q_L$ 可以从实验所得的谐振峰（图 3-11）计算，如式（3-38）所示。

$$Q_L = \frac{f_0}{\Delta f(半高宽)} \tag{3-38}$$

根据经典介电函数式又可知，介电常数的虚部与频率成正比，因此离子极化为主的电介质其品质因数与频率的乘积 $Q \times f$ 常为常数，记为 $Qf$ 值，单位为 GHz。

（3）谐振频率温度系数

谐振频率温度系数是表征谐振器热稳定的参数，意味着随着温度改变，谐振频率的偏移量。在最简单的基本模式中，驻波波长近似等于谐振器的直径（$\lambda_d = D$），所以标准波的频率为

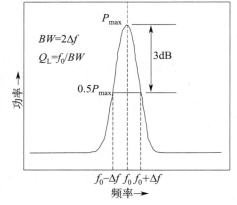

图 3-11  谐振峰及相关参数

$$f_0 = \frac{c}{\lambda_0} = \frac{c}{\lambda_d \varepsilon_r^{\frac{1}{2}}} \approx \frac{c}{D\varepsilon_r^{\frac{1}{2}}} \tag{3-39}$$

式（3-39）对温度微分可得到

$$\frac{1}{f_0}\frac{\partial f_0}{\partial T} = -\frac{1}{D}\frac{\partial D}{\partial T} - \frac{1}{2}\frac{1}{\varepsilon_r}\frac{\partial \varepsilon_r}{\partial T} \tag{3-40}$$

这里几个微分项分别是谐振频率温度系数、线膨胀系数、介电常数温度系数。因此公

式（3-40）又可以简单写为

$$\tau_f = -(\alpha + \frac{\tau_{\varepsilon_r}}{2}) \tag{3-41}$$

对于温度稳定的电子器件，比如蜂窝电话，需要微波谐振器的温度系数尽可能接近 0。微波电路中通常有一些比较低的 $\tau_f$ 值，所以谐振器有时需要去补偿这些内在的偏移值，所以谐振器的 $\tau_f$ 值通常非 0，但非常小。

#### 3.2.3.2　微波介质陶瓷材料的分类

1939 年，Richtmyer 在理论上证明了介质陶瓷材料可以在微波电路中用作介质谐振器。随后美国最先研制出实用化的 K38 微波介质陶瓷材料，之后日本、法国、德国等国家相继开始了微波介质陶瓷材料的研究。

1960 年前后，哥伦比亚大学的 Okaya 和 Barash 等科研工作者基于对单晶 $TiO_2$ 谐振现象的分析，设计了介质谐振器模型。Hakki 和 Coleman 等提出了 Hakki-Coleman 谐振腔法来测量材料的品质因数。1968 年，Cohn 等用金红石型 $TiO_2$ 制作了微波介质谐振器，其介电常数约为 100，$Q \times f$ 约为 43800GHz，谐振频率温度系数约为 $+450 \times 10^{-6}/℃$。

1971 年 Masse 等研制出了介电常数为 38 的 $BaTi_4O_9$ 微波介质陶瓷材料。1975 年美国贝尔实验室报道了性能更优的 $Ba_2Ti_9O_{20}$ 材料。1981 年 Plourde 等报道了 $Ba_2Ti_9O_{20}$ 的微波介电性能，$Q \times f$ 为 32000～40000GHz，介电常数为 40，谐振频率温度系数为 $+2 \times 10^{-6}/℃$。

随着通信业务的不断发展，各国均加大对微波介质陶瓷的研发，如日本的京瓷、村田、美国的杜邦、德国的赛琅泰克及中国的国瓷材料等公司。随着 5G 的推进，现有的陶瓷材料逐渐无法满足通信行业的细分领域对材料的要求，开发新的系列化微波陶瓷材料势在必行。下面根据陶瓷材料的介电常数和介电损耗分类，分别进行介绍。

（1）氧化铝与铝酸盐

氧化铝陶瓷由于介电常数低、品质因数高，常用于封装及基板材料，其热导率高，热稳定性好，强度及化学稳定性高，可应用于各类厚膜电路、薄膜电路、混合电路、微波组件模块等。$Al_2O_3$ 陶瓷的主晶相是 $\alpha$-$Al_2O_3$，刚玉型结构，$O^{2-}$ 按照畸变的六方紧密堆积，$Al^{3+}$ 填充在 2/3 的八面体空隙中。氧化铝单晶具有非常高的品质因数，如 $\varepsilon_{r\perp} = 9.935$，$Q \times f_\perp = 1170000GHz$，$\tau_{\varepsilon\perp} = 85 \times 10^{-6}/℃$；$\varepsilon_{r//} = 11.59$，$Q \times f_{//} = 1890000GHz$，$\tau_{\varepsilon//} = 121 \times 10^{-6}/℃$，其中"$\perp$"和"$//$"分别表示垂直和平行于 $c$ 轴方向。由于外部缺陷的存在，氧化铝陶瓷比单晶的品质因数更低，其中杂质和微结构都对品质因数有重要的影响。接近理论密度的高纯氧化铝陶瓷可以获得 $Al_2O_3$ 介电常数 $\varepsilon_r = 10$，品质因数 $Q \times f = 333000GHz$。掺入少量氧化钛对氧化铝陶瓷的微结构有所改善，可以获得品质因数 453000GHz。进一步改善微结构，可以将晶界的影响降到最低，品质因数高达 1190000GHz，接近单晶和理论值。氧化铝陶瓷具有较大的负谐振频率温度系数（$-60 \times 10^{-6}/℃$），掺入 $TiO_2$ 可以调节其谐振频率温度系数接近零，如 0.9$Al_2O_3$-0.1$TiO_2$ 陶瓷，其微波介电性能为：$\varepsilon_r = 12.4$，$Q \times f = 148000GHz$，$\tau_f = +1.5 \times 10^{-6}/℃$。氧化铝陶瓷的另一个缺点是烧结温度过高，常用的降低烧结温度的方法有降低粉体粒度、添加烧结助剂和采用特殊的烧结工艺。烧结助剂常引入低熔点化合物或玻璃相，当烧结温度降低至银熔点以下时，可作为低温共烧陶瓷（LTCC）应用。

铝酸盐由于介电常数低、品质因数高也备受关注，主要研究方向是尖晶石类三价铝酸盐体系如 $ZnAl_2O_4$、$NiAl_2O_4$、$MgAl_2O_4$、$CoAl_2O_4$ 等，其晶胞结构基本单元由 $AlO_6$ 八面体组成，铝离子占据三次轴上的成对八面体中，且互相排斥，难以移动，因此介电常数较低。纯相 $ZnAl_2O_4$ 和 $MgAl_2O_4$ 的性能分别为 $\varepsilon_r=8.5$，$Q_u\times f=56300GHz$，$t_f=-79\times10^{-6}/℃$；$\varepsilon_r=8.8$，$Q_u\times f=68900GHz$，$t_f=-75\times10^{-6}/℃$。通过掺入 $TiO_2$ 温度系数调节剂，可以获得近零温度系数的陶瓷，如 $0.83ZnAl_2O_4\text{-}0.17TiO_2$ 和 $0.75MgAl_2O_4\text{-}0.25TiO_2$ 温度系数分别为 $\tau_f=-1.5\times10^{-6}/℃$，$\tau_f=-12\times10^{-6}/℃$。与 $Al_2O_3$ 相比，$ZnAl_2O_4$ 和 $MgAl_2O_4$ 也具有更高的热导率和更小的线膨胀系数，具有广泛的应用前景。

（2）氧化硅与硅酸盐

二氧化硅具有稳定的硅氧四面体结构，是自然界中介电常数最低的陶瓷材料。常见的二氧化硅材料，如熔融石英、方石英、石英单晶等，均具有良好的微波介电性能。石英单晶具有非常高的品质因数：$\varepsilon_{r\perp}=4.443$，$Q\times f_\perp=1400000GHz$，$\tau_{\varepsilon\perp}=9\times10^{-6}/℃$；$\varepsilon_{r//}=4.644$，$Q\times f_{//}=2100000GHz$，$\tau_{\varepsilon//}=28.7\times10^{-6}/℃$。$SiO_2$ 在常压下有七个变体和一个非晶变体：$\alpha$-石英，$\beta$-石英，$\alpha$-鳞石英，$\beta$-鳞石英，$\gamma$-鳞石英，$\alpha$-方石英，$\beta$-方石英，石英玻璃。$SiO_2$ 陶瓷在制备过程中会发生许多复杂相变，因此制备高性能 $SiO_2$ 微波陶瓷比较困难。通过优化制备工艺可以获得良好性能的氧化硅材料，如：方石英陶瓷 $\varepsilon_r=3.81$，$Q\times f=80400GHz$，$\tau_f=-16.1\times10^{-6}/℃$；非晶 $SiO_2$ 块体 $\varepsilon_r=3.72$，$Q\times f=44300GHz$，$\tau_f=-14.4\times10^{-6}/℃$。

硅酸盐系微波陶瓷体系主要包括 $CaSiO_3$、$MgSiO_3$、$Mg_2SiO_4$、$Zn_2SiO_4$ 等。$Mg_2SiO_4$ 和 $Zn_2SiO_4$ 是日趋重要的低介电常数微波介质陶瓷之一。$Mg_2SiO_4$ 具有镁橄榄石结构，属正交晶系，是由 $SiO_4$ 四面体和 $MgO_6$ 八面体通过共顶或共棱形式构架而成的，是 $SiO_4$ 四面体不互相连接的岛状硅酸盐化合物。$Mg_2SiO_4$ 中聚负离子 $SiO_4^{4-}$ 硅氧四面体中的一半的化学键为强 Si-O 键结合力的共价键，因此理论上镁橄榄石 $Mg_2SiO_4$ 微波介质陶瓷具有低的介电常数。$Mg_2SiO_4$ 陶瓷的微波介电性能为 $\varepsilon_r=6.8$，$Q\times f=240000GHz$，但其谐振频率温度系数为较大的负值 $\tau_f=-70\times10^{-6}/℃$，且烧结温度高达 1400°C，易生成 $MgSiO_3$ 第二相。$TiO_2$ 掺入 $Mg_2SiO_4$ 调节温度系数时，$TiO_2$ 与 $Mg_2SiO_4$ 发生反应生成了 $MgTi_2O_5$ 第二相，从而影响体系的温度稳定性。$Zn_2SiO_4$ 具有硅锌矿结构，其晶胞结构基本单元也由 $SiO_4$ 四面体组成。硅酸盐系陶瓷的介电常数较低，主要是因为 $Zn_2SiO_4$ 中有 45% 的离子键和 55% 的共价键，$SiO_4$ 四面体限制了其他离子的移动，离子极化率降低。$Zn_2SiO_4$ 陶瓷微波介电性能为 $\varepsilon_r=6.6$，$Q\times f=219000GHz$，$\tau_f=-61\times10^{-6}/℃$，其介电常数和品质因数性能优异，但谐振频率温度系数较大。掺入 11%（质量）的 $TiO_2$ 后并于 1250°C 烧结将 $\tau_f$ 调至约 $1\times10^{-6}/℃$，同时 $\varepsilon_r=9.3$，$Q\times f=113000GHz$。

（3）锆酸钙

$CaZrO_3$ 具有钙钛矿结构，正交晶系，Pbnm 点群，钙离子位于六面体的顶角位置，锆离子位于中心位置，氧离子位于面心位置。锆酸钙具有中等的介电常数（35），微波下具有较高的品质因数（26400GHz），因此可用于微波谐振器和电容器等。特别是，锆酸钙不含可变价离子，改性后可在还原性气氛下烧结，可与贱金属内电极（如镍或铜等）进行共烧，广泛应用于Ⅰ类多层陶瓷电容器，应用频率范围为低频到微波。

电容器应用时，需要电介质具有比较高的绝缘电阻和耐击穿场强。影响电介质离子电导率的因素有平均键能、正离子的热振动能、负离子之间的跳跃距离和极化率等。控制离子电导率的是正离子在晶格之间扩散时的可移动能力，而控制电子电导率的是绝缘体的电子带隙。平均键能为金属与氧之间的键断裂时需要的能量，此时晶格容易形成空位，其对离子电导率有重要影响。$CaTiO_3$ 和 $CaZrO_3$ 的平均键能分别为 311.1kJ/mol 和 358.3kJ/mol，因此 $CaZrO_3$ 比 $CaTiO_3$ 具有更少的氧空位。正离子的热振动强度与正离子分子质量的平方根成正比，Zr 离子和 Ti 离子的热振动能分别是 $1.2×10^{-4}(g/mol)^{-2}$ 和 $4.3×10^{-4}(g/mol)^{-2}$。锆质量接近钛的两倍，富锆的组分往往比富钛的组分具有更低的离子电导率。在 $CaTiO_3$ 和 $CaZrO_3$ 中，从晶格参数计算出来的氧与氧之间的距离分别是 4.68 和 4.91Å。所以 $CaZrO_3$ 中的氧离子扩散系数比在 $CaTiO_3$ 中的更低。材料中的离子极化率也对离子电导率有贡献。总之，锆酸钙具有较低的离子电导率。

锆酸钙具有负的谐振频率温度系数（$\tau_f=-27×10^{-6}/℃$），为获得近零谐振频率温度系数的材料，可以在 B 位引入少量的钛离子。为了进一步调整介电性能，在 Ca(Zr,Ti)$O_3$ 体系中，还常常在 A 位引入 Sr 离子，如 $Ca_{0.55}Sr_{0.45}Zr_{0.96}Ti_{0.047}$，$\varepsilon_r=35.5$，$Q×f≈13629GHz$，$\tau_f≈-6.6×10^{-6}/℃$；$Sr_{0.2}Ca_{0.8}Zr_{0.96}Ti_{0.04}O_3$，$\varepsilon_r=34$，$Q×f=10938GHz$，$\tau_\varepsilon=-15×10^{-6}/℃$，$\tau_f$ 接近零。由于引入的钛离子会在还原气氛下烧结时被还原，同时锆酸钙陶瓷的烧结温度很高，因此为了可以与贱金属内电极进行共烧，还需要引入抗还原剂（如 $MnO_2$）及低温助烧剂（如 $Li_2CO_3$）等。

（4）钛酸钕钡

$Ba_{6-3x}Ln_{8+2x}Ti_{18}O_{54}$ 固溶体是一种新型的钨青铜结构，具有高介电常数（80～100）和高的品质因数（10000GHz）。1968 年，Bolton 等研究了 $BaO-Nd_2O_3-TiO_2$ 体系，发现了氧化物化学配比分别接近 1∶1∶3($BaNd_2Ti_3O_{10}$) 和 1∶1∶5($BaNd_2Ti_5O_{14}$) 的 2 个三元化合物。Kolar 等深入研究了摩尔比为 1∶1∶5 的陶瓷，发现容易获得致密微结构的陶瓷，并在 1MHz 下具有高介电常数和较小温度系数。随后 Jaakola 等在 $Nd_2O_3$ 掺杂 $Ba_2Ti_9O_9$ 中却没有发现 $BaNd_2Ti_5O_{14}$ 相，更适合的相是 $Ba_{3.75}Nd_{9.5}Ti_{18}O_{54}$。然后 Takahashi 等通过各种分析手段确认了 1∶1∶4($BaNd_2Ti_4O_{12}$) 等各种镧系元素的单相化合物，科学工作者最终认识到了 $Ba_{6-3x}Ln_{8+2x}Ti_{18}O_{54}$ 固溶体的存在。

$Ba_{6-3x}Ln_{8+2x}Ti_{18}O_{54}$ 固溶体中，不同镧系元素的固溶范围存在较大差异。当 Ln=La 时，固溶范围为 $0.03≤x≤0.77$；当 Ln=Pr 时，$0≤x≤0.75$；当 Ln=Sm 时，$0.3≤x≤0.7$；当 Ln=Eu 时，$0.4≤x≤0.5$；当 Ln=Gd 时，只有 $x=0.5$ 成分点形成单相。总的趋势是：随着稀土元素的离子半径减少，固溶范围减小。

典型的钨青铜结构由氧八面体按复杂的方式共顶点连接而成，基本结构由三种不同正离子位置组成：10 个 $A_1$ 菱形位置（$2\times2$ 钙钛矿单元里），4 个 $A_2$ 五边形和 4 个三角形位置。五边形和三角形位置在 4 个晶胞的钙钛矿单元之间。氧八面体的延 $c$ 轴方向倾斜导致形成超晶格。晶体结构的空间群用 Pbam(No.55) 和 Pbnm(No.62) 来表示。通常较大的正离子主要分布在五边形和菱形位置。

Ohsato 对 $Ba_{6-3x}Ln_{8+2x}Ti_{18}O_{54}$ 中正离子有序分布提出以下结构模型：

$[Ln_{8+2x}Ba_{2-3x}V_x]_{A_1}[Ba_4]_{A_2}Ti_{18}O_{54}\,(0\leqslant x\leqslant 2/3)$；

$[Ln_{9+1/3+2(x-2/3)}V_{2/3-2(x-2/3)}]_{A_1}[Ba_{4-3(x-2/3)}V_{3(x-2/3)}]_{A_2}Ti_{18}O_{54}\,(2/3\leqslant x\leqslant 1)$。

结构的内应力来自正离子在 $A_1$ 和 $A_2$ 位置的分布。当 $x=2/3$ 时，$A_1$ 和 $A_2$ 位置分别被相同离子占据时，内应力最小，$Qf$ 值最大。当 $x>2/3$ 时，$A_2$ 位置空位的引入导致结构不稳定。材料的 $Qf$ 值同时受稀土元素离子半径大小影响，当同为 $x=2/3$ 处，Ba 离子与 Rn 离子半径相差越大，内应力越小，品质因数越高。$Ba_{6-3x}Ln_{8+2x}Ti_{18}O_{54}$ 中，当 $x$ 增加时，2 个 Ln 置换 3 个 Ba，整个分子极化率随 $x$ 的增加而减少，导致最终介电常数降低。同样，随着原子序数的增加，Ln 元素离子极化率降低，导致介电常数降低。谐振频率温度系数近 0 的陶瓷可以通过不同的正负温度系数材料复合获得，具体方法之一是不同稀土元素之间互相置换。

（5）钡基复合钙钛矿材料

钡基复合钙钛矿材料中 B 位离子容易高度有序，从而可获得比简单钙钛矿更高的品质因数，因此可以用于毫米波频率场景，以及手机移动基站中。其中，品质因数最高的材料是 $Ba(Mg_{1/3}Ta_{2/3})O_3$。

复合钙钛矿材料的品质因数和 B 位离子的有序度密切相关，长时间的热处理可以提高 B 位金属离子在晶格上的有序度，从而得到更高的 $Q$ 值。纯 $Ba(Zn_{1/3}Ta_{2/3})O_3$ 材料如果要得到非常高的 $Q$ 值，需要在 1400℃ 处理 100h，不能满足商业应用的实际需求。Davie 等发现，在 $(1-x)Ba(Zn_{1/3}Ta_{2/3})O_3$-$xBaZrO_3$ 固溶体中，当 $x<0.05$ 时，为获得高 $Q$ 值而需要的热处理时间缩短了 10 倍。而通常认为将第三金属元素加入 B 位，会增加子晶格的无序（这个无序可以通过观察 X 射线衍射中小超晶格峰来判断），而相应的 $Q$ 值会减少而不是增加。而 Zr 加入的 $Ba(Zn_{1/3}Ta_{2/3})O_3$ 中，最终只需热处理 10h 就能得到高 $Q$ 值，这涉及复杂的局部原子有序。

$Ba(Zn_{1/3}Ta_{2/3})O_3$ 的晶体结构是两种过渡金属离子在氧八面体中心位置有序排列的钙钛矿结构。在立方钙钛矿结构中，当无序向有序转变时，沿 111 方向的 1:2 有序和氧离子的微小位移，使得晶体呈三方性对称性。8 个等效的 111 方向可以成为三次轴。在 $Ba(Zn_{1/3}Ta_{2/3})O_3$ 晶体中，会出现 8 个取向的孪晶畴。通常这种畴可以通过电子显微镜来观测，在良好有序的纯 $Ba(Zn_{1/3}Ta_{2/3})O_3$ 中通常为 2000Å，这些畴由畴界分开。有序化的过程就是有序畴在无序排列的区域生长的过程。在低浓度如 1%～3% 的 Zr 掺杂的 $Ba(Zn_{1/3}Ta_{2/3})O_3$ 中，畴尺寸大幅度减小，只有 25～50Å，但仍可以被观察到。传统的 X 射线衍射分析可能会错误推断出无序的结论，原因是有序畴尺寸的减小导致超晶格峰变弱或者宽化。从热力学来看，小尺寸的有序畴形成的时间将小于没有掺杂的材料的大尺寸有序畴的时间，这可以解释 Zr 掺杂热处理时间更短但 $Q$ 值却很高的现象。然而有序畴的减小会同时导致畴界的增多，而畴界将带来额外的介电损耗。据推断，掺入的 Zr 隔离在畴界起稳定作用，抑制了谐振损耗。

### 3.2.3.3　低温共烧陶瓷技术

随着电子信息技术的迅速发展，5G 逐渐商用化，电动汽车高速发展，电子整机对元器件提出了小型化、集成化、模块化、高性能和高可靠等更高的要求。低温共烧陶瓷（Low Temperature Co-fired Ceramic，LTCC）技术以其优异的电子、机械和热学特性，成为未来电子元件集成化、模块化的首选，其被广泛应用于基板、封装及微波器件等领域。低温共烧陶瓷技术就是将低温烧结陶瓷粉制成生瓷带，在生瓷带上利用激光打孔、微孔注浆、浆料印刷等工艺制出所需要的电路图形，并将多个无源元件埋入其中，然后叠压在一起，在约 900℃ 烧结，制成三维电路网络的无源集成组件，也可制成内置无源元件的三维电路基板，在其表面可以贴装 IC 和有源器件，制成无源/有源集成的功能模块。其具有的优点有高频高速传输且通带宽、良好的兼容性、可靠性高、寿命长、节能、节材、绿色、环保、高集成、高组装密度等。

低温共烧陶瓷技术是在厚膜混合集成电路、高温共烧陶瓷等技术的基础上而发展起来的。厚膜混合集成电路是运用印刷技术在陶瓷基片上印制图形并经高温烧结形成无源网络。厚膜混合电路在一些方面具有薄膜电路不可替代的优势，如无源元件的参数范围宽、精度高、性能稳定可靠、高频性能好，特别是在高压、大电流和大功率场景中具有良好效果。

多层陶瓷基板技术源于 20 世纪 50 年代末期，由美国无线电（RCA）公司开发，基本工艺（如流延法的生片制作、过孔和叠层等）现在仍在使用。之后，IBM 公司在此技术领域处于领先地位。高温共烧陶瓷采用的导体一般为钨、钼、镍和锰等，它们的电阻率相对较大。为了提高计算机速度，需要提高多层陶瓷基板的配线密度，需要使用精细导线，这导致线路电阻增大、信号衰减严重，因此需要采用低电阻导体材料如金、银和铜等代替钨、钼等，因为低电阻导体金、银、铜的熔点相对较低，因此低温共烧陶瓷技术LTCC 应运而生。低温共烧陶瓷技术的倒装芯片工艺中，如果基板的热膨胀与硅器件的热膨胀不接近，会导致互连线的不良连接，因此需要低热膨胀陶瓷绝缘材料；为了实现信号的高速传输，还必须保证陶瓷有低的介电常数。

LTCC 技术最早于 1982 年由美国休斯公司开发，最初主要应用于军事电子领域，随后受到汽车电子和通信等行业的推动，成本降低，逐渐向民用方向发展。20 世纪 90 年代初期，许多日本和美国的电子厂商和陶瓷厂商开发了各种低温共烧多层基板，其中富士通和 IBM 共烧用铜布线材料和低介电常数陶瓷制造的多层基板首先成功地进入商业应用。20 世纪 90 年代后半期，移动通信设备中的电子器件、模块等的主要应用已转向高频无线通信。就高频通信应用而言，陶瓷的低传输损耗是其主要特点，目前陶瓷是已知的毫米波下介电损耗最低的材料。目前世界上 LTCC 市场占有率较高的厂商主要有日本的 Murata（村田）、Kyocera（京瓷）、TDK、Taiyo Yuden（太阳诱电），美国的 CTS 以及德国的 Epcos 等。

目前开发的 LTCC 基板材料常见的有三类：

① 陶瓷加玻璃体系。这种材料是目前最常用的基板材料体系，是将低软化点玻璃掺入到陶瓷相中。其烧结致密化包括液相烧结的三个阶段：颗粒重排、溶解沉淀和固相烧结。根据添加的玻璃的种类和数量，以及玻璃相和陶瓷粉的反应程度，烧结机制可分为非反应（如硼硅酸盐玻璃 BSG＋堇青石）、部分反应（如 BSG＋氧化铝）和反应（如 BSG＋高硅玻璃＋陶瓷）液相烧结三种。

商业 LTCC 常采用低介电常数玻璃加陶瓷作为原料，结晶相通常为多相存在，并且其中任何一相都不应与电极发生反应。BSG 玻璃常用来形成玻璃的网状结构。例如，$SiO_2$ 具有高熔点和高黏度。因此 $SiO_2$ 含量大时，玻璃的转变温度高，热膨胀小，化学稳定性好。因此，在石英（$SiO_2$）玻璃中加入了 $B_2O_3$ 降低黏度。添加的玻璃的体积分数决定了烧结特性，陶瓷晶相决定了电性能，也增加了烧结过程中的黏度，从而形变最小，同时机械强度提高。最终的玻璃陶瓷的性能是由玻璃与陶瓷的比例和组分的个别性能决定的。最后设计出来的性能与标准氧化铝陶瓷的热膨胀系数（CTE）相匹配，并具有 6～9 的相对介电常数。玻璃陶瓷法具有简单、易于控制致密化等优点，得到了广泛的应用。采用这种方法的典型系统包括富士通的 BSG-氧化铝和杜邦的铅 BSG-氧化铝。

使用玻璃或添加烧结助剂是开发 LTCC 体系的有效方法，助烧剂的效果取决于几个因素，如烧结温度、黏度、溶解度和玻璃润湿性。液相烧结的要求是液相能润湿陶瓷颗粒。一般来说，助烧剂与陶瓷之间的化学反应可以提供最佳的润湿条件。然而，化学反应又导致第二相的形成。由于第二相的形成，电介质陶瓷烧结温度的降低通常伴随着介电性能的突然退化。少数情况下，烧结温度降低而不降低介电性能，可能原因是陶瓷密度的提高或氧空位的消除。最后，必须仔细控制 LTCC 技术中的不稳定因素——玻璃制备工艺。玻璃制备过程，首先是将原材料混合以获得所选的玻璃成分，然后在 900～1500℃之间熔化混合物、淬火和粉碎。这一高温步骤涉及 $Bi_2O_3$、$B_2O_3$ 和 PbO 等成分的挥发，这可能导致最终组成的不良变化。

② 微晶玻璃体系，该材料体系是通过纯玻璃结晶获得的。材料最终的性能可以通过结晶程度来控制，结晶度可以通过引入少量的晶相作为成核剂来提高。在加热过程中，玻璃相先致密化，然后结晶获得低介电损耗的晶相。气孔率和结晶度对陶瓷的力学性能、介电性能都有重要影响。典型的材料是 Ferro 公司的 A6M($CaO$-$SiO_2$-$B_2O_3$ 玻璃），其在煅烧过程中结晶获得硅灰石相（$CaSiO_3$），剩余为硼硅酸盐玻璃相，介电常数为 5.9，3GHz 下 Q 值 500，这类瓷带适用于 20～30GHz、需要低损耗材料的军事和航空领域。

③ 低熔点单相陶瓷体系。此类陶瓷熔点低，不需添加烧结助剂就能在低温度下烧结成瓷。一些固有烧结温度极低且兼具高性能的微波介质陶瓷体系受到研究者们的广泛关注。这类材料主要是含有硼、锂、钒等低熔点氧化物的陶瓷。这类材料的烧结温度（$T_s$）普遍偏低，很多体系都低于 950℃，为低温共烧陶瓷提供了新材料体系的可能。如 $Ba_2V_2O_7$（$T_s$＝950℃，$\varepsilon_r$＝7，$Q \times f$＝19000GHz，$\tau_f$＝$-74 \times 10^{-6}$/℃），$K_{0.9}Ba_{0.1}Ga_{1.1}Ge_{2.9}O_8$（$T_s$＝990℃，$\varepsilon_r$＝4.7，$Q \times f$＝10600GHz，$\tau_f$＝$-18 \times 10^{-6}$/℃），$Li_3AlB_2O_6$（$T_s$＝700℃，$\varepsilon_r$＝4.9，$Q \times f$＝12600GHz，$\tau_f$＝$-201 \times 10^{-6}$/℃）。

#### 3.2.3.4　超低温烧结

高温共烧陶瓷和低温共烧陶瓷是制造用于分立器件、电子封装等的多层陶瓷基片的重要技术。最近，超低温共烧陶瓷技术（ULTCC）的提出引起了人们的广泛关注，其是在低温共烧陶瓷技术基础上发展而来的一种新型陶瓷共烧技术，目的是节能、环境友好、缩短加工时间，并实现与半导体、金属甚至塑料的进一步集成。

超低温共烧陶瓷一般分为两类。

第一类的烧结温度为 $400\sim650℃$，一般采用铝浆作为金属电极，共烧温度一般低于铝的熔点（即 $660℃$ 以下）。这类材料主要是碲酸盐、钼酸盐、钒酸盐、钨酸盐，以及玻璃或玻璃陶瓷复合物。如 $Li_2Mo_4O_{12}$，$T_s=630℃$，$Qf=108000GHz$，$\varepsilon_r=8.8$，$\tau_f=-89\times10^{-6}/℃$；$CaV_2O_6$，$\varepsilon_r=10.2$，$Qf=123000GHz$，$\tau_f=-60\times10^{-6}/℃$；$Zn_2Te_3O_8+30\%$（质量）$TiTe_3O_8$，$T_s=610℃$，$\tau_f=3\times10^{-6}/℃$，$\varepsilon_r=19.8$，$Qf=50000GHz$。

第二类烧结温度低于 $400℃$，它可以与商业化的纳米银电极进行共烧，如 $NaAgMoO_4$ 的烧结温度为 $400℃$，相对介电常数为 $7.9$，$Qf$ 为 $33000GHz$，$\tau_f$ 为 $-120\times10^{-6}/℃$。虽然迄今为止只有极少数成分满足要求，但它们能与半导体器件及塑料基底集成，在将来具有巨大的应用潜力。使用这类材料面临的一个挑战是，它们中的大多数都是基于水溶性钒酸盐和钼酸盐制成，这意味着最终的设备需要适当的封装。在实际应用中，需要采用流延法制备基板，因此还需要开发相应的黏合剂、分散剂和增塑剂。目前 ULTCC 材料的研究和开发仍处于初级阶段。

在不久的将来，新的通信应用如 5G 网络和物联网（IoT）需要使用具有生产可行性的新型介电陶瓷。这意味着低损耗 ULTCC 微波陶瓷将继续成为未来几年的一个活跃的研究领域，未来将显示出它们在提高性能、降低成本和实现小型化方面的重要性。

### 3.2.4　压电单晶和薄膜材料

常用于滤波器的压电材料包括单晶和多晶薄膜。压电单晶中不存在晶界和取向不一致的晶粒，具有强各向异性。同时压电单晶具有多种切向，不同切向的压电单晶具有不同的性质，可满足不同的需要。常用的压电单晶有石英、铌酸锂（$LiNbO_3$，LN）、钽酸锂（$LiTaO_3$，LT）等；压电薄膜材料有氮化铝和氧化锌等。除此之外，四硼酸锂、锗酸镓锶等材料都曾用于制造关键的射频前端器件，但受制于自身机电耦合系数等限制，并未获得广泛关注。

#### 3.2.4.1　铌酸锂和钽酸锂

由于优良的压电效应和光折变效应等优势，铌酸锂、钽酸锂类晶体作为压电衬底而广泛地运用于高频宽带滤波器等电子器件中。在两种晶体中，钽酸锂晶体在制作 3GHz 以下的 SAW 器件中占据优势；铌酸锂类晶体因其较高的热稳定性、优秀的压电性质，在开发大功率大带宽滤波器方面具有大的潜力。

铌酸锂晶体属于三方晶系，具有钛铁矿型结构，是一种畸变钙钛矿结构。铌酸锂晶体结构如图 3-12(a) 所示，是已知居里温度最高（$1210℃$）、室温自发极化最大（$\sim0.70C/$

$m^2$）的铁电晶体。铌酸锂的压电应力常数矩阵为：

$$e = \begin{bmatrix} 0 & 0 & 0 & 0 & 3.696 & -2.534 \\ -2.538 & 2.538 & 0 & 3.695 & 0 & 0 \\ 0.194 & 0.194 & 1.309 & 0 & 0 & 0 \end{bmatrix} \tag{3-42}$$

铌酸锂晶体是典型的各向异性材料，基于铌酸锂的谐振器性能与其切割方向密切相关。铌酸锂（或钽酸锂）晶体作为压电材料必须注明切割方向，不同切割方向的铌酸锂单晶材料压电耦合系数差异较大，比如 128°Y 切铌酸锂晶体的瑞利波模式适于声表面波（SAW）器件应用，X 切铌酸锂晶体具有优异的纵向剪切波模式。

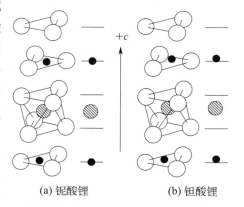

(a) 铌酸锂　　　　(b) 钽酸锂

图 3-12　铌酸锂与钽酸锂晶体的结构

钽酸锂与铌酸锂属于同一个晶系，其点群相同，其晶体结构如图 3-12（b）所示，呈无色或淡黄色，密度为 $7.45g/cm^3$，具有较高的稳定性，居里温度为 603℃，熔点为 1650℃。铌酸锂的每个六角晶胞中包含 6 个 $LiTaO_3$ 分子，表 3-2 为钽酸锂晶体六方晶胞的原子坐标。与铌酸锂相比，钽酸锂晶体的本征缺陷较少。钽酸锂晶体 X 切型的体波声速为 5500m/s，瑞利波声速为 3200m/s，36°Y 切的瑞利波声速为 3100m/s。

表 3-2　钽酸锂六方晶胞的原子坐标

| 原子 | $x$/nm | $y$/nm | $z$/nm |
| --- | --- | --- | --- |
| Ta | 0 | 0 | 0 |
| Li | 0 | 0 | 0.2821 |
| O | 0.0534 | 0.03396 | 0.0695 |

钽酸锂晶体与铌酸锂晶体具有相似的物理特性。与铌酸锂相比，钽酸锂晶体在某些特性方面具有优势。例如，钽酸锂晶体作为压电材料，它的突出优点是频率常数的温度系数很小，是制作宽频带，高稳定性振荡器和滤波器的理想材料。X 切割 112°Y 方向传播方向的钽酸锂单晶有很多优良的特性：延迟时间温度系数低，在 $-20\sim80℃$ 为 $18\times10^{-6}$，远远低于铌酸锂晶体（$76\times10^{-6}$），常用作彩色电视机的中频滤波器（TV-IF 滤波器）；具有良好的热稳定性，不需要进行温度补偿；体波假响应电平可被抑制到 $-40dB$ 以下；可靠性、重复性高，滤波器中心频率的波动小于 $0.1\%$，因而获得恒定的频率特性。

铌酸锂和钽酸锂晶体已在电光调制器、二次谐波发生器、Q 开关、SAW 滤波器及集成光学等方面得到了广泛的应用。通常通过居里温度、双折射梯度以及抗激光损伤阈值等性能的测量来表征铌（钽）酸锂单晶质量的优劣。

### 3.2.4.2　石英

石英晶体俗称水晶，是历史上最早发现的一种压电单晶。法国科学家皮埃尔·居里和雅克·居里两兄弟率先在 1880 年发现石英晶体的压电效应。石英晶体由硅和氧两种元素组成，化学成分是二氧化硅，极难溶于水，密度是 $2.65 \times 10^3 \, \text{kg/m}^3$，莫氏硬度为 7。温度低于 573℃时，石英晶体属于三方相 32 点群，称为 $\alpha$-石英；温度升高到 573～870℃时，石英晶体的晶体结构发生转变，属于六方晶系 622 点群，称为 $\beta$-石英；温度继续升高后，石英晶体失去压电效应。根据光通过后的偏振特性观察到石英具有左旋和右旋两种形态。石英没有铁电性，但是它具有良好的温度稳定性、较强的抗干扰能力，并且机械品质因数 $Q_m$ 高达 $10^5 \sim 10^6$。它的机电耦合系数较小，带宽较窄。由于石英晶体的特性，其可作为频率计数器广泛应用于集成电路、电子元件中。石英晶振片也常用于薄膜生长仪器中膜厚的在线监测。

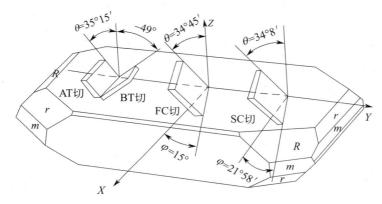

图 3-13　石英晶体的切型

与铌酸锂晶体一样，石英也具有多种切型，每种切型的压电和力学性能不同。在垂直于 $X$ 轴的晶面上具有最明显的压电效应，在 $Y$ 轴方向上发生的机械形变最显著，在 $Z$ 轴方向上不会产生压电效应。因此对于石英晶体来说，$Z$ 轴通常用来作为基准轴。其中，AT、BT、FC、SC 为零温度系数切型，如图 3-13 所示。AT 切型使用最多，其频率温度特性好，$Q$ 值高，它在 $-55 \sim 85$℃ 的宽温度范围内频率变化很小，频率稳定度在 $15 \times 10^{-6} \sim 60 \times 10^{-6}$ 之间。BT 切型的应用也非常广泛，但温度特性较 AT 切型略差。TF 切型被称为音叉晶体，可产生纯净的谐振频率，因而在时钟模块中应用广泛。SC 切型的频率稳定性和抗辐射性好。表 3-3 所示为部分切型的压电性质。

表 3-3　石英主要切型的压电性质

| 切型 | X | Y | AT | AC | BC | ST |
|---|---|---|---|---|---|---|
| 振动模式 | 压缩 | 剪切 | 剪切 | 剪切 | 剪切 | 面剪切 |
| 声速/(m/s) | 5700 | 3850 | 3320 | 3300 | 5000 | 3158 |
| 机电耦合系数 | 0.10 | −0.14 | −0.88 | −0.10 | −0.04 | −0.0011 |

### 3.2.4.3　AlN 和 ZnO 薄膜

许多非对称中心结构的半导体具有压电效应，如 AlN、ZnO、GaN、CdS 等。其中，AlN 用于制备体声波（Bulk Acoustic Wave，BAW）带通滤波器，与主要以铌酸锂、钽酸锂和 ZnO 为压电材料制备的声表面波（SAW）滤波器一起，作为选频滤波器而成为射频前端领域中的核心器件之一。同时，在具有压电效应的半导体中，载流子的输运特性会受到压电效应的影响，从而产生一般半导体不具备的性质，这些性质可用于发展新型半导体电子器件。基于压电效应，发展出了压电电子学（Piezotronics）、压电光电子学（Piezo-phototronics）等新概念。

AlN 是一种Ⅲ-Ⅴ族超宽禁带直接带隙半导体压电材料，禁带宽度 6.2eV。AlN 存在六方纤锌矿（$w$-AlN）和立方闪锌矿（$c$-AlN）两种晶体结构，在通常条件下为 $w$-AlN，其晶体结构如图 3-14 所示，属于六方晶系，点群 6mm，沿 $c$ 轴的压电极化最强。AlN 是声速最大的压电材料，其体波声速达到了 10500～11000m/s，瑞利波声速 5740m/s，相对介电常数为 8.5～9.5，机电耦合系数为 6.5%，熔点高于 2000℃。AlN 晶体的电阻率高、导热性好、硬度高、物化性质稳定。

ZnO 是一种Ⅱ-Ⅵ族宽禁带化合物半导体，禁带宽度为 3.37eV。ZnO 晶体具有六方纤锌矿结构、立方闪锌矿结构和氯化钠式八面体结构三种晶体结构。在室温下，六方纤锌矿结构的热力学性质更稳定，其晶格常数为 $a=b=0.325$nm，$c=0.52$nm。每个 Zn 原子或 O 原子都与其相邻原子组成以其为中心的正四面体结构，ZnO 的六方纤锌矿结构模型如图 3-15 所示。

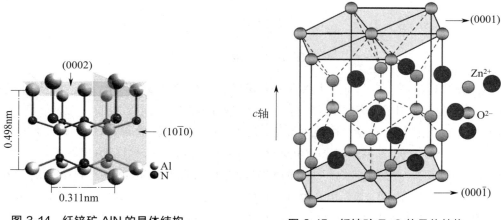

图 3-14　纤锌矿 AlN 的晶体结构　　　　图 3-15　纤锌矿 ZnO 的晶体结构

ZnO 具有制备工艺简单、成本低廉、无毒等优点，具有优异的光学和电学性能，在紫外发光二极管、激光器、太阳能电池和压电材料等方面有重要的应用前景。如：掺 Al、In 的 ZnO 薄膜导电性好，透过率高，可以用于平板显示器和太阳能电池的透明电极；$c$ 轴取向的 ZnO 薄膜具有优异的压电性能，压电耦合系数大，体波声速为 6350m/s，瑞利波声速 3000m/s，因此可以用来制备低损耗的 SAW 滤波器。相较于在单晶衬底上制备的 SAW 器件，在 ZnO 压电薄膜上制备的 SAW 器件具有低功率损耗、低生产成本的特点，且制作工艺能很好地与集成电路工艺相容，从而实现器件的微型化。

### 3.2.4.4　其他压电单晶和薄膜材料

除了以上几种材料外，还有很多种压电单晶和薄膜材料被用于滤波器的制备。

硅酸镓镧（La$_3$Ga$_5$SiO$_{14}$，LGS）晶体属于三方相 32 点群晶体结构。LGS 的压电矩阵中，$e_{11}$ 为 $-0.43$C/m$^2$，$e_{14}$ 为 $-0.148$C/m$^2$。LGS 的某些切型不仅具有零温度系数，而且机电耦合系数为可以达到石英晶体的 2～3 倍。LGS 晶体的熔点为 1470℃，莫氏硬度为 5.5，密度为 5.75g/cm$^3$，颜色为橙黄色。LSG 的瑞利波声速为 2756～2765m/s。在 SAW 滤波器的制备过程中，由于 LN、LT 晶体同时具有热释电效应和压电效应，在加工过程中易在晶片表面产生大量静电荷，当足够大的静电场形成时，静电释放可能损伤衬底，甚至烧毁叉指电极，叉指电极的特征尺寸越小，产生的损害越大。而 LGS 不是铁电体，因而也不具有热释电性。同时，LSG 的频率温度系数低，品质因数高，在声波滤波器领域有应用潜力。

## 3.3　射频元件

### 3.3.1　射频电缆

电线电缆工业是国民经济的重要组成部分，射频电缆作为传输无线电频率信号的一种射频传输线，是各种无线电通信系统及电子设备中不可缺少的基本元件，在无线电通信与广播、电视、计算机、仪表等方面获得广泛使用。射频电缆在低损耗下输送无线电频率的能量，其频率在几兆赫兹到几千兆赫兹。射频电缆作为天线与电台及发射接收设备间的连接线使用时，比普通的通信电缆稳定，不易受大气及其他干扰影响，能确保无线电通信的稳定性。

自 1925 年制得内外导体均为硬铜管并由玻璃片支撑的第一根射频同轴电缆以来，随着聚乙烯等合成绝缘材料的出现，电缆设计理论成熟，工艺设备不断改进，大大促进了射频电缆的生产制造和发展应用。目前射频电缆可以根据不同的方式来分类。

（1）按结构分类

① 同轴射频电缆：是最常用的结构形式。其内外导体处于同心位置，电磁能量局限在内外导体之间的介质内传播，具有衰减小，屏蔽性能高，使用频带宽及性能稳定等优点。通常用来传输 500kHz～18kMHz 的射频能量。常用的射频同轴电缆有 50Ω 和 75Ω 的射频同轴电缆。

② 对称射频电缆：其电磁场是开放型的，在高频下有辐射电磁能，因而衰减增大，导致屏蔽性能差，再加上大气条件的影响，较少采用。对称射频电缆主要用在低频射频或对称馈电等情况中。

③ 螺旋射频电缆：同轴或对称电缆中的导体，有时可做成螺旋线圈状以增大电缆的电感，从而增大电缆波阻抗或延迟电磁能的传输时间，前者称为高阻电缆，后者称为延迟电缆。如果螺旋线圈沿长度方向卷绕的密度不同，则可制成变阻电缆。

（2）按绝缘形式分类

① 实心绝缘电缆：内外导体之间填满实体电介质，大多数软同轴射频电缆都是采用这种绝缘形式。绝缘介质可以是塑料也可以是无机物。

② 空气绝缘电缆：绝缘层中，除了支撑内外导体的一部分固体介质外，其余大部分

体积均是空气。结构特点是从一个导体到另一个导体可以不通过介质层。其具有很低的衰减，是超高频下常用的结构形式。

③ 半空气绝缘电缆：介于上述两种之间的一种绝缘形式，其绝缘也是由空气和固体介质组合而成，但从一个导体到另一个导体需要通过固体介质层。

（3）按功能种类分类

① 低噪声电缆：在弯曲、振动、冲击、温度变化等外界因素作用下，电缆本身产生的脉冲信号小于 5mV 的电缆称为低噪声电缆，也称防振仪表电缆。用于工业、医学、国防等多个领域微小信号的测量。

② 高压脉冲电缆：应用于高压脉冲场合，峰值功率可达几十兆瓦。

③ 泄漏电缆：其外导体上开有用作辐射的周期性槽孔，设计目的则是特意减小横向屏蔽，使得电磁能量可以部分地从电缆内穿透到电缆外。应用于地铁、隧道等场合，实现无线和有线的转换。

按绝缘材料又可分为塑料绝缘电缆、橡皮绝缘电缆及无机矿物绝缘电缆三种，按柔软性分类又可分为柔软电缆、平软电缆及刚性电缆等几种。

### 3.3.2 各种形式传输线

微波传输线是微波工程的基础，目前常用的微波传输线包括平行双线、同轴线、金属波导、介质波导、微带线、共面波导、基片集成波导等多种传输线形式，每一种传输线都有其适用范围。

最早的微波传输线是平行双线，赫兹的第一次电磁波实验中就用到了类似双线的装置，马可尼的无线发射器也应用了类似双线的装置。后面出现的很多传输线都是平行双线的延伸和扩展，比如同轴线相当于把平行双线的一根线碾平，然后卷成筒包住另一根线，目的是减少平行双线的高频泄露。后来为了平面化的应用，把同轴线的外筒一分两半，展平成带状线；同时，又从平行双线引出了微带线。

在微波频段，平行双导线会向空间辐射能量，因此不能作为传输线。而随着频率继续升高，同轴线横截面的尺寸必须相应减小才能保证 TEM 波传输，增加导体损耗，因此同轴线不能传输微波高频段的电磁波。但是如果把同轴线的内导体去掉，变成空心的金属管，不仅可以减少导体损耗，而且可以提高功率容量。凡是用来引导电磁波的传输线都可以称为波导（或导波系统），但通常所说的波导是指空心金属管。常见的波导如图 3-16 所示。由于波导是单导体，所以不能传输 TEM 波，波导只能传输 TE 波和 TM 波。

波导中电场和磁场的强弱分布可以用电力线（实线）和磁力线（虚线）的密疏表示，电场和磁场的分布图称为场结构图。波导中不同的模式有不同的场结构图，但所有的模式都遵循以下 5 个原则：

① 电力线与导体表面垂直。

② 电力线可以环绕时变磁场形成闭合曲线，也可以是不闭合曲线，但电力线不能相互交叉。

③ 磁力线与导体表面平行。

(a) 矩形波导　　　　(b) 脊波导　　　　(c) 圆波导

图 3-16　各种波导

④ 磁力线总是环绕时变电场形成闭合曲线，磁力线不能相互交叉。

⑤ 电力线与磁力线总是相互正交，依从坡印廷矢量关系

下面介绍一下同轴线、矩形波导、圆波导、微带线、基片集成波导以及相关的场结构图。

### 3.3.2.1　同轴线

同轴线是双导体传输线，可以传输 TEM 波，如图 3-17 所示。同轴线的主模是 TEM 模，TE 模和 TM 模是高次模。同轴线都是以 TEM 模工作，高次模能否传输由工作波长与截止波长之间的关系决定。当工作波长大于分米级时，矩形波导和圆波导的尺寸过大，而相应的同轴线尺寸却不大，因此，同轴线常用作宽频带传输线或者制作宽频带元器件。同轴线实物如图 3-18 所示。

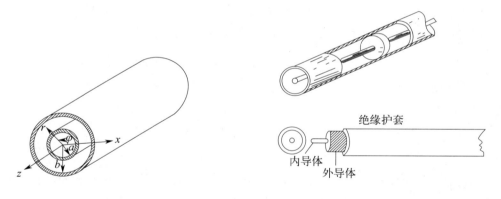

图 3-17　同轴线　　　　　　　　　　图 3-18　同轴线

同轴线分为硬、软两种结构形式。硬同轴线的内导体是圆柱形铜棒（或铜线），外导体是同心的铜管，内外导体间一般用介质块支撑，又称为同轴波导。软同轴线的内导体一般是一根铜线或多股铜丝，外导体是细铜丝编织成的圆筒状网，在外导体网的外面有一层橡胶保护层，又称为同轴电缆。

同轴线只传输 TEM 模的条件是 $\pi(a+b)<\lambda$，其中 $a$ 为内导体直径，$b$ 为外导体直径。无耗同轴线的特性阻抗为

$$Z_0 = \frac{60}{\sqrt{\varepsilon_r}}\ln\frac{b}{a} \tag{3-43}$$

导体损耗衰减最小时 $b/a=3.591$；功率容量最大时，$b/a=1.649$。上述 2 个要求同时满足时 $b/a=2.203$。同轴线中 TEM 模的场分布如图 3-19 所示。

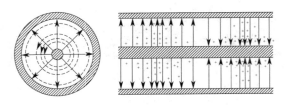

图 3-19    同轴线中 TEM 模的场分布图

同轴线一般工作在 TEM 模,所以具有宽频带特性,可以从直流一直工作到毫米波波段。其在微波热机系统、微波测量系统、微波元器件中有广泛应用。

### 3.3.2.2    矩形波导

截面为矩形的金属波导,称为矩形波导。它是一种采用金属管传输电磁波的导波装置,管壁通常为铜、铝或者其他金属材料。波导内没有内导体,损耗低、功率容量大,只能传输 TE 波或 TM 波。每一种波形又可分为不同模式,分别用下标 $m$ 和 $n$ 加以区别,如 $TE_{mn}$ 和 $TM_{mn}$。其中,第一个下标 $m$ 代表沿宽边的半驻波数,第二个下标 $n$ 代表沿窄边的半驻波数。

导行波不能在波导中传输时的最低频率称为截止频率,所对应的波长称为截止波长。当信号波长大于截止波长时,波沿波导迅速衰减,不能传播,称为波的截止状态。波在波导中的传输条件为工作频率大于截止频率($f > f_c$)或工作波长小于截止波长($\lambda < \lambda_c$)。

在矩形波导中,截止波长和截止频率计算式分别如下:

$$\lambda_c = \frac{2}{\sqrt{\left(\frac{m}{a}\right)^2 + \left(\frac{n}{b}\right)^2}}\tag{3-44}$$

$$f_c = \frac{\nu}{\lambda_c} = \frac{\sqrt{\left(\frac{m}{a}\right)^2 + \left(\frac{n}{b}\right)^2}}{2\sqrt{\mu\varepsilon}}\tag{3-45}$$

当波导横截面尺寸 $a$ 和 $b$ 一定时,不同的 $m$ 和 $n$ 值(即模式)有不同的截止波长 $\lambda_c$ (或截止频率 $f_c$)。波导中截止波长最长的模式称为主模,其他模式称为高次模。

$m$ 和 $n$ 相同的模式具有相同的截止波长 $\lambda_c$,称为波导的简并现象。如 $TM_{11}$ 和 $TE_{11}$、$TM_{21}$ 和 $TE_{21}$、$TM_{31}$ 和 $TE_{31}$ 等,称为简并模。

确定矩形波导横截面尺寸一般遵循以下原则:

① 保证单模传输,且频带尽可能宽。因此,矩形波导单模传输的条件为:$\lambda/2 < a < \lambda$,$0 < b < \lambda/2$。

② 功率容量尽可能大。因此,矩形波导窄边尺寸应尽可能大,一般取 $a = 0.7\lambda$,$b = 0.4\lambda \sim 0.5\lambda$。

③ 损耗或衰减尽可能小。矩形波导的尺寸确定后,工作波长的范围为 $1.05\lambda_c$ ($TE_{20}$) $\leqslant \lambda \leqslant 0.8\lambda_c$ ($TE_{10}$),即 $1.05a \leqslant \lambda \leqslant 1.6a$。

以矩形波导 $TE_{10}$ 模为例的场结构如图 3-20 所示。$TE_{10}$ 模的场分量沿着宽边 $a$ 为半个驻波分布，沿着窄边 $b$ 均匀分布，这是因为 $m=1$ 和 $n=0$。$m$ 表示沿着宽边 $a$ 的半驻波个数，$n$ 表示沿着窄边 $b$ 的半驻波个数。

### 3.3.2.3　圆波导

截面为圆形的金属波导，称为圆波导，如图 3-21 所示。圆波导是除了矩形波导外，另一种金属波导的基本结构。圆波导具有损耗较小和双极化的特性，常用于双极化天线和远距离波导通信中，并广泛用作微波谐振腔。圆波导和矩形波导一样，模式可以传输的条件为 $\lambda < \lambda_c$。圆波导的主模为 $TE_{11}$ 模，第一高次模为 $TM_{01}$ 模。圆波导单模传输的条件为 $2.62R < \lambda < 3.41R$。圆波导模式的截止波长分布如图 3-22 所示。

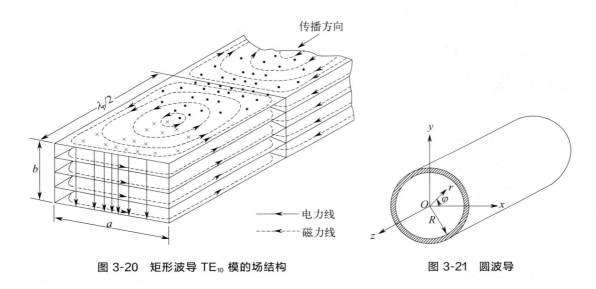

图 3-20　矩形波导 $TE_{10}$ 模的场结构　　　图 3-21　圆波导

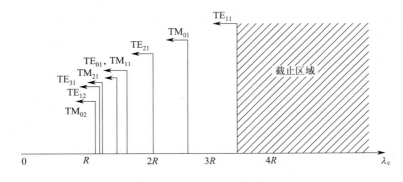

图 3-22　圆波导模式的截止波长分布

图 3-23 是圆波导 $TM_{01}$ 模的场结构图。圆波导 $TM_{01}$ 模的特点是：磁场只有 $H_\varphi$ 分量，磁力线是横截面上的同心圆；电力线是平面曲线，与 $\varphi$ 无关，且在圆波导中心最强；不存在极化简并模式；在圆波导内壁上，管壁电流只有纵向分量。$TM_{01}$ 模可用作天线和馈线之间的旋转连接元件，以及一些微波管和直线加速器的谐振器中的工作模式。

圆波导 $TE_{01}$ 模的场结构如图 3-24 所示，其特点是：电场只有 $E_\varphi$ 分量，电力线是横截面上的同心圆；磁力线是平面曲线，与 $\varphi$ 无关；不存在极化简并模式；在圆波导内壁上，管壁电流只有 $J_\varphi$ 分量。所有的 $TE_{0n}$ 模的导体衰减常数都与其他模式不同，随着频率 $f$ 升高按 $f^{-2/3}$ 单调下降，波导管壁的热损耗同时下降。圆波导 $TE_{01}$ 模可用作高 $Q$ 谐振腔和毫米波远距离传输。

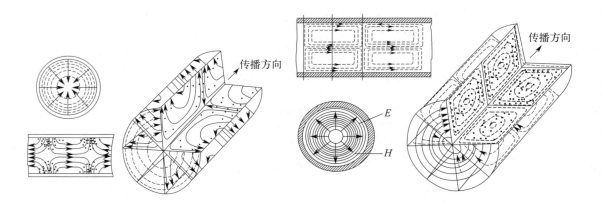

图 3-23  圆波导 $TM_{01}$ 模的场结构图          图 3-24  圆波导 $TE_{01}$ 模的场结构图

圆波导中常存在模式的简并，其有两种形态：

① $TE_{0n}$ 模和 $TM_{1n}$ 模的截止波长相同，存在简并。

② 凡是 $m \neq 0$ 的模都对 $\varphi$ 呈 $\cos(m\varphi)$ 和 $\sin(m\varphi)$ 两种变化，说明同一种模式存在两种极化方向相互垂直的波，称为极化简并。

圆波导的 $TE_{11}$ 模场结构图如图 3-25 所示，其存在极化简并，导致场的极化方向不稳定。即使最初激励圆波导的是 $TE_{11}$ 模两种极化中的一种，但因为圆波导加工时总有椭圆度，这会使两种极化的 $TE_{11}$ 模并存，表现为 $TE_{11}$ 模的极化发生了旋转。所以虽然圆波导比矩形波导制作简单，但一般不采用圆波导 $TE_{11}$ 模传输能量，而采用矩形波导的 $TE_{10}$ 模。利用圆波导的极化简并可以构成一些特殊的元器件，如极化变换器、铁氧体环形器等。矩形波导 $TE_{10}$ 模与圆波导 $TE_{11}$ 模的波形转换器如图 3-26 所示。

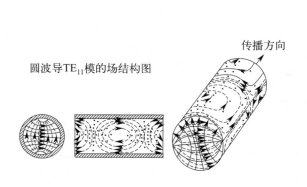

图 3-25  圆波导 $TE_{11}$ 模的场结构图

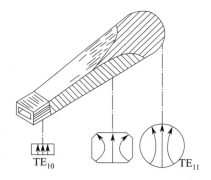

图 3-26  矩形波导 $TE_{10}$ 模与圆波导 $TE_{11}$ 模的波形转换器

#### 3.3.2.4　微带线

微带线是 20 世纪 50 年代发展起来的一种微波传输线，优点是体积小、重量轻、频带宽、可集成化；缺点是损耗大，$Q$ 值低，功率容量低。由于微波低损耗介质材料和微波半导体器件的发展，微波集成电路得到大力发展，因此微带线得到广泛应用。

微带线是由沉积在介质基片上的金属导体带条和接地板构成的传输线组成，其基本结构如图 3-27 所示。

为实现传输信号的低损耗、低延迟、高速传输，必须选用介电常数合适和介质损耗角正切小的基板材料，并进行严格的尺寸设计和加工，涉及的参数如下：

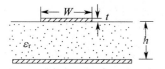

**图 3-27　微带线典型结构**

① 基板参数：包括基板介电常数 $\varepsilon_r$、基板相对磁导率 $\mu_r$、基板介质损耗角正切 $\tan\delta$、基板高度 $h$ 和导线厚度 $t$。导带和底板（接地板）金属通常为铜、金、银、锡或铝。

② 特性参数：包括特性阻抗 $Z_0$、工作频率 $f_0$、工作波长 $\lambda_0$、波导波长 $\lambda_g$ 等。

③ 微带线参数：包括厚度 $t$、宽度 $W$ 和长度 $L$ 等。

构成微带的基板材料、微带线尺寸与微带线的电性能参数之间存在严格的对应关系。微带线的设计就是为满足其电性能参数。对于导体带条厚度为零的微带线，实际应用中采用以下解析式近似计算。

已知尺寸可以计算出微带线的特性阻抗，当 $W/h \geqslant 1$ 时，

$$Z_0 = \frac{Z_{01}}{\sqrt{\varepsilon_e}} = \frac{1}{\sqrt{\varepsilon_e}} \times \frac{120\pi}{W/h + 1.393 + 0.667\ln(W/h + 1.444)} \tag{3-46}$$

当 $W/h \leqslant 1$ 时，

$$Z_0 = \frac{Z_{01}}{\sqrt{\varepsilon_e}} = \frac{60}{\sqrt{\varepsilon_e}}\ln\left(\frac{8h}{W} + \frac{W}{4h}\right) \tag{3-47}$$

其中，$\varepsilon_e$ 为有效相对介电常数，计算如式（3-48）所示。因为微带线中传输的电磁波分布在介质基片和空气两种介质中，是一种混合介质填充的传输线，假设一种均匀介质取代微带的混合介质，完全填充微带周围空间，微带线的特性参量就可以用均匀介质处理，$\varepsilon_e$ 为此均匀介质的介电常数。由式（3-47）可知，介质基片相同时，导体带条越宽，微带线阻抗越小，反之特性阻抗越大。

$$\varepsilon_e = \frac{\varepsilon_r + 1}{2} + \frac{\varepsilon_r - 1}{2}\left(1 + 10\frac{h}{W}\right)^{-\frac{1}{2}} \tag{3-48}$$

已知特性阻抗和介电常数，可由式（3-49）、式（3-50）确定 $W/h$。

$$\frac{W}{h} = \frac{8e^A}{e^{2A} - 2} \qquad (A \geqslant 1.52) \tag{3-49}$$

$$\frac{W}{h} = \frac{2}{\pi}\left\{B - 1 - \ln(2B - 1) + \frac{\varepsilon_r - 1}{2\varepsilon_r}\left[\ln(B - 1) + 0.39 - \frac{0.61}{\varepsilon_r}\right]\right\} \quad (A < 1.52) \tag{3-50}$$

其中，$A$ 和 $B$ 由式（3-51）、式（3-52）得出。$A < 1.52$ 时为低阻抗，反之为高阻抗。

$$A=\frac{Z_0}{60}\sqrt{\frac{\varepsilon_r+1}{2}}+\frac{\varepsilon_r-1}{\varepsilon_r+1}(0.23+\frac{0.11}{\varepsilon_r}) \tag{3-51}$$

$$B=\frac{377\pi}{2Z_0\sqrt{\varepsilon_r}} \tag{3-52}$$

微带线设计的实质就是给定介质基板时求得阻抗与导带宽度的对应关系。目前使用的方法主要有：

① 查表格。早期微波工作者已针对不同介质基板，计算出了物理结构参数与电性能参数之间的对应关系，建立了详细的数据表格，用法步骤是：a. 按相对介电常数选表格；b. 查阻抗值、宽高比 $W/h$、有效介电常数 $\varepsilon_e$ 三者的对应关系，已知一个值，查出其他两个；c. 计算，通常 $h$ 已知，则可得 $W$，由 $\varepsilon_e$ 求出波导波长，从而求出微带线长度。

② 用软件。选择计算微带电路的软件，输入微带的物理参数和拓扑结构，很快得到微带线的电性能参数，并进行参数优化。

### 3.3.2.5　基片集成波导

基片集成波导（Substrate Integrated Waveguide，SIW）技术是近年来提出的一种平面波导技术，通过在上下面为金属层的介质基片里利用相邻很近的金属化通孔阵列形成电壁，从而构成具有低损耗、低辐射等特性的新型导波结构，其目的是在平面的介质基片上实现传统金属波导的功能。SIW 技术可以实现无源和有源集成，可以有效减小微波和毫米波系统体积和重量，甚至可以把整个系统集成在一个封装体内，大大提高了集成度和可靠性。SIW 具有与矩形金属波导类似的传播特性，所以由其构成的微波、毫米波甚至亚毫米波的元件和子系统，就具有较高的品质因素、功率容量和集成度，同时，SIW 可以采用通用工艺进行加工，与传统金属波导的微波毫米波器件的加工相比，它的加工简单、成本低廉，其输入输出结构可以和微带电路无缝连接，无须额外添加转接过渡端口，有利于与微带电路的平面集成，非常适合于微波毫米波电路和系统的研制和批量化生产。

SIW 技术的起源最早可追溯到 1995 年，A. Piloto 和 K. A. Zaki 利用阵列金属通孔制备了陶瓷波导滤波器。1998 年，日本学者 Hirokawa 和 Uchimura 分别提出一种由金属化阵列通孔组成的类似金属壁的单层矩形介质波导。2000 年以后，加拿大蒙特利尔大学的吴柯教授团队和东南大学洪伟教授团队以及其他科研团队对基片集成波导的基本特性进行了详细研究，包括 SIW 的色散特性、SIW 的导波特性、SIW 的过渡结构以及 SIW 谐振腔激励方式等。同时，各种基于 SIW 技术的微波毫米波元件、器件和电路相继被研究学者研制和开发出来。

典型的基片集成波导与传统介质填充矩形波导的结构以及结构参数如图 3-28 所示。传统介质填充矩形波导的横截面尺寸是 $a\times b$。基片集成波导金属化过孔的直径是 $d$，基片集成波导孔间距为 $S$，基片集成波导两侧孔轴线之间的距离为 $a_{SIW}$，基片集成波导的厚度为 $b_{SIW}$。两者填充介质的介电常数相同。两者之间的等效关系由式（3-53）、式（3-54）给出。

$$\bar{a}=\xi_1+\frac{\xi_2}{\dfrac{S}{d}+\dfrac{\xi_1+\xi_2-\xi_3}{\xi_3-\xi_1}} \tag{3-53}$$

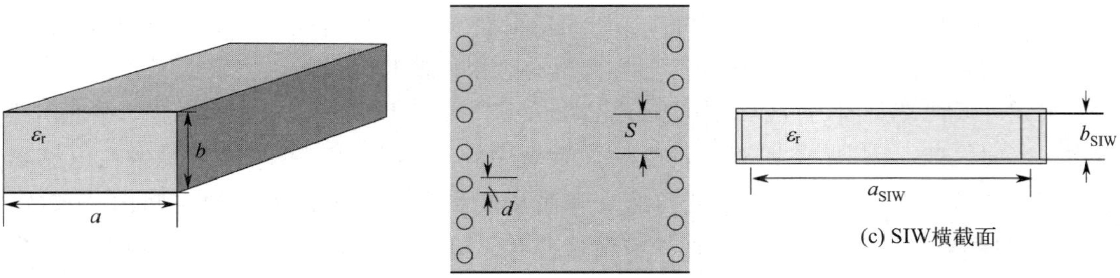


(a) 传统介质填充矩形波导　(b) SIW俯视图　(c) SIW横截面

**图 3-28　传统介质填充矩形波导与 SIW 的结构及结构参数**

$$a_{\mathrm{SIW}}=a\overline{a} \tag{3-54}$$

其中，$\overline{a}$ 为等效波导宽度的归一化系数。

$$\xi_1=1.0198+\frac{0.3465}{\dfrac{a_{\mathrm{SIW}}}{S}-1.0684} \tag{3-55}$$

$$\xi_2=-0.1183-\frac{1.2729}{\dfrac{a_{\mathrm{SIW}}}{S}-1.2010} \tag{3-56}$$

$$\xi_3=1.0082-\frac{0.9163}{\dfrac{a_{\mathrm{SIW}}}{S}+0.2152} \tag{3-57}$$

当确定基片集成波导的 $S$、$d$ 和 $a_{\mathrm{SIW}}$ 后，就可计算出其等效的传统介质矩形波导的宽度 $a$。为了进行比较，可选取 $S=2.5\mathrm{mm}$，$d=1.6\mathrm{mm}$，以及不同的 $a_{\mathrm{SIW}}$ 值，可计算出不同的 $a$ 值，如表 3-4 所示。随着 $a_{\mathrm{SIW}}$ 增大，$\overline{a}$ 值也在增加，并不断接近 1。$a$ 的大小与 $a_{\mathrm{SIW}}$ 几乎相等，说明基片集成波导和与其等效的传统矩形波导的宽度几乎相等，因此可利用传统矩形波导的参数作为基片集成波导的初值，然后进行仿真微调，最终确定设计的基片集成波导的参数。

**表 3-4　基片集成波导的 $a_{\mathrm{SIW}}$ 与等效矩形波导 $a$ 的大小**

| $a_{\mathrm{SIW}}$/mm | $S$/mm | $d$/mm | $\overline{a}$ | $a$/mm |
|---|---|---|---|---|
| 40 | 2.5 | 1.6 | 0.9700 | 41.24 |
| 50 | 2.5 | 1.6 | 0.9768 | 51.19 |
| 60 | 2.5 | 1.6 | 0.9815 | 61.13 |
| 70 | 2.5 | 1.6 | 0.9849 | 71.07 |

## 3.3.3　微波谐振器

通常，传输线上的电磁场沿纵向传输，即沿纵向为行波分布，在横向上为驻波分布。而微波谐振器的电磁场沿 3 个坐标方向都呈驻波分布，电磁能量不能传输，只能来回振荡。因此，微波谐振器是具有储能和选频特性的微波元件，广泛应用于微波信号源、滤波器、频率计及振荡器中。在 300MHz 以下，谐振器是用集总电容器和集总电感器构成的 LC 振荡器。高于 300MHz 时，这种 LC 回路的导体损耗、介质损耗及辐射损耗都很大，致使回路的品质因数降低；同时由于电容和电感过小，使其制作难以实现。因此，在微波波段采用一段两端封闭的传输线来实现高 Q 的微波谐振电路。微波谐振器与 LC 振荡回路有许多不同之处。LC 振荡回路中，电场能量集中在电容器中，磁场能量集中在电感器中，而微波谐振器是分布参数，电场能量和磁场能量是在整个谐振器的空间内分布的；LC 振荡回路只有一个谐振频率，而微波谐振器有无限多个谐振频率；微波谐振器可以集中较多的能量，且损耗较小，它的品质因数远大于 LC 振荡回路的品质因数。

微波谐振器又称为微波谐振腔，其种类很多，按结构可分为传输线型谐振器和非传输线型谐振器两类。传输线型微波谐振器是由两端短路或开路的一段微波传输线构成的，如同轴线谐振器、矩形波导空腔谐振器、圆波导空腔谐振器、微带线谐振器等。非传输线型谐振器是形状特殊的谐振器，其通常是在一个或几个坐标方向上存在不均匀性，如环型谐振器及混合同轴谐振器等。

LC 振荡回路中，常采用电感 $L$、电容 $C$、电阻 $R$ 作为基本参数，这是因为它们能直接测量，而且可以由它们导出谐振回路的其他参数，如谐振频率及 $Q_0$。在微波谐振器中，$L$ 和 $C$ 没有明确的物理意义，也不能进行测量，因此不能再用 $L$ 和 $C$ 作为基本参数。微波谐振器中采用谐振波长 $\lambda_0$（或谐振频率 $f_0$）、品质因数 $Q_0$，及等效电导 $G_0$ 作为基本参数，它们不仅有明确的物理意义，而且可以测量。

谐振波长 $\lambda_0$ 是微波谐振系统的主要参数，它表征微波谐振器的振荡规律，即表示微波谐振器内振荡存在的条件。在导波系统中，得到关系 $k^2 = k_u^2 + k_v^2 + k_z^2 = k_c^2 + \beta^2$。对于谐振系统，$z$ 方向也有边界，波沿 $z$ 方向呈驻波分布，且 $l = p\lambda_p/2$（$p = 1, 2, \cdots$），$l$ 是谐振器的长度，$\lambda_p$ 是波导波长。可得 $\beta = 2\pi/\lambda_p = p\pi/l$，因此谐振波长

$$\lambda_0 = \frac{1}{\sqrt{(\frac{1}{\lambda_c})^2 + (\frac{p}{2l})^2}} = \frac{1}{\sqrt{(\frac{1}{\lambda_c})^2 + (\frac{1}{\lambda_p})^2}} \tag{3-58}$$

可见，谐振波长与谐振器尺寸和工作模式有关。由于谐振器中可以有无数多个模式存在，所以一个谐振器中有无数多个谐振波长。

品质因数 $Q_0$ 描述了谐振器的储能与损耗之间的关系，是表征谐振器优劣的一个重要参数。其定义为

$$Q_0 = 2\pi \frac{W}{W_T} = \omega_0 \frac{W}{P_L} \tag{3-59}$$

其中，$W$ 为谐振器储能；$W_T$ 为周期 $T$ 内谐振器的能量损耗；$P_L$ 为周期 $T$ 内的平均损耗功率。在谐振时，电磁场的总储能为

$$W = \frac{\varepsilon}{2} \int_V E \times E^* \, \mathrm{d}V = \frac{\mu}{2} \int_V H \times H^* \, \mathrm{d}V \tag{3-60}$$

谐振器的损耗包括导体损耗、介质损耗和辐射损耗三部分。对于封闭形谐振器，辐射损耗为 0。如果谐振器内介质是无耗的，则谐振器的损耗只有壁电流的热损耗，故 $Q_0$ 值由式(3-61) 计算

$$Q_0 = \omega_0 \frac{W}{P_{\rm L}} = \omega_0 \frac{\dfrac{\mu}{2}\displaystyle\int_V H \times H^* \,{\rm d}V}{\dfrac{1}{2}\displaystyle\oint_S |J_{\rm L}|^2 R_S \,{\rm d}S} = \frac{2\displaystyle\int_V |H|^2 \,{\rm d}V}{\delta\displaystyle\oint_S |H_t|^2 \,{\rm d}S} \tag{3-61}$$

其中，$\delta = \sqrt{2/(\omega\sigma\mu)}$，为导体的趋肤深度，一般为微米数量级，故谐振器的品质因数可达 $10^4 \sim 10^5$ 数量级，比 LC 振荡回路的 $Q_0$ 值大得多。

### 3.3.3.1　矩形谐振器

两端短路的矩形波导传输线即为矩形谐振器，其横截面尺寸为 $a \times b$，长度为 $l$，如图 3-29(a) 所示。对矩形谐振器场模式的分析，可以借助矩形波导中传输模式的场分布进行，令其满足 $z=0$ 和 $z=l$ 两个短路面的边界条件，即可求得矩形谐振器中的场分布。矩形波导中传输的模式有 TE 模和 TM 模两种，相应谐振器中有 TE 振荡模和 TM 振荡模两种，分别以 $\text{TE}_{mnp}$ 和 $\text{TM}_{mnp}$ 表示，下标 $m$、$n$ 和 $p$ 分别表示场分量沿波导宽壁、窄壁和长度上的半驻波数。其中，最低振荡模式为 $\text{TE}_{101}$，其场分布如图 3-29(b) 所示。

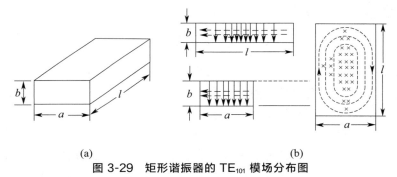

(a)　　　　　　　　　　　　　　(b)

**图 3-29　矩形谐振器的 $\text{TE}_{101}$ 模场分布图**

矩形谐振器谐振条件是波导长度 $l = p\lambda_0/2\,(p=1,2,\cdots)$，可得到矩形谐振器的谐振波长 $\lambda_0$ 为

$$\lambda_0 = \frac{1}{\sqrt{\left(\dfrac{1}{\lambda_c}\right)^2 + \left(\dfrac{p}{2l}\right)^2}} = \frac{2}{\sqrt{\left(\dfrac{m}{a}\right)^2 + \left(\dfrac{n}{b}\right)^2 + \left(\dfrac{p}{l}\right)^2}} \tag{3-62}$$

把 $m=1$、$n=0$、$p=1$ 代入，便得到 $\text{TE}_{101}$ 模的谐振波长为

$$\lambda_0 = \frac{2al}{\sqrt{a^2 + l^2}} \tag{3-63}$$

当波导尺寸满足 $b < a < l$ 时，$\text{TE}_{101}$ 模的谐振波长最长，所以是最低振荡模式。

当波导尺寸 $a$、$b$ 和 $l$ 一定时，谐振波长随 $m$、$n$ 和 $p$ 的变化可以有无数多个，说明矩形谐振器也具有多谐性，并存在 TE 振荡模和 TM 振荡模的简并模。

矩形谐振器 $\text{TE}_{101}$ 模的品质因数 $Q_0$ 为

$$Q_0 = \frac{\lambda_0}{\delta}\frac{\sqrt{\left(\dfrac{1}{a^2}+\dfrac{1}{l^2}\right)^3}}{2\left[\left(\dfrac{2}{a}+\dfrac{1}{b}\right)\dfrac{1}{a^2}+\left(\dfrac{2}{l}+\dfrac{1}{b}\right)\dfrac{1}{l^2}\right]} \tag{3-64}$$

若为立方体谐振器，$a=b=l$，则 $TE_{101}$ 模的品质因数为

$$Q_0 = \frac{1}{3\sqrt{2}} \frac{\lambda_0}{\delta} \tag{3-65}$$

假定内壁为铜，当 $\lambda_0 = 10cm$ 时，趋肤深度为 $\delta = 1.22 \times 10^{-4} cm$，可以计算出品质因数为 18800，实际的品质因数约为 10000。

### 3.3.3.2　圆柱形谐振器

圆柱形谐振器是一段长度为 $l$、两端短路的圆波导。这种谐振器结构简单，加工方便，$Q_0$ 值高，在微波波段得到广泛应用。圆柱形谐振器中谐振波长的计算方法与矩形谐振器中谐振波长的计算方法相同，唯一不同的是截止波长的表达式。

圆柱形谐振器 $TM_{mnp}$ 振荡模的谐振波长 $\lambda_0$ 为

$$\lambda_0 = \frac{1}{\sqrt{\left(\dfrac{\nu_{mn}}{2\pi R}\right)^2 + \left(\dfrac{p}{2l}\right)^2}} \tag{3-66}$$

圆柱形谐振器 $TE_{mnp}$ 振荡模的谐振波长 $\lambda_0$ 为

$$\lambda_0 = \frac{1}{\sqrt{\left(\dfrac{\mu_{mn}}{2\pi R}\right)^2 + \left(\dfrac{p}{2l}\right)^2}} \tag{3-67}$$

式中，$\upsilon_{mn}$ 为 $m$ 阶贝塞尔函数的第 $n$ 个根；$\mu_{mn}$ 为 $m$ 阶贝塞尔函数导数的第 $n$ 个根；$p$、$m$ 和 $n$ 表示驻波沿谐振器长度、方位角和半径方向的分布规律。

圆柱形谐振器中最常用的模式有 $TM_{010}$ 振荡模、$TE_{111}$ 振荡模和 $TE_{011}$ 振荡模。将 $TM_{010}$ 模的截止波长 $\lambda_c = 2.62R$ 和 $p=0$ 一起代入公式，便得到圆柱形谐振器 $TM_{010}$ 振荡模的谐振波长为 $\lambda_0 = 2.62R$。可以看出，谐振波长与谐振器长度无关。由于 $TM_{010}$ 振荡模的场结构特别简单，而且有明显的电场和磁场集中区，故 $TM_{010}$ 振荡模常用于参量放大器及波长计中。

将 $TE_{111}$ 模的截止波长 $\lambda_c = 3.41R$ 和 $p=1$ 一起代入公式，便得到圆柱形谐振器 $TE_{111}$ 振荡模的谐振波长为

$$\lambda_0 = \frac{1}{\sqrt{\left(\dfrac{1}{3.41R}\right)^2 + \left(\dfrac{1}{2l}\right)^2}} \tag{3-68}$$

当 $l > 2.1R$ 时，$TE_{111}$ 振荡模的谐振波长最长，故该模式的圆柱形谐振器体积较小，无干扰模的调谐范围较宽。但这种模式场分量多，电磁场分布复杂，而且 $Q_0$ 值比较低，故该振荡模只能用作中等精度的波长计。

将 $TE_{011}$ 模的截止波长 $\lambda_c = 1.64R$ 和 $p=1$ 一起代入公式，便得到圆柱形谐振器 $TE_{011}$ 振荡模的谐振波长为

$$\lambda_0 = \frac{1}{\sqrt{\left(\dfrac{1}{1.64R}\right)^2 + \left(\dfrac{1}{2l}\right)^2}} \tag{3-69}$$

它不是圆柱形谐振器中的最低振荡模式。但它的腔壁上只有 $\varphi$ 方向的电流，这既使损耗

随频率的升高而降低、使品质因数较高，又使 $TE_{011}$ 振荡模的调谐活塞可以做成不接触式的，这既便于制造，又便于抑制其他干扰模。这种模式的圆柱形谐振器广泛应用于高 $Q$ 值波长计及稳频标准腔中。

### 3.3.4　滤波器

进入 21 世纪，无线通信技术蓬勃发展，同时也对射频前端技术提出了更高的要求。射频前端是无线通信技术的核心元件，它主要由功率放大器、射频开关、调谐器、滤波器以及双工器组成。滤波器是射频前端最主要的元件之一，在射频元件中占据重要地位。随着 5G、6G 时代的到来，对网络的传输速率和数据的承载能力的要求大大提高，通信协议更加复杂。为满足无线通信技术的发展需求，手机等通信设备需要支持更多的通信频带，滤波器的需求量因而快速上升。滤波器包括 BAW 滤波器、SAW 滤波器、介质滤波器和 LC 滤波器等类型。其中 BAW 滤波器和 SAW 滤波器属于声波滤波器，是无线通信领域中广泛应用的滤波器。

滤波器是典型的二端口器件，包括输入和输出端口各一个。滤波器的网络结构如图 3-30 所示，在端口 1 上的入射信号 $a_1$ 会产生透射信号和反射信号；同理，在端口 2 上的入射信号也会产生一个透射信号和反射信号。在端口 1 上，输出信号 $b_1$ 应该包括输入信号 $a_1$ 的反射信号和输入信号 $a_2$ 的透射信号；同理，输出信号 $b_2$ 应该包括输入信号 $a_2$ 的反射信号和输入信号 $a_1$ 的透射信号。

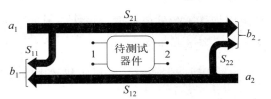

图 3-30　典型二端口微波网络的 S 参数

根据以上关系，可得到如下方程组：

$$\begin{cases} b_1 = S_{11}a_1 + S_{12}a_2 \\ b_2 = S_{21}a_1 + S_{22}a_2 \end{cases} \tag{3-70}$$

在方程组中，$S_{11}$、$S_{12}$、$S_{21}$ 和 $S_{22}$ 是二端口网络的四个 S 参数（散射参数）。通过式(3-70)可以将入射波和反射波之间由散射参数 $S_{ij}$ 有效地联系起来。可对 S 参数进行简化表示，例如，$S_{21}$ 为除 1 端口外的其他端口（2 端口）阻抗匹配时，即 $a_2$ 为 0 时的 2 端口的输出信号 $b_2$ 和 1 端口输入信号 $a_1$ 的比值，即

$$\begin{cases} b_1 = S_{11}a_1 \\ b_2 = S_{21}a_1 \end{cases} \tag{3-71}$$

输入信号在通过滤波器时，滤波器允许特定频率范围的信号以很少的衰减通过，而特定频率范围之外的信号的衰减很大，从而输出该特定频率段的信号。其中允许通过频段称为通带，被阻止通过的频带称为阻带。由此可见，它主要针对的是滤波器的信号透射性能，即二端口网络参数中的 $S_{21}$。图 3-31 所示为 SAW 滤波器的 $S_{11}$ 和 $S_{21}$ 曲线。

滤波器的性能参数主要包括中心频率、带宽、插入损耗和带外抑制等。中心频率为滤波器两个截止频率的算术平均值；带宽为给定相对插入损耗的两个截止频率的频率间隔；

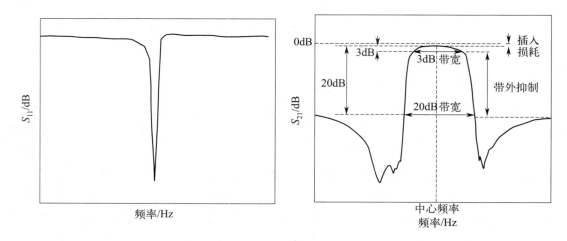

图 3-31　声表面波滤波器的 $S_{11}$ 和 $S_{21}$ 曲线及其主要性能参数

插入损耗为因为器件的接入而导致的负载功率的损耗，常用的单位为分贝（dB），通常为通带内损耗最小处的取值；带外抑制指对通带频段以外的信号的抑制程度。

### 3.3.4.1　SAW 滤波器

SAW 滤波器通过压电衬底和叉指换能器实现声电信号的互相转换。通过改变叉指电极的设计，实现选频滤波功能。SAW 是指在弹性体自由表面产生，并且沿着表面或界面传播的各种模式的波，根据 SAW 向固体内部的深入程度、振动方式及边界条件，可将 SAW 分为瑞利波（Rayleigh Wave）、勒夫波（Love Wave）及兰姆波（Lamb Wave）等多种模式。在相同频率下，声波的波长比电磁波小约五个数量级，这使得 SAW 滤波器与其他滤波器相比有着更小的尺寸。同时，SAW 滤波器具有重量轻、制作简单、插入损耗小、带外抑制特性优异及设计灵活等优点，在雷达、导航以及移动通信系统等领域有十分广泛的应用。

按照频率范围，可将 SAW 滤波器分为中低频和射频两类。本文的主要讨论对象为射频 SAW 滤波器、按照结构的不同，可将其分为三种类型：交叉叉指换能器（Inter-digitated Inter-digital Transducer，IIDT）型滤波器，双模声表面波（Double Mode SAW，DMS）型滤波器和梯形（Ladder）滤波器。

IIDT 结构由 Lewis 于 1972 年提出。IIDT 是由一系列的叉指换能器交替连接到输入和输出端口构成，如图 3-32 所示。在 IIDT 中，每个用来输出信号的叉指换能器接收两侧的 SAW。因此，IIDT 结构中的插入损耗主要是来自端位的 IDT，每个端位 IDT 损失一半能量。相对于传统的横向声表面波滤波器，IIDT 型 SAW 滤波器可有效降低插入损耗。IIDT 型 SAW 滤波器制备简单，便于生产。然而，这种 SAW 滤波器的旁瓣抑制效果较差，且需要通过外电路进行阻抗匹配。尽管可通过对叉指电极进行加权（即调节声孔径的长度）抑制旁瓣，但加权会扩大声表面波衍射的影响，从而使得滤波器的插入损耗增加。

Morita T 等于 1992 年提出了 DMS 型 SAW 滤波器。DMS 型滤波器属于一种谐振耦合型滤波器（Resonant Coupling Filter，RCF），在 IDT 的两侧分别设置谐振腔。根据布拉格理论，要使每根指条反射的声表面波同相相加，反射栅的周期应为 SAW 波长的四分之一。两个谐振腔会产生谐振频率不同的声波模式，例如第一模式和第二模式。如果只激发其中两种谐振模式，并且让这两种模式产生强纵向耦合，再使用机电耦合系数大的衬底就可以得到宽带宽的带通滤波器。

第一、三模式有更大的频率差，因此相比于第一、二模耦合的纵向耦合滤波器，一、三模耦合的纵向耦合滤波器（图 3-33）具有更大的带宽和更低的插入损耗。但是 DMS 滤波器也有一定的缺点，它在高频阻带会出现高次谐波，导致 DMS 型滤波器的高频阻带的带外抑制较弱以及功率耐受性不高。可以采用在电学端口上级联两个 DMS 滤波器的方法，通过多级滤波器来提高总体的带外抑制水平。

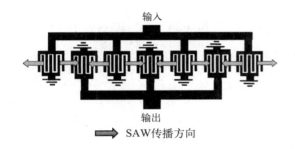

图 3-32　IIDT 型 SAW 滤波器结构

图 3-33　一、三模耦合的纵向耦合滤波器

梯形电路的研究可以追溯到 20 世纪四五十年代。梯形电路由多个串联元件和并联元件构成。而对于梯形 SAW 滤波器，是由 SAW 单端谐振器进行串并联连接而成，如图 3-34 所示。在梯形声表面波 SAW 滤波器结构中，所有的串联（并联）单端谐振器具有相同的谐振频率和反谐振频率，但是在每一级的两个谐振器之间有一个频率差，每一个谐振器的阻抗会在 SAW 的激励频率范围内发生猛烈的变化。

在输入频率处，串联谐振器的阻抗很小时，可近似看作短路，并联谐振器的阻抗很大，可以近似看作开路。因此输入信号可以直接通过串联谐振器到达输出端，所以它的插入损耗很小，展现了通带特性。反过来，在输入频率处，并联谐振器的阻抗很小时，可以看作短路，串联谐振器阻抗很大，可以看作开路，输入信号直接通过并联谐振器到达接地端，很难到达输出端，展现了阻滞特性。这就是梯形 SAW 带通滤波器工作的基本原理。相比于其他类型的滤波器，梯形 SAW 滤波器除具有插入损耗低，抑制效果好的优点外，它的声孔径较小、又指对数多，滤波器可以承受很高的功率。除此之外，由于梯形滤波器不需要外电路进行阻抗匹配，可减小射频前端的尺寸。如今，梯形 SAW 滤波器已成为了无线通信技术的主流选择。

SAW 滤波器代表了 SAW 器件的设计和应用水平，广泛应用在移动通信系统、电视、广播、第三代 CDMA 通信系统，以及各类军用雷达、通信系统中。移动通信中，射频前端的发射端（TX）和接收端（RX）必须通过滤波器滤波、摘取目标信号频段，才能发挥作用。因为 SAW 滤波器在体积、频段范围和性价比上的优势，能够同时满足滤波器要求的低插损、高带外抑制和高耐受功率、高镜像衰减、成本低、小封装等要求，故 SAW 滤波器大量应用在移动通信系统中。而电视机中的中频滤波是 SAW 滤波器应用最广泛的领域之一。电视中频 SAW 滤波器是提高图像质量、提高可靠性、实现中频电路集成化的关键器件，其被广泛用于电视机的接收机和差转机中。

除滤波器外，SAW 信号处理器件还包括 SAW 延迟线、SAW 卷积器等。

### 3.3.4.2　BAW 滤波器

与 SAW 滤波器相比，BAW 滤波器具有体积更小、插入损耗更低、选择性更好、品质因数更高、能承受更高的功率、工作频率更高等优点。凭借以上优势，BAW 滤波器在无线通信市场中占据越来越大的份额。在 BAW 谐振器中，根据声波的反射形式

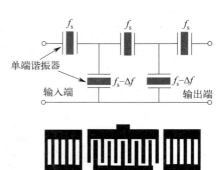

图 3-34　梯形滤波器的结构及
单端谐振器

的不同，可以将其分为空腔型薄膜体声波谐振器（Film Bulk Acoustic Resonator，FBAR）和固态装配型谐振器（Solidly Mounted Resonators，SMR）两种。其中，FBAR 滤波器的应用最为广泛。

BAW 谐振器的基本结构是由上下电极和中间压电层构成的"三明治"结构。它的原理和 SAW 谐振器的原理类似，由一端的电极输入电信号，然后通过压电层进行电信号和声信号的互相转化，最后由另一端的电极输出。与 SAW 谐振器不同的是，BAW 谐振器利用的是压电材料的体声波，其谐振频率主要由压电材料、电极以及其他声学层的厚度决定。由于体声波比表面声波的速度快，所以 BAW 滤波器具有更高的工作频率。

当在 BAW 谐振器的上下电极加上交变射频信号，由于压电材料的压电效应，薄膜会随着电信号的周期发生有规律的形变，进而产生振动，激励出 BAW。当 BAW 在不同介质间传播时，会在介质间的界面处发生反射。当 BAW 的波长为压电薄膜材料与顶底电极厚度之和的两倍时，会发生共振。在此频率下，声波损失最小。在不考虑顶底金属电极的厚度时，谐振频率由压电层和材料中声的传播速度决定，即

$$f_0 = \frac{v}{2d} \tag{3-72}$$

其中，$f_0$ 是谐振频率；$v$ 表示 BAW 的传播速度；$d$ 代表压电层的厚度。根据上式，在厚度一定的情况下，材料的声速越大，则器件的工作频率越高；在声速一定的情况下，压电层的厚度越薄，则器件的工作频率越高。

根据反射方式的不同，将 FBAR 谐振器的结构分为四种：上下都是空气反射界面的背面刻蚀型 FBAR、下凹空腔型和上凸空腔型 FBAR 以及人造布拉格反射层的固态装配型谐振器，如图 3-35 所示。其中，空气结构的谐振器的上表面和下表面直接与空气接触。因为空气的声阻抗近似为零，所以空气可作为理想的声波反射层以使得声波发生全反射，从而降低声能量的损失。布拉格反射结构谐振器的布拉格反射层由厚度为四分之一波长的高声阻抗膜层和低声阻抗膜层交替堆叠而成，从高声阻抗膜层向下计算，布拉格反射层的

声阻抗可等于无限大，故由低声阻抗膜层向下计算，布拉格反射层可以达到类似空气界面的 0 声阻抗，从而实现全反射。

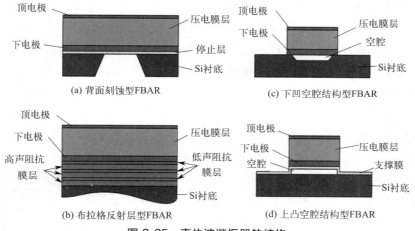

图 3-35　声体波谐振器的结构

背面刻蚀型 FBAR 从硅背面开始刻蚀掉大部分材料，直到电极下表面为止，从而在 FBAR 下边界形成空气反射层。和 SMR 相比，背面刻蚀型 FBAR 品质因数较高。其缺点也是显而易见的：背面大量硅衬底被刻蚀掉以后，器件的机械强度大大降低，只能采用添加支撑层的方法来进行缓解，但仍不能从根本上解决成品率的问题。同时，背面刻蚀的刻蚀溶液与标准 CMOS 工艺有一定的冲突。所以背面刻蚀型 FBAR 通常只在实验室研究中有较多的运用。

空腔型 FBAR 在硅表面和 FBAR 器件的下电极表面之间刻蚀出一个空气隙以形成空气界面。空腔型的 FBAR 不但有很好的 $Q$ 值，而且全部使用表面硅工艺，有远高于背面刻蚀型 FBAR 的机械强度，能和标准 CMOS 工艺基本兼容，有非常高的集成潜力。在无线通信日趋小型化和集成化的高要求下，空腔型 FBAR 已经成为了 RF 前端模块的最优选择。

SMR 采用了布拉格反射层作为下边界结构，机械强度高，通常情况下采用高声阻抗材料 W 和低声阻抗材料 $SiO_2$ 或 Mo 作为布拉格反射层，这几种都是标准 CMOS 工艺常用材料，有很高的集成度。但是 SMR 制备中需要将各反射层精确地控制在四分之一波长，对膜层生长工艺有较高的要求，而且因为布拉格反射层实际始终存在损耗的问题，其品质因数比 FBAR 要低一些。

1994 年，Ruby 等采用 AlN 为压电薄膜制备 FBAR 谐振器。自此，BAW 器件开始在射频滤波领域得到应用，BAW 器件凭借其高频特性，使得射频通信的频率也得以从 2G 时代的 800～900MHz 进入 sub-6G 高频频段。FBAR 滤波器以及集成了 FBAR 滤波器的射频前端芯片已经在苹果、小米、华为等全球出货量排行前列的手机厂商中得到了大规模应用。

此外，BAW 谐振器由于具有高灵敏度、易于与 CMOS 电路集成的优点，被广泛应用于质量、生物传感和压力传感器中。

### 3.3.4.3　介质滤波器

基站是移动通信的关键技术，其目前的发展趋势是要实现基站一体化，即要将天线、滤波器和放大器等无线射频器件整合到一起，因此不仅要滤波器具有极佳的性能，即高带外抑制、对温度稳定、低插入损耗以及大功率容量等，保证基站能够在各种环境下正常工作，还要求滤波器具有更小的尺寸和更轻的重量，以便实现和基站中的其他射频器件的集成，从而减小基站的总体的体积和降低基站的生产成本。另外，在卫星通信中，卫星对负载要求极为苛刻，滤波器的体积和重量的增大意味着需要耗费更多的成本将其送上太空，因此滤波器的体积越小越好。此外，同样需要滤波器稳定性好、可以承受更高的功率和具有低插入损耗等，能够满足卫星在太空环境下正常工作。多模介质滤波器由于采用高介电常数的介质材料以及使用多模技术实现，性能好，体积小，正好可以很好地满足这些需求，在基站和卫星等领域中有着广泛的应用。

介质谐振器是介质滤波器的核心元件，它是由介质材料制成的圆柱形结构。介质谐振器内部的电磁场分布不均匀，这导致电磁波在谐振器内部传播时会产生谐振现象。通过调节谐振器的尺寸和形状，可以实现对特定频率的电磁波的选择性增益或衰减，从而达到滤波的目的。常见的介质谐振器结构如图 3-36 所示。介质滤波器具有很多优异的特性，由于介质滤波器具有高介电常数，其界面可以近似等效成理想磁壁，于是电磁场就主要集中在介质谐振器的内部，在其附近很小的范围内剧烈地衰减。因此，对介质谐振器而言，通过辐射而产生的损耗会很小。同时，由于

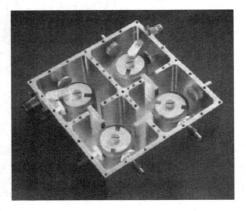

图 3-36　四腔双模介质滤波器实物图

介质谐振器的尺寸跟介质谐振器的介电常数是成反比的，因此介电常数越大，对应的体积就会越小。除此之外，介质谐振器的无载 $Q$ 值和损耗角正切呈反比关系，因此具有低介质损耗特性的介质块，其无载 $Q$ 值也会较大。最后，因为介质谐振器是由介电性能对温度稳定的介质材料制作的，所以由介质谐振器构成的器件其稳定性和可靠性相对较高。

多模介质腔体滤波器具有一腔多模、体积复用、高 $Q$ 值的优点，可以实现小型化、低损耗。目前，单模和双模介质谐振器已经得到大量应用。1999 年，Hunter 和 Rhodes 提出了一种基于 $HE_{11\delta}$ 简并模式的双模介质滤波器。该双模介质滤波器包括一个高介电常数圆形介质谐振器、一个位于介质谐振器上表面的金属圆盘以及外部金属腔体。此外，在圆柱谐振器的中心处开设有一个圆形通孔，其作用是为了分离 $HE_{111}$ 杂散模，通过控制圆形通孔的尺寸可以实现对 $HE_{111}$ 模式谐振频率的控制，从而使其远离 $HE_{11\delta}$ 模，提高滤波器的带外特性。

在无线通信领域，介质滤波器主要用于抑制干扰信号，提高信号质量。随着移动通信技术的发展，人们对通信速度和质量的要求不断提高，介质滤波器在无线通信中的应用也日益广泛。在 5G 通信中，为了实现高速数据传输，需要使用更高频率的信号。然而，高频率信号也更容易受到干扰并且发生衰减，因此需要使用高性能的介质滤波器来提高信号质量和传输效率。除此之外，介质滤波器也常用在雷达系统和广播电视领域中，排除噪声和干扰信号，以保证信号传输的稳定性。

## 思考题

1. 简述微波的基本特性，以及其为什么被广泛用于现代通信。

2. 什么是长线？如何区分长线和短线？

3. 在工作频率 100MHz 下用一段长为 1/4 波长、特性阻抗 $Z_{01} = 200\Omega$ 的传输线为 $Z_L = 50\Omega$ 的负载匹配，求此时输入阻抗 $Z_{in}$；求频率为 200MHz 时的输入阻抗。

4. 空气填充同轴线内、外导体的直径分别为 $d = 32mm$，$D = 75mm$，求同轴线的特性阻抗 $Z_0$；当用介电常数 2.25 的介质填充同轴线时，求特性阻抗多少。

5. 根据经典介电函数式，分析微波介电陶瓷的介电性能与频率的关系，并推导谐振频率温度系数与介电常数温度系数的关系。

6. 什么是 LTCC 技术？常用的基板材料有哪些？

7. 圆柱形谐振器常用的振荡模式有哪些？都有哪些优缺点。

8. 简述基片集成波导的工作原理及其结构。

9. 滤波器中常用的压电单晶和薄膜材料主要包括哪些？各有什么特点？

10. 简述声表面波滤波器和声体波滤波器的工作原理和工作结构，并比较其异同。

## 参考文献

[1] 雷振亚，王青，刘家州，等. 射频/微波电路导论 [M]. 西安：西安电子科技大学出版社，2017.

[2] 栾秀珍，王钟葆，傅世强，等. 微波技术与微波器件 [M]. 北京：清华大学出版社，2017.

[3] Ahmad Z. Polymer dielectric materials [M]. Dielectric material. IntechOpen，2012.

[4] 吴家刚，郑婷. 电子陶瓷材料与器件 [M]. 北京：化学工业出版社，2021.

[5] 金中佳彦. 多层低温共烧陶瓷技术 [M]. 詹欣详，周济，译. 北京：科学出版社，2010.

[6] Sebastian M T, Jantunen H. Low loss dielectric materials for LTCC applications: a review [J]. Int. Mater. Rev.，2008，53（2）：57-90.

[7] Reaney I M，Iddles D. Microwave dielectric ceramics for resonators and filters in mobile phone networks [J]. J. Am. Ceram. Soc.，2006，89 [7]：2063-2072.

[8] Sebastian M T，Wang H，Jantunen H. Low temperature co-fired ceramics with ultra-low sintering temperature: a review [J]. Current Opinion in Solid State and Materials Science，2016，20（3）：151-170.

[9] Zou J，Yantchev V，Iliev F. Ultra-large-coupling and spurious-free SH 0 plate acoustic wave resonators based on thin LiNbO$_3$ [J]. IEEE T. Ultrason. Ferr. 2019，67（2）：374-386.

[10] 杨刚. AT 切条形石英晶体谐振器力频特性研究 [D]. 成都：电子科技大学，2023.

[11] Hollerweger F，Springer A，Weigell R，et al. Design and performance of a SAW ladder-type filter at 3.15 GHz using SAW mass production technology [C] //1999 IEEE MTT-S International Microwave Symposium Digest (Cat. No. 99CH36282). IEEE，1999，4：1441-1444.

[12] 陈妍朴. c 轴取向氮化铝薄膜制备、退火处理和谐振器研究 [D]. 合肥：中国科学技术大学，2023.

[13] 天津电缆厂. 射频电缆生产 [M]. 北京：机械工业出版社，1984.

[14] 郝张成. 基片集成波导技术的研究 [D]. 南京：东南大学，2006.

[15] 李起. 高频高功率耐受性声表面波滤波器材料及器件研究 [D]. 北京：清华大学，2018.

[16] 李佳励. 高频梯形声表面波带通滤波器的设计 [D]. 广州：华南理工大学，2020.

[17] 李彦睿. 薄膜体声波滤波器的研究和设计 [D]. 成都：电子科技大学，2011.

[18] Hunter I C，Rhodes J D，Dassonville V. Dual-mode filters with conductor-loaded dielectric resonators [J]. IEEE transactions on microwave theory and techniques，1999，47（12）：2304-2311.

# 4

# 安全存储——信息存储材料与器件

　　信息存储对人类很重要。自文明诞生以来，人类便想尽办法安全地存储信息，并且一直在进步，尤其是近一百年，人类获取和存储信息的能力已实现巨大飞跃，更多信息被数字化，大部分信息被保存于各种存储设备里。

　　人类之所以与动物有所区别，是因为拥有一整套抽象信息运用能力，即信息表达能力、信息存储能力、信息传播能力和信息处理能力，其中是否具备信息存储能力是区分一个物种能否进化出先进文明的关键。

　　虽然大脑也是存储信息的一种载体，但对于动物来说，这是一种被动的信息存储能力，因为动物无法主动决定存储什么信息，也无法主动从大脑传播信息。而大脑中的抽象信息以某一个肢体动作或某一种声音表达出来后，只能存在很短时间，无法持久保存。因此信息存储应该是指将抽象信息以某种方式存储到大脑以外的某种媒介上。

　　在旧石器时期，人们开始利用天然的岩石作为载体来记录有用的信息。起初，祖先们只是在岩壁上记载见到的动物形象，传递相对简单的信息，但到了旧石器时代晚期和新石器时期，他们已经开始利用光滑的岩壁记录更为复杂、更为具体的信息，比如部落生活场景、战斗场面、祭祀活动等，世界各地都出现了含有珍贵史前信息的岩石壁画。

　　相比大脑，岩画存储具有更好的稳定性。然而，岩画的致命弱点是移动困难。于是，人们又开始制造新的存储工具。两河流域的古文字是当今世界已知的最古老的文字之一，由古代的苏美尔人创造。古代苏美尔人发现黏土制作的泥板是很好的书写工具。他们在未干的泥板上写画，并将泥板晒干或者烤干后保存。这些刻有文字的泥板是人类历史上最早的"泥板之书"。除泥板之外，平整的石板也可存储信息，古埃及人将一些重要事件刻在石板上。纳美尔石板是埃及王朝著名的石板雕刻，记录了埃及长老统一埃及的伟大业绩，是迄今为止所发现的人类最古老的历史纪实性石刻。虽泥板和石板更容易移动，但它们仍然过于沉重。

　　中国古代人民最早使用结绳记事法，即用绳子来记录有用的信息。文字发明出来之后，又利用甲骨作为记录信息的载体。后来也利用过竹片、木片、缣帛等记录信息。木片、竹片虽然比石板轻，但也比较笨重，而缣帛又太贵。后来，中国人民又发明了印刷术和造纸术。

在现今高速发展的社会，信息存储对人类非常重要。信息存储可以记录社会的发展，帮助人们更好地了解世界并推动它的发展。

# 4.1　磁存储材料与器件

远古时期，早期人类通过结绳记事、龟甲兽骨，点燃了人类文明的火种；随着技术的进步，竹简木牍、纸张缣帛更好地记录了信息，将文明不断地延续和传承；18 世纪工业革命萌芽，打孔卡的发明标志着人类机械化信息存储形式的开端；19 世纪在电信号技术的推动下，一种新型存储技术——磁介质存储开始崛起。

磁学具有非常悠久的发展历史，一直伴随着人类文明进步的历程而发展。中华民族很早就认识到了磁现象，古代中国在磁的发现、发明和应用等许多方面都居于当时世界首位，如我国春秋战国时代发明了一种指示南北方向的指南器：司南。

西方对于近代电磁学的研究开始于英国威廉·吉尔伯特。1600 年，吉尔伯特用拉丁文发表了《论磁》一书，系统地讨论了地球的磁性。《论磁》的出版，标志着近代磁学的诞生。1820 年 4 月，丹麦物理学家奥斯特发现了电流和磁的相互作用现象。1820 年 7 月，奥斯特用拉丁文发表了划时代的论文《关于磁针上的电碰撞效应的实验》。

1820 年，法国科学家安培发现了两根通电导线之间会发生吸引或排斥现象。在此基础上，安培提出载流导线之间相互作用力的定律——安培定律，以精确的数学公式表示电流与电流之间的相互作用，成为电动力学的基础。安培还提出了试图解释物质磁性起源的分子电流假说，认为一切磁效应都可以归因于电流与电流的相互作用。

1820 年，法国物理学家毕奥和萨伐尔联名向法国科学院提交了《运动中的电传递给金属的磁化力》的论文，提出了毕奥-萨伐尔定律，即电流元的磁作用强度（磁感应强度）与距离的平方成反比，与电流元和距离间的夹角的正弦成正比。

1821 年，英国科学家法拉第成功地进行了"电磁感应实验"，发现了通过磁的运动来产生电流的现象和交流发电机的原理。在此基础上，法拉第创立了电磁感应定律。法拉第还首次提出"力线"的思想并试图用于解释电磁相互作用的本质，这一思想后来发展为"场"的概念并成为物理学研究相互作用时的核心思想之一。至此，电和磁的统一关系终于被人类所认识，电磁学从此诞生。

19 世纪末到 20 世纪初是近代经典磁学大发展的时期。不但抗磁性、顺磁性和铁磁性的实验研究和理论研究取得许多重大甚至突破性的进展，如皮埃尔·居里在 1895 年发表了关于抗磁性和顺磁性的两个定律，并发现了居里温度，皮埃尔·外斯创立了铁磁性理论；新的磁效应发现，也为以后的新研究和新应用开辟了广阔的途径。

最早的磁记录的文章发表在 1888 年 9 月 8 日的英国《电气世界》杂志上。在《一些可能形式的留声机》一文中，作者奥伯林·史密斯发表了最早关于磁记录的观点，他建议"采用磁性介质来对声音进行录制"。

1928 年，德国工程师弗里茨·普弗勒默发明了录音磁带，可以存储模拟信号，标志着磁性存储时代的正式开启；1932 年，磁存储技术有了重大突破；奥地利工程师古斯塔夫·陶谢克发明了磁鼓存储器；1947 年，美国工程师弗雷德里克·菲厄申请了第一个磁芯存储器的专利；磁芯存储器的第一次大规模运用，是 1953 年麻省理工学院的 Whirl-wind 1 计算机；杰·福雷斯特完善了磁芯存储技术，推出第一个可靠的计算机高速随机存取存储器。磁芯存储器在 20 世纪 70 年代被广泛用作计算机主存储器。

1956 年 9 月 14 日，IBM 公司在新闻发布会上展示了一个大型机柜，机柜内放置了直径 61cm 的多层盘片，这是人类历史上第一块硬盘 IBM 350 RAMAC（Random Access Method for Accounting Control）；1962 年，IBM 发布了第一个可移动硬盘驱动器，它有六个 14 英寸❶盘片，可存储 2.6MB 数据。20 世纪 90 年代，诺贝尔物理学奖得主艾尔伯·费尔（Albert Fert）和彼得·格林贝格（Peter Grunberg）发现了巨磁电阻效应（Giant Magnetoresistance，GMR），基于该效应研究的 GMR 巨磁阻效应磁头技术成功将机械硬盘的磁道密度提升上百倍。随着传统硬盘的存储密度逐渐接近极限（约 1Tb/in$^2$），新的存储技术不断涌现，如叠瓦式磁记录（SMR）、二维磁记录（TDMR）、点阵式磁记录（BPMR）以及能量辅助磁记录等。

### 4.1.1　磁存储机理

#### 4.1.1.1　电磁效应和电磁感应

电流通过导体时，会在导体的周围产生感应磁场。感应磁场的磁极随电流方向的改变而改变，如图 4-1 所示。

当闭合电路内的磁场发生变化（磁通量变化）时，闭合电路内会产生感应电动势。即闭合电路内磁场的变化会使电路内产生感应电流，如图 4-2 所示，电流的方向与磁极方向有关。

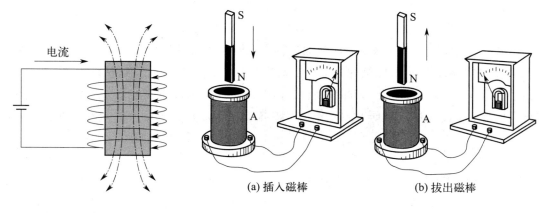

(a) 插入磁棒　　(b) 拔出磁棒

图 4-1　电磁效应　　　　图 4-2　电磁感应

#### 4.1.1.2　铁磁性和反铁磁性

磁性材料是指由过渡元素铁、钴、镍及其合金等组成的能够直接或间接产生磁性的物

❶　英寸（in），1in＝25.4mm。

质。实验表明，任何物质在外磁场中都能够或多或少地被磁化，只是磁化的程度不同。根据物质在外磁场中表现出的特性，物质可分为五类：顺磁性物质、抗磁性物质、铁磁性物质、亚铁磁性物质、反铁磁性物质。顺磁性物质和抗磁性物质称为弱磁性物质，铁磁性物质、亚铁磁性物质称为强磁性物质。铁磁性指的是一种材料的强磁性，起源是材料中的自旋平行排列导致的自旋极化。

1907 年，法国物理学家皮埃尔·外斯在朗之万顺磁理论的基础上提出了铁磁现象的唯象理论。其主要内容是：铁磁物质内部存在很强的"分子场"，在"分子场"的作用下，原子磁矩克服热运动，趋于同向平行排列，称为自发磁化；铁磁体自发磁化分成若干个小区域（这种自发磁化小区域称为磁畴），由于各个区域（磁畴）的磁化方向各不相同，其磁性彼此相互抵消，所以大块铁磁体对外不显示磁性；当温度升高到足以与分子场抗衡时，分子场引起的磁有序被破坏，表现为顺磁性，此时的临界温度叫居里温度。

实验证明，铁磁体自发磁化的根源是原子（正离子）磁矩，在原子磁矩中起主要作用的是电子自旋磁矩。与原子顺磁性一样，在原子的电子壳层中存在没有被电子填满的状态是产生铁磁性的必要条件。例如铁的 3d 状态有四个空位，钴的 3d 状态有三个空位，镍的 3d 态有两个空位。如果使充填的电子自旋磁矩按同向排列起来，将会得到较大磁矩，理论上铁有 $4\mu B$，钴有 $3\mu B$，镍有 $2\mu B$。

铁磁材料的磁化强度与外磁场呈非线性关系。磁化强度随外磁场变化而变化，形成磁滞回线，如图 4-3 所示。铁磁材料从剩余磁化强度 $M=0$ 开始，逐渐增大磁化场的磁场强度 $H$，磁化强度 $M$ 将随之逐渐增加直至到达磁饱和状态，其值为 $M_s$，对应的磁场强度为 $H_s$；此后若减小磁化场，磁化曲线并不沿原来起始磁化曲线返回，当 $H$ 减小为零时，$M$ 并不为零，此时的 $M$ 称为剩余磁化强度 $M_r$；如果要使磁化强度减到零，必须加一反向磁化场，而当反向磁化场加强到一定值时，$M$ 才为零，此时的磁场强度称为矫顽力 $H_c$；继续增大反向磁场至 $-H_s$ 时，磁化强度 $M$ 将沿反方向磁

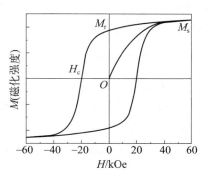

图 4-3　铁磁体磁滞回线

化至 $-M_s$。当磁化场由 $H_s$ 变到 $-H_s$，再从 $-H_s$ 变到 $H_s$ 反复变化时，样品呈现出一条闭合回线，称为磁滞回线。

反铁磁性是材料的另一种磁性，其最显著的特征是自旋反平行排列而不呈现宏观磁矩，这种磁有序状态称为反铁磁性。

反铁磁性物质在所有的温度范围内都具有正的磁化率，但是其磁化率随温度有着特殊的变化规律。起初，反铁磁性被认为是反常的顺磁性。进一步的研究发现，它们内部的磁结构完全不同，因此人们将反铁磁性归入单独的一类。1932 年，奈尔将外斯分子场理论引入到反铁磁性中，发展了反铁磁性理论。

随着温度的降低，反铁磁性的磁化率先增大，经过一极大值后再减小。该磁化率的极大值所对应的温度称为奈尔温度，用 $T_N$ 表示。在 $T_N$ 温度以上，反铁磁性物质表现出顺

磁性；在 $T_N$ 温度以下，物质表现出反铁磁性。物质的奈尔温度 $T_N$ 通常远低于室温，因此为了确定一种常温下为顺磁性的物质在低温下是否为反铁磁性，需要在很低的温度下测量它的磁化率。反铁磁性化合物大多是离子化合物，如氧化物、硫化物和氯化物等，反铁磁性金属主要是铬和锰等。

与铁磁性一样，其微小磁矩在磁畴内排列整齐，但在反铁磁性物质内部，相邻价电子的自旋趋于相反方向。在同一子晶格中有自发磁化强度，电子磁矩是同向排列的；在不同子晶格中，电子磁矩反向排列。两个子晶格中自发磁化强度大小相同，方向相反，整个晶体磁化率接近于 0。温度升高到一定程度时，反铁磁物质表现出顺磁性，转变温度称为反铁磁性物质的居里温度或奈尔温度。奈尔温度的解释：在极低温度下，由于相邻原子的自旋完全反向，其磁矩几乎完全抵消，故磁化率几乎接近于 0。当温度上升时，使自旋反向的作用减弱，当温度升至奈尔温度以上时，热扰动的影响较大，此时反铁磁体与顺磁体有相同的磁化行为。反铁磁性物质置于磁场中，其邻近原子之磁矩相等而排列方向刚好相反，因此其磁化率为零。这种材料当加上磁场后其磁矩倾向于沿磁场方向排列，即材料显示出小的正磁化率。但该磁化率与温度相关，并在奈尔温度有最大值。

在反铁磁性被提出的大半个世纪里，反铁磁性的实际应用一直不被人们重视，直到来自法国的物理学家阿尔贝·费尔和他的研究小组于 1988 年在交替的铁、铬薄膜所制成的超晶格薄膜中发现巨磁电阻效应（GMR）之后，才开启了自旋电子学的研究热潮，反铁磁性应用逐渐被开发。

### 4.1.1.3　软磁和硬磁

硬磁性是指磁性材料经过外加磁场磁化以后能长期保留其强磁性（简称磁性），其特征是矫顽力（矫顽磁场）高。矫顽力是磁性材料经过磁化以后再经过退磁使其剩余磁性（剩余磁通密度或剩余磁化强度）降低到零的磁场强度。而软磁材料则是加磁场既容易磁化又容易退磁，即矫顽力很低的磁性材料。退磁是指在加磁场（称为磁化场）使磁性材料磁化以后，再加同磁化场方向相反的磁场使其磁性降低的磁场。

通常所说的磁性材料一般是指强磁性物质，又叫硬磁材料和永磁材料，这类材料难以磁化并且一旦磁化之后又难以退磁，其主要特点是具有高矫顽力，包括稀土永磁材料、金属永磁材料及永磁铁氧体，具有宽磁滞回线、高矫顽力和高剩磁的特性，具备转换、传递、处理、存储信息和能量等功能。

软磁材料可以用最小的外磁场实现最大的磁化强度，包括软磁铁氧体、非晶纳米晶合金等，具有初始磁导率高、矫顽力小和磁滞回线狭窄等特性，能快速地响应外磁场的变化。

### 4.1.1.4　超顺磁性和超顺磁极限

超顺磁性是指磁性材料在一定临界尺度以下和临界温度以上磁化时不会出现磁滞回线现象，即剩余磁化强度和矫顽力都为零，如图 4-4 所示。磁化率不再服从居里-外斯定律。其原因在于，在纳米尺度下各向异性性能减小，当减小到与热运动能可相比时，磁化方向就不再固定在易磁化方向，磁矩方向呈混乱状态分布。例如对于纳米 Ni 微粒，粒径为

65nm 时，矫顽力 $H_r$ 为 $1.99 \times 10^5 A/m$，磁化率服从居里-外斯定律；当粒径小于 15nm 时，矫顽力 $H_r$ 趋于零，磁化率不服从居里-外斯定律。不同种类的纳米磁性微粒出现超顺磁的临界尺寸是不相同的。

随着硬盘磁存储密度达到 $1Tb/in^2$，磁记录将面临一些难以解决的问题。在硬盘中，一定数目的磁性颗粒记载了一个比特位的信息。如果需要提升存储密度，那么每一个比特位所占有的面积就会缩小，进而所包含的磁性颗粒数量也会减小。磁信号的本征信噪比同每比特位所拥有的介质颗粒数目成正比，若要提升硬盘存储密度同时保持信噪比不变，必须要缩小介质颗粒的尺寸。同时，数据记录的稳定性也是存储器重要的性能指标。磁矩向上和磁矩向下两个状态之间存在着一个能量壁垒 $E_b$，其大小等于磁各向异性常数 $K_u$ 和介质颗粒体积 $V$ 的乘积。介质颗粒体积的减小会使

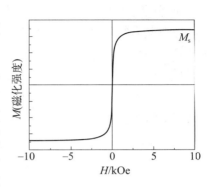

图 4-4 超顺磁体磁化曲线

能量势垒 $E_b$ 降低，当施加一定强度外磁场或热扰动时，磁矩的方向就会很容易发生改变，严重影响硬盘存储数据的稳定性，除非选用具有较高 $K_u$ 的存储介质。但是，具有较高 $K_u$ 的材料同时具有较大的矫顽场，必须施加更大的磁场才能使磁性颗粒的磁矩翻转。受限于较小的物理尺寸，当前的磁头无法产生足够强的磁场。综上所述，随着硬盘存储密度的提升，其各方面参数已经越来越接近理论极限。

磁化区域越小，越容易受到周围环境的影响，当这个区域减小到一定的尺寸，硬盘本身的温度甚至是室温就可以改变这个磁化区域所记录的信息的状态，并且这种影响不具规律，会严重影响到所存储信息的稳定性和安全性。这种现象就叫作超顺磁效应（超磁限制或者超磁效应）。

### 4.1.1.5 磁阻效应

强磁性材料在受到外加磁场作用时引起的电阻变化，称为磁电阻效应。不论磁场与电流方向平行还是垂直，都将产生磁电阻效应。前者（平行）称为纵磁场效应，后者（垂直）称为横磁场效应。磁阻效应常分为以下几种。

（1）常磁阻（OMR）

对所有磁性和非磁性金属而言，传导电子在磁场中受到洛伦兹力的作用产生回旋运动，在传导时会偏折，使得路径变成沿曲线前进，因此电子行进路径长度增加，使电子碰撞概率增大，进而增加材料的电阻。磁阻效应最初于 1856 年由威廉·汤姆森，即后来的开尔文爵士发现。在一般材料中，电阻随磁场的变化通常小于 5%，这样的效应后来被称为"常磁阻"。

一般强磁性材料的磁电阻率（磁场引起的电阻变化与未加磁场时电阻之比）在室温下小于 8%，在低温下可增加到 10% 以上。已实用的磁电阻材料主要有镍铁系和镍钴系磁性合金。室温下镍铁系坡莫合金的磁电阻率约 1%～3%，若合金中加入铜、铬或锰元素，可使电阻率增加；镍钴系合金的磁电阻率较高，可达 6%。与其他磁效应相比，磁电阻效

应制成的换能器和传感器结构简单、对速度和频率不敏感。磁电阻材料已用于制造磁记录磁头、磁泡检测器和磁膜存储器的读出器等。

（2）各向异性磁阻效应（AMR）

在铁磁金属及其合金中，可以观察到明显的磁电阻效应。铁磁性材料中磁阻的变化，与磁场和电流间夹角有关，称为各向异性磁阻效应。铁磁材料中通入电流 $I$，当电流方向与材料磁矩 $M$ 方向夹角变化时，所测得电阻率也随之变化。在各向异性磁阻效应中，材料电阻率

$$\rho(\theta)=\rho_\perp \sin^2\theta+\rho_{//}\cos^2\theta=\rho_\perp+\Delta\rho\cos^2\theta \tag{4-1}$$

材料的磁阻率 $MR$

$$MR=\frac{\Delta\rho}{\rho_{av}}=\frac{\rho_{//}-\rho_\perp}{\frac{1}{3}\rho_{//}+\frac{2}{3}\rho_\perp} \tag{4-2}$$

其中，$\theta$ 为材料中磁矩方向与电流方向的夹角；$\rho_\perp$ 和 $\rho_{//}$ 分别表示当 $\theta=90°$ 和 $\theta=0°$ 时的电阻率；$\rho_{av}$ 表示电阻率的平均值，约等于磁性薄膜在零磁场下的电阻率。

各向异性磁阻效应来源于材料中的自旋轨道耦合，且与材料的磁化强度、应力、成分等因素有关；最常见的具有此效应的材料为坡莫合金即 $80\%Ni20\%Fe$ 的镍铁合金，具有高磁导率、低矫顽力、近乎为零的磁致伸缩和明显的各向异性磁阻效应等特点。当磁性材料磁化到饱和后，磁电阻不再随外加磁场变化发生明显变化，此时磁电阻达到饱和。当 AMR 饱和后，OMR 效应仍将存在。各向异性磁阻的特性，可用来精确测量磁场。

（3）磁性多层膜巨磁电阻效应

巨磁电阻效应（GMR）定义指磁性材料的电阻率在有外磁场作用时较之无外磁场作用时存在巨大变化的现象。磁性多层膜是由一定厚度的磁性金属层和非磁性层组成的多层膜，一般表示为 $(A/B)_n$。其中，A 主要为 Fe/Co/Ni 或其合金组成；B 为非磁性金属层，主要由 Cu、Ag、Cr、Au 或氧化物构成；$n$ 为周期数。单层膜厚几纳米。

1986 年德国科学家彼得·格林贝格尔在铁/铬/铁（Fe/Cr/Fe）三层膜结构中发现，当 Cr 层厚度合适时，两 Fe 层之间存在反铁磁耦合作用。法国科学家阿尔贝·费尔设计了铁、铬相间的多层膜，发现非常弱小的磁场变化就能导致磁性材料发生非常显著的电阻变化。随后，斯图尔特·帕金（Parkin）等发现 GMR 是一种普遍现象，采用简单的磁控溅射法即可制备，并发现了磁电阻的振荡现象以及自旋阀结构。2007 年诺贝尔物理学奖授予了费尔和格林贝格尔，帕金则获得芬兰 2014 年"千年技术奖"。

多层膜 GMR 数值远大于 AMR，其有两种状态，一种是电流沿膜面，一种是电流垂直膜面。采用沿膜面时，电子运动时可穿越多层膜，并受层内及界面自旋相关的散射，总电阻为电子经过各层的各个等效电阻的综合。垂直膜面时，电子要经受更多的与自旋相关的杂质和缺陷的散射，可以得到更大的电磁阻效应。

巨磁阻效应可以通过莫特双电流模型进行解释，莫特认为，在铁磁金属中，导电的 s 电子要受到磁性原子磁矩的散射作用，散射的概率取决于导电的 s 电子自旋方向与固体中磁性原子磁矩方向的相对取向。自旋方向与磁矩方向一致的电子受到的散射作用很弱，自

旋方向与磁矩方向相反的电子则受到强烈的散射作用。传导电子受到散射作用的强弱直接影响到材料电阻的大小。

二流体模型（图 4-5）认为：当 $H=0$ 时，相邻磁层反铁磁耦合，磁层磁矩反平行排列，任一种自旋状态的传导电子在穿过磁层时，总会受到磁矩取向与其自旋方向相反的磁层的强烈散射，任一种自旋状态的电子都无法顺利穿越两个或两个以上的磁层。在宏观上，多层膜处于高电阻状态；当外加磁场足够大时，原本反平行排列的各层磁矩沿外场方向平行排列，总是有一种自旋状态的传导电子可以很容易地穿过磁矩取向与其自旋方向一致的磁层，也就是说，有一半传导电子存在一低电阻通道。在宏观上，多层膜处于低电阻状态，因此产生 GMR 现象。

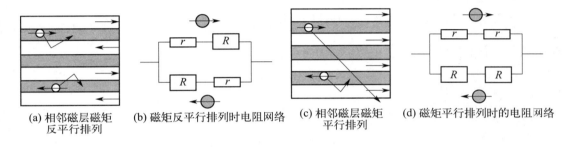

(a) 相邻磁层磁矩反平行排列　(b) 磁矩反平行排列时电阻网络　(c) 相邻磁层磁矩平行排列　(d) 磁矩平行排列时的电阻网络

**图 4-5　二流体模型**

多层膜要实现巨磁电阻效应的条件有：非磁层厚度满足相邻磁层反铁磁耦合；相邻磁层磁矩的相对取向能够在外磁场作用下发生改变；每一单层厚度要远小于传导电子的平均自由程；自旋取向不同的两种电子（向上和向下），在磁性原子上的散射差别必须很大。

（4）隧道磁电阻效应（TMR）

磁隧道结多层膜一般由两层铁磁金属薄膜之间夹绝缘薄膜构成，即磁性金属 $F_1$/绝缘层 I/磁性金属 $F_2$，磁性金属 $F_1$ 与 $F_2$ 一般采用 Fe、NiFe、CoFe、Co 等自旋极化率大的材料，绝缘层多用 $Al_2O_3$、MgO、NiO 等材料。通过施加外磁场可以改变两铁磁层的磁化方向，磁矩取向平行时的电导高于反平行时的电导，从而使得隧穿电阻随着磁场的变化而变化，这种隧穿电阻与铁磁电极的自旋极化方向相关的现象称为磁隧道电阻效应。

在 FM/I/FM 结构中，电子隧穿非磁性层的位垒产生隧穿电流。当两铁磁层的磁矩方向平行时，一铁磁层中的多数自旋子带的电子将进入另一铁磁层的多数子带的空态，同时少数自旋子带的电子也从一个铁磁层进入另一个铁磁层少数子带的空态，此时，费米面附近可填充态的数目之间具有最大匹配程度，隧穿概率大，隧穿电流最大，隧穿电阻最小；当两铁磁层的磁矩方向反平行时，一铁磁层中的多数自旋子带的电子将进入另一铁磁层的少数子带的空态，少数自旋子带的电子也从一个铁磁层进入另一个铁磁层多数子带的空态，电子的遂穿行为主要发生在一个铁磁层的多数电子态（自旋向上）和另一个铁磁层的少数电子态（自旋向上）之间，隧穿概率小，遂穿电阻最大。

磁隧道巨磁电阻值定义为

$$TMR = \frac{\Delta R}{R_p} = \frac{R_s - R_p}{R_p} \tag{4-3}$$

式中，$R_p$ 和 $R_s$ 分别为两铁磁层磁化方向平行与反平行时磁隧道结的电阻。容易证明，隧道磁电阻值随两铁磁电极的磁化矢量方向的相对变化为

$$TMR = \frac{\Delta R}{R_A} = \frac{R_A - R_p}{R_A} = \frac{\Delta G}{G_p} = \frac{2P_1 P_2}{1 + P_1 P_2} \tag{4-4}$$

这就是著名的 Julliere 公式。式中，$P_1$ 和 $P_2$ 为对应两个铁磁电极的自旋极化率。显然如果 $P_1$ 和 $P_2$ 均不为零，则磁隧道结中存在磁电阻效应，且两个铁磁电极的自旋极化度越大，隧道磁电阻值也越高。例如，取 Fe、Co、Ni 的自旋极化率分别为 40%、34% 和 11%，从理论上可以计算出 Fe/I/Co 的隧道磁电阻 TMR 应为 24%。

### 4.1.2　磁存储材料

#### 4.1.2.1　磁记录材料

（1）氧化铁

$\gamma\text{-}Fe_2O_3$ 由德国科学家于 1934 年发明，最早用于磁带、磁盘的磁粉，在音频、射频、数字记录以及仪器记录中都能得到理想的效果。$\gamma\text{-}Fe_2O_3$ 易于制造和分散，价格便宜，并且对温度、应力和时间稳定性好，缺点是矫顽力不够高。

$\gamma\text{-}Fe_2O_3$ 常用的制备方法是以 $\alpha\text{-}FeOOH$ 为原料制备，如碱法工艺中用强碱溶液一步合成并生长成需要的颗粒或形状。这种工艺可制成针状 $\gamma\text{-}Fe_2O_3$，长度小于 $1\mu m$，长宽比在 3:1 到 5:1 之间，具有明显的形状各向异性，矫顽力大于 $16kA/m$，比天然 $Fe_3O_4$（矫顽力小于 $8kA/m$）高。因此，$\gamma\text{-}Fe_2O_3$ 至今仍是广泛采用的记录材料。

$\gamma\text{-}Fe_2O_3$ 为立方晶体结构。居里温度为 588℃，但这只是理论值，实际上高于 250℃ 时，$\gamma\text{-}Fe_2O_3$ 就变成 $\alpha\text{-}Fe_2O_3$。商业上可提供的 $\gamma\text{-}Fe_2O_3$ 粉末的矫顽力范围为 $20\sim32kA/m$。$\gamma\text{-}Fe_2O_3$ 的矫顽力温度系数仅为 $-1\times10^{-3}/℃$。

在现代的磁记录设备中，随着记录波长或位长度缩短，退磁场变大，因此要求磁介质具有较高的矫顽力，而纯 $\gamma\text{-}Fe_2O_3$ 矫顽力仍不够高。研究发现，固溶 Co 后，矫顽力显著增加。但是，固溶的 $Co^{2+}$ 容易在晶体中发生迁移，从而造成磁学特性的不稳定。纯的 Co 铁氧体中的 $Co^{2+}$ 是稳定的，但是，Co 铁氧体矫顽力太高，不能使用。因此，仅在 $\gamma\text{-}Fe_2O_3$ 表面包覆 Co 铁氧体，开发出了 Co 包覆型的 $\gamma\text{-}Fe_2O_3$，主要是将 Co 置于颗粒表面，得到表面掺 Co、吸附 Co 或者外延 Co 的磁粉。其中一种方法是将氧化铁颗粒分散在 $CoSO_4$ 水溶液中，添加 NaOH，使颗粒上沉积 $Co(OH)_2$，然后将颗粒在短时间内加热到 45℃，氧化物分解，Co 离子在颗粒表面层渗透，形成 Co 铁氧体层。目前，具有 $55\sim70kA/m$ 高矫顽力的优质录像带已广泛采用此种材料。

（2）氧化铬

$CrO_2$ 磁粉具有金红石型晶体结构，饱和磁化强度与矫顽力比纯 $\gamma\text{-}Fe_2O_3$ 更高，从磁

性与结晶形态考虑，$CrO_2$ 作为磁记录材料更加理想，尤其适合用作高密度磁记录介质。$CrO_2$ 磁粉的居里温度较低，作为热磁记录与复制材料亦十分理想，但是 $CrO_2$ 磁粉受高温、高压制备条件的限制，且铬化合物多数有毒，废液较难处理，$CrO_2$ 磁带还有对磁头磨损率较高、温度特性较差等缺点。另一方面，20 世纪 70 年代出现 Co 改性 $\gamma$-$Fe_2O_3$ 磁粉后，$CrO_2$ 的大部分应用领域都被 Co 改性 $\gamma$-$Fe_2O_3$ 所取代。$CrO_2$ 最常用的制备方法是在高温、高压下由 $Cr_2O_3$ 和 $CrO_3$ 反应获得，可制备出针状晶体。其具有良好的单晶针状颗粒形态，表面光洁，不含孔洞，容易获得 $35\sim50kA/m$ 的高矫顽力。

（3）钡铁氧体

钡铁氧体化学式为 $BaO \cdot 6Fe_2O_3$，晶体为六方点阵，$c$ 轴为易磁化轴。其在室温显示出约 $320kJ/m^3$ 的单轴各向异性。其具有很高的矫顽力，一般为 $100\sim900kA/m$，添加 Co 和 Ti 等可对其进行调节。钡铁氧体饱和磁化强度与 $\gamma$-$Fe_2O_3$ 接近，但由于单轴磁各向异性非常强，且容易获得矫顽力适当的粉体，因此，特别适用于作高密度的垂直磁记录介质。

目前用于磁记录的是 Co-Ti 取代的 M 型钡铁氧体磁粉，制备方法主要有化学共沉淀法、水热反应法和玻璃晶化法。盘状颗粒微粉可通过"玻璃结晶法"制备，如将 $BaO \cdot Fe_2O_3$ 和 $B_2O_3$ 混合熔融后进行急冷、压延即可制得。氧化硼的作用是提供一个玻璃化基体，钡铁氧体在基体中形成。再加热使颗粒结晶，用热醋酸除去 $B_2O_3$ 和多余的 BaO，最后得到 $BaO \cdot 6Fe_2O_3$ 颗粒。由这种玻璃晶化法制备的铁氧体微粉的粒度均匀，容易在有机黏结剂中分散，是磁记录介质的理想原料。

水热法也可以制备六角状钡铁氧体颗粒，如按一定比例配制 $FeCl_2$ 和 $BaCl_2 \cdot 2H_2O$ 的混合溶液，然后同含硝酸钾的氢氧化钠溶液混合，将前驱体溶液移入水热反应釜中，控制反应温度和时间，得到结晶完好的六角片状钡铁氧体颗粒。用这种磁粉制成的垂直取向介质、纵向取向介质及非取向介质，均具有优良的高密度记录特性。

（4）金属或金属合金磁粉

金属磁粉是指铁粉或以铁为基体的 Co、Ni 等合金磁粉，金属颗粒具有比氧化物更高的磁化强度和矫顽力，如纯铁的 $M=1700kA/m$，而 $\gamma$-$Fe_2O_3$ 的 $M_s=400kA/m$，因此特别适合用作高密度记录介质。金属铁、镍均为立方晶系结构，具有较低的磁晶各向异性（$10MJ/m^3$），因此提高矫顽力的有效途径是提高磁晶各向异性常数来提高矫顽力。金属磁粉矫顽力不仅与它的组成（磁晶各向异性）有关，而且受其颗粒形状和大小的影响。对于 Fe-Co 颗粒，单畴临界尺寸约 20nm，$H_c>79.6kA/m$。目前，已实用化的金属磁粉是以 Fe 为主体的针状磁粉。

针状金属磁粉代表性的制备方法有下面三种：

① 针状粒子还原法：在 $250\sim400℃$ 下使针状氧化物（$\gamma$-$Fe_2O_3$，$\alpha$-$Fe_2O_3$）或在 $375\sim400℃$ 温度下使针铁矿 $\alpha$-$(FeO)OH$ 颗粒在氢气气流中还原。

② 硼氧化物还原法：在 Fe、Co、Ni 等的盐水溶液中加入 $NaBH$ 等的硼氢化物，使磁性金属还原沉淀。

③ 在 Ar 和 He 气氛中施加磁场的同时，蒸发磁性金属，沉积得到金属磁粉。

金属磁粉的矫顽力高，为了充分发挥其功能，需要采用能产生强记录磁场的磁头。除了磁化强度和矫顽力高以外，金属颗粒的另外两个优点是导电性和光吸收性能好。但是，金属颗粒的化学性质通常比较活泼，在大气中容易腐蚀，甚至自燃，并且容易与黏结剂发生反应。为了提高稳定性，通常采用合金化法使得粉末表面氧化。另外一个缺点是磁粉颗粒越细，越不易得到充分分散，磁浆中的磁粉就会分布不均匀，甚至结块成闭合磁路，降低排磁效率和磁带的灵敏度，导致金属磁粉特性无法发挥。

由于金属磁粉的粒径小（$0.1 \sim 0.3 \mu m$），比表面积大（$30 \sim 70 m^2/g$），具有反应活性强、直接接触空气易氧化等特点。所以在制造和保存过程中应采取特殊防氧化技术。防氧化措施主要有：

① 表面氧化法，又分液相法和气相法两种。液相法是将金属铁磁粉分散到甲苯等有机溶剂里，向悬浮液内吹入含氧气体，利用有机溶剂的气化吸收铁的氧化热以减缓氧化反应，只有铁粒子的表面层才被氧化。气相法则是在含约 $0.2\%$（质量）氧的惰性气体气流中氧化金属磁粉，利用惰性气体的热容量排除氧化热，保证氧化反应只在粒子表面发生。

② 添加 Ni、Co 等耐腐蚀性强的铁磁性金属制成合金磁粉。一般添加 Ni 和 Co 的质量分数约为 $10\%$。大量 Co、Ni 等的加入将严重影响 $\alpha\text{-FeOOH}$ 的针状形状，因此一般是在制成的 $\alpha\text{-FeOOH}$（或 $\alpha\text{-Fe}_2\text{O}_3$）粒子上包覆 $Ni(OH)_2$ 或 $Co(OH)_2$，这样 Ni、Co 集中在合金磁粉表面，能更好地抗氧化。

③ 在金属磁粉表面包覆一层 Si/Al 化合物壳层，或者是稳定的陶瓷材料形成金属磁粉颗粒与外界环境之间的隔离层。

④ 在金属磁粉颗粒表面包覆有机物层，主要也是利用它的隔离作用。

（5）高矫顽力材料

为了克服超顺磁性极限的约束，磁记录器件必须选用具有高磁晶各向异性常数的纳米磁性材料，下面列举了一些典型磁性材料的磁晶各向异性常数（$K$）、居里温度（$T_c$）、饱和磁化强度（$M_s$）、超顺磁极限尺寸（$D_s$）和单畴临界尺寸（$D_c$），见表 4-1。可以看出 $SmCo_5$、$Nd_2Fe_{14}B$ 和 $L1_0\text{-FePt}$ 具有极小超顺磁极限尺寸，是制备超高密度磁记录存储的理想材料。但稀土永磁材料的热稳定性不好，限制了其磁记录应用，而化学有序的面心四方结构的铁铂纳米颗粒 $L1_0\text{-FePt}$ 磁性纳米材料具有很高的单轴磁晶各向异性常数 $K$、极小的超顺磁极限尺寸，理论上可把晶粒尺寸减小到 3nm 左右，使得硬磁性 $L1_0\text{-FePt}$ 磁性纳米材料有望成为未来超高密度磁记录介质最有希望的备选材料。

表 4-1    几种典型磁性材料的磁性性质

| 材料 | $K/(10^6 J/m^3)$ | $T_c/℃$ | $D_s/nm$ | $D_c/nm$ |
|---|---|---|---|---|
| $CoFe_2O_4$ | 0.5 | 520 | 11 | 100 |
| CoCrPt | 0.2 | — | 10.4 | 890 |
| $L1_0\text{-FePt}$ | 7 | 480 | $2.8 \sim 3.3$ | 60 |
| $Fe_3O_4$ | $-0.011$ | 585 | 26 | 128 |
| $SmCo_5$ | 20 | 747 | $2.2 \sim 2.7$ | 750 |
| $Nd_2Fe_{14}B$ | 4.9 | 312 | 3.7 | 230 |

制备 FePt 的传统方法一般有溅射法（如磁控溅射）、球磨法、熔融法、机械冷变形法、真空沉积法等物理方法，对样品进行高温退火后可以得到有序的 $L1_0$-FePt，通过改变退火时间和退火温度以获得不同的结果。

#### 4.1.2.2　磁头材料

（1）合金材料

合金系磁头材料具有高磁导率和高饱和磁感应强度的优点，经常使用的是含银坡莫合金（典型成分：质量分数 4%Mo-17%Fe-Ni）和仙台斯特合金（典型成分：质量分数 5.4%Al-9.6%Si-Fe）。这两种材料在低频下的磁导率较高，而且矫顽力低。它们的磁致伸缩系数可接近于零，且具有很高的饱和磁感应强度，因而具有很好的写入特性。

坡莫合金软磁性能优异，加工性好，价格便宜，除了制作磁头的铁心外，还可以做磁头的屏蔽罩和隔板。坡莫合金最大的缺点是电阻率较低，涡流损耗非常大，即使在中频下，由涡流造成的磁导率下降也十分显著，因此通常采用薄膜层叠结构。坡莫合金系磁芯为薄膜，现在主要用电镀、溅射镀膜等方法制作。为了提高磁头表面的耐磨性，表面可以蒸镀一层薄的硼化物，进行表面硬化处理而不影响其磁性能。

由于录像磁记录技术的发展，宽频带、高硬度的 $CrO_2$ 磁粉制作的录像带对磁头磨损严重，坡莫合金材料无法适用，仙台斯特合金在这特定场合代替了坡莫合金。仙台斯特合金的主要特点是：饱和磁感 $B_s$ 高达 8500～10000Gs，达到和超过了坡莫合金的数值；电阻率比较高，高频性能好；硬度 HV＞500，耐磨性大大超过坡莫合金，但因为硬度高，因此成型较为困难；磁导率随着温度的变化较大，耐腐蚀性能也较差。制备仙台斯特合金薄带和薄膜的方法和制造非晶态薄带的方法相似，通过熔融合金快淬法获得薄带。另外，用溅射法沉积薄膜，再经过 400℃退火同样可以成功制备仙台斯特合金薄膜，由此获得优良的软磁特性。

还有其他合金材料，如 Mumetal（4%Mo-5%Cu-77%Ni-Fe）、Alfenlo（16%Al-Fe）和 Alperm（17%Al-Fe）（均为质量分数）等也成功地用于磁头。

（2）铁氧体

铁氧体磁头的主要优点是：电阻率高、高频损耗小；高频条件下磁导率高；硬度大、耐磨性好；化学性能稳定，耐腐蚀性能好。因此，铁氧体材料在高频磁头市场占有重要的位置。铁氧体也是一种硬质材料，当磁头和介质接触时，性能不会变差。只要制作工艺得当，铁氧体可在很小公差范围内精密加工而不发生变形，并且加工后的表面抗腐蚀性要比金属好很多。

商业上最令人感兴趣的是两种铁氧体：一种是镍锌（NiZn）铁氧体；另一种是锰锌（MnZn）铁氧体。它们都是尖晶石结构，材料的性质受镍与锌和锰与锌之比的影响。

在磁性能方面，铁氧体最严重的缺陷是饱和磁感强度低，因此在提高记录密度方面存在巨大的困难。为了满足高密度存储对磁介质高矫顽力的要求，需要开发非晶态、纳米晶薄膜和多层膜等高饱和磁感应强度的磁芯材料。

（3）非晶态材料

非晶态磁头材料是因金属磁带的出现，要求磁头高的饱和磁感应强度而发展起来的另一种重要的磁头材料。非晶态磁性材料具有优良的软磁性能，具有许多突出优点：

① 没有磁晶各向异性。原子排列中，没有长程有序，只存在原子尺度短程有序。但在磁场或者应力作用下，或冷凝过程中产生的结构和成分的不均匀分布，可能导致宏观磁各向异性。

② 可获得非常高的磁导率和饱和磁感应强度。

③ 电阻率较高，与同类晶态合金相比电阻率约大 2～3 倍。使涡流损耗降低，高频特性提高。

④ 硬度高，可以达到 1000HV 以上。不仅对耐磨性有利，而且适合于精加工。

⑤ 易得到耐腐蚀性材料，加少量 P 和 Cr 等，可得到既耐腐蚀又不恶化性能的材料。

⑥ 韧性高，加工性能好，可以得到薄带材料。

⑦ 具有低的磁致伸缩系数。

同时，非晶态磁头也有缺点：

① 存在晶化趋势。非晶材料在一定条件下，如处于结晶温度以上，会产生再结晶，这就完全失去了非晶态特点。为避免再结晶，要限制加工过程所引起的温升。

② 易产生感生各向异性。非晶态磁性材料，尤其是 Co 基合金，因热处理或者机械加工引起的感生各向异性会使得磁导率急剧下降。

已开发出的耐磨耐腐蚀性优良的实用型非晶态磁头材料，如 Co-（Zr，Hf，Nb，Ta，Ti）二元系合金薄膜和 Co-Fe-B 类金属非晶态薄膜，由于它们 Co 浓度高，故饱和磁化强度高。

（4）微晶材料

微晶软磁材料有更大的饱和磁化强度，用其制作的磁头要比非晶材料更适合高矫顽力磁性介质的高密度特性。通常选择 Fe 基合金为微晶软磁材料，主要是因为 Fe 的饱和磁化强度高。典型的体系为 Fe-M（V，Nb，Ta，Hf，等）-X（N，C，B），通过溅射沉积法形成非晶态膜，而后加热形成微晶，通过晶粒微细化降低磁致伸缩。在这种材料系统中，通过添加（N，C，B）元素中的任一种来抑制晶粒生长，与上述 M 元素一起实现热稳定化，使获得优良的综合软磁特性。

Fe-Ta-C、Fe-Ta-N 等微晶膜已具有饱和磁感应强度 $B_s$ 高于 1.5～16T，磁导率高于 3000（1MHz）的特性。

（5）多层膜材料

巨磁电阻（GMR）磁头通常采用多层膜结构。多层膜由不同化学组分的数十纳米或以下的超薄膜周期性沉积获得，它具有优良的软磁特性。与微晶薄膜相比，多层薄膜可进一步抑制晶粒的生长。以 Fe-Cr/Ni-Fe 多层膜为例，多层膜效应抑制了柱状晶的生长，微晶化实现了低磁致伸缩，因此其 $B$ 值高达 2T，$H_c$ 也很低，但耐热性差。它在 500℃ 热处理后晶粒长大，软磁性能变坏。

目前典型的多层膜材料有：Fe-Cr/Ni-Fe，用于垂直磁记录磁头；Fe-Al-N/Si-N，用于垂直磁记录磁头；Fe-Nb-Zr/Fe-Nb-Zr-N，用于硬盘磁头。

### 4.1.3　磁存储器件

#### 4.1.3.1　磁头

一个完整的硬盘结构，包含磁盘介质、磁头、主轴电机和音圈电机四部分。磁盘介质的核心是磁性材料，用于储存数字信息。每一个存储单元包含一定数目的磁性颗粒，它们的磁矩方向代表着数字信息中的"1"和"0"。磁头是非常微小的部分，执行数据的读写。硬盘主轴电机可以驱动盘片稳定旋转，使磁头受到稳定的空气浮力，悬浮于硬盘介质上方。音圈电机则负责磁头臂的移动，硬盘在工作时靠伺服电机控制音圈电机的动作，使磁头臂准确寻迹。

磁头主要包含磁写头以及磁读头两个部分。磁写头由铁磁材料和缠绕其上的电流线圈组成。写数据时，磁头移到磁盘要写入的位置，输入电流产生感应磁场，如图 4-6 所示。受磁场的影响，磁头下磁性粒子的磁极方向变为与磁场同向。通过给磁头不同的电流方向，使得磁盘局部产生不同的磁极，产生的磁极在未受到外部磁场干扰时是不会改变的。如此便将电信号持久化到磁盘上。

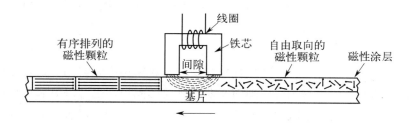

**图 4-6　磁头**

读取磁盘信息时，不通电的磁头在写入数据的位置上移动。数据在磁盘上就是一些磁极方向不同的微小局部区域，由于各个域的磁极方向不完全相同，所以磁头在通过这些不同方向的区域时会产生不同方向的感应电流，这些微弱正负脉冲经过驱动的去噪扩大成为内存中的二进制数据。磁读头的核心是磁头传感器。在盘片转动时，不同指向的磁存储单元会产生不同方向的磁场，改变磁阻器件的电阻，进而由磁头传感器读出数据。图 4-7 给出了读写波形图和存储介质上记录信息的关系。

在硬盘读写时，读操作远快于写操作，而且读/写操作具有完全不同的特性，所以目前的硬盘一般都分读和写两个磁头，但原理不变。

（1）薄膜感应磁头（TFI）

在 1990 年至 1995 年间，硬盘采用 TFI 读/写技术。TFI 磁头实际上是绕线的磁芯。盘片在绕线的磁芯下通过时会在磁头上产生感应电压。TFI 读磁头之所以会达到它的能力极限，是因为在提高磁灵敏度的同时，它的写能力却减弱了。

（2）各向异性磁阻磁头

在 1991 年，IBM 提出了基于磁阻（MR）技术的读磁头技术——各向异性磁头，磁头在和旋转的盘片接触过程中，通过感应盘片上磁场的变化来读取数据。在硬盘中，盘片

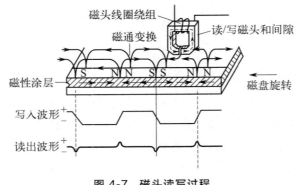

图 4-7    磁头读写过程

的单碟容量和磁头技术相互制约、相互促进。

20 世纪 90 年代中期，希捷公司也推出了使用 AMR 磁头的硬盘。AMR 磁头使用 TFI 磁头来完成写操作，但用薄条的磁性材料来作为读元件。磁场存在时，薄条的电阻会随磁场变化而变化，产生很强的信号，提高了读灵敏度。AMR 磁头进一步提高了面密度，而且减少了元器件数量。由于 AMR 薄膜的电阻变化量有一定的限度，AMR 技术最大可以支持 $3.3GB/in^2$ 的记录密度，所以 AMR 磁头的灵敏度也存在极限。这导致了 GMR 磁头的研发。

（3）GMR 自旋阀结构磁头

巨磁阻效应可以在磁性材料和非磁性材料相间的薄膜层中观察到。当巨磁阻效应应用于磁存储设备的高密度读出磁头时，即使是非常微弱的磁场，也可以引起足够的电流变化以便识别数据，大幅度提高了数据存储的密度，使存储单字节数据所需的磁性材料尺寸大大减少。

GMR 磁头继承了 TFI 磁头和 AMR 磁头中采用的读/写技术。但它的读磁头对于磁盘上的磁性变化表现出更高的灵敏度。GMR 磁头采用自旋阀结构（图 4-8），磁性多层膜由铁磁层 $F_1$（自由层）、隔离层 NM（非磁性层）、铁磁层 $F_2$（钉扎层）、反铁磁层 AF 组成，也有分为传感层、中介层、磁性栓层和交换层的。一般 $F_1$ 多为 NiFe，$F_2$ 多为 NiFe、CoFe、Co 等，AF 多为 FeMn、NiMn、IrMn、NiO 等，NM 多为 Cu、Ag 等。

自旋阀结构中，铁磁层 $F_1$ 容易受外场的影响而改变原有磁性方向；铁磁层 $F_2$，由于与反铁磁层发生耦合从而使其磁矩方向被钉扎在一个方向，在低磁场下，其磁矩方向不会发生反转。未加磁场时，两铁磁层磁矩平行排列，这时自旋阀电阻小；外加反向磁场时，铁磁层 $F_1$ 首先发生磁化反转，两磁性层磁矩反平行排列，磁电阻出现最大值；随着磁场进一步增大，铁磁层 $F_2$ 磁矩也发生反转，两磁性层磁矩平行取向，磁电阻出现最小值。

自旋阀具有巨磁电阻效应，需要满足下列条件：

① 传导电子在铁磁层中或在铁磁/非铁磁界面上的散射概率必须自旋相关；

② 传导电子可以来回穿过两铁磁层并能记住身份（自旋取向），即自旋扩散长度大于隔离层厚度。

自旋阀的优点有：磁阻变化率对外磁场呈线性响应，频率特性好；饱和场低，工作磁场小；电阻随磁场变化大，操作磁通小，灵敏度高；信噪比高。随着研究的不断深入，人们设计了不同类型的自旋阀结构，有顶自旋阀、底自旋阀、不同铁磁层的自旋阀。界面工程自旋阀、对称性自旋阀、不同矫顽力自旋阀等。

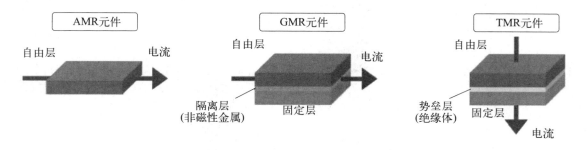

图 4-8　AMR 元件、 GMR 元件、 TMR 元件结构

（4）隧道磁电阻（TMR）磁头

随着科技的发展，磁电阻磁头已从当初的各向异性磁电阻磁头发展到 GMR 磁头和 TMR 磁头。TMR 磁头材料的主要优点是磁电阻比和磁场灵敏度均高于 GMR 磁头，而且具有好的温度稳定性、更低的功耗和更好的线性度。

TMR 元件的结构与 GMR 元件基本相同，但 GMR 元件的电流平行于膜面流过，而 TMR 元件的电流垂直于膜面流过。其结构是 2 层强磁性体层（自由层/固定层）夹住 1～2nm 的薄绝缘体的势垒层的结构，如图 4-9 所示。固定层的磁化方向被固定，但自由层的磁化方向根据外部磁场方向而变，元件的电阻也随之而变。当固定层与自由层的磁化方向平行时，电阻最小，势垒层流过大电流。另外，当磁化方向为反向平行时，电阻极端地变大，势垒层几乎没有电流流过。

TMR 元件中，电子依靠量子力学的隧道效应移动。在固定层与自由层处于反向平行态时，GMR 元件具有电子"难以移动"的特性，而 TMR 元件具有电子"根本不能移动"的极端特性。因此 TMR 元件的 MR 比较大，输出表现出"YES 或 NO""1 或 0"的鲜明特性。

（5）能量辅助磁记录磁头

随着硬盘存储器密度的增加，记录位尺寸变小，因此需要记录位拥有更高的矫顽磁场，才能保持热稳定性。然而当矫顽力增加时，磁头中的磁场不足以用于写入数据，因此需要外部能量辅助写入。目前有两种能量辅助方式，一种是微波辅助磁记录，从磁头尖端的自旋力矩元件发射微波，以在记录期间暂时削弱记录位的矫顽力。另一种是热辅助磁记录，使用激光束瞬时加热记录盘并在记录时局部削弱矫顽力。

微波辅助磁记录技术的核心是通过极高频率的交变磁场（1～100GHz）向存储单元注入能量。若磁场变化频率与存储介质本征共振频率相近，则存储介质可以吸收绝大部分交变磁场能。当存储单元的能量升高后，磁矩处于一个亚稳定态，较小的外加磁场即可完全翻转磁矩。这种现象称为微波辅助磁翻转效应。2003 年，Thirion 等在六角密堆（hcp）结构的 Co 颗粒中发现了微波辅助磁翻转现象。随后，类似的现象在其他的软磁材料比如 NiFe 及 FeCo 合金薄膜中被发现，证实了微波辅助磁翻转效应的普遍性。2009 年 Nozaki

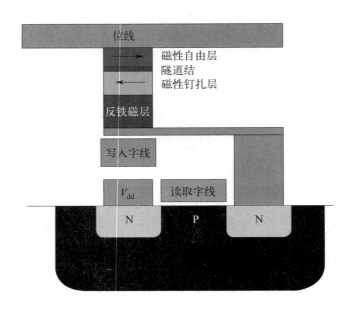

图 4-9  TMR 硬盘磁头

等利用铁磁共振手段在具有垂直磁各向异性的 Co/Pd 多层膜中发现水平方向的微波磁场可以促进多畴态的形成，进而辅助磁翻转。Nozaki 等的研究结果直接推动了微波辅助磁翻转效应在存储领域的应用进程。

利用微波辅助磁翻转效应可以有效降低磁性材料的临界翻转场，但是如何在非常小的磁头中加入高频微波源是一个难题。2003 年，Kiselev 等首次在纳米尺度的磁自旋阀中观测到高频微波发射的现象。此类器件被称为自旋纳米振荡器。核心为纳米磁性多层膜，主要包括磁性固定层、非磁间隔层以及磁性自由层。和传统的微波器件相比，自旋纳米振荡器具有体积小、易集成以及宽频可调等显著优势。2007 年朱建刚等首次提出将自旋纳米振荡器和硬盘磁头相结合的构想。实验表明，自旋纳米振荡器产生的微波磁场可以显著降低磁介质的临界翻转场，使得将具有更高 $K_u$ 的磁性材料作为硬盘存储介质成为可能，可以大幅度提升硬盘存储密度。第一台应用微波辅助磁翻转效应的磁记录样机于 2011 年问世。在这一样机中，磁头与自旋转移纳米振荡器相融合，自旋转移纳米振荡器用于产生高频微波磁场。目前，微波辅助磁记录系统多采用垂直型自旋转移纳米振荡器作为微波磁场的发生源。2017 年，存储行业巨头西部数据公司宣布将微波辅助磁翻转效应应用于下一代大容量存储技术。

热辅助磁记录是另外一种能量辅助磁记录模式，能量来源于激光。2012 年，希捷公司推出了热辅助磁记录技术。希捷提出将热辅助磁记录技术和硬盘相结合，同时利用表面等离子体共振效应将激光能量汇聚于纳米尺度，有望实现超高密度数据存储。在热辅助磁记录过程中，激光脉冲将具有高垂直磁各向异性的存储单元加热至居里温度附近（通常为 400～600℃），此时磁矩能量较高，磁矫顽场也即临界磁翻转场非常低，磁矩易于翻转。与此同时，激光未照射区域的存储单元矫顽力仍然比较大，写入磁场不会对其造成影响。

之后，存储介质的温度迅速降低，磁矩指向趋于稳定，写入的数据信息就被保存下来。通过这一手段，较小的外加磁场即可翻转具有较高垂直磁各向异性的存储单元，有助于实现更高的存储密度。另一方面，表面等离子体共振效应是指在入射光频率与金属表面自由电子的振动频率相匹配时，自由电子产生相干振荡进而产生表面等离子体的一种现象。利用表面等离子体共振效应，激光能量可以转换为热能并且根据金属材料的尺寸加热不同大小的区域。

（6）多铁性隧道结

目前存储器的主流是电流控制磁头进行信息的读写，这带来相当大的能耗问题。而利用多铁性材料的磁电效应，即用电场替代电流调控磁场是最有希望解决能耗问题的方案之一。多铁隧道结（组成磁头的关键材料）就是具有电场调控磁性的存储器原型器件之一，可以满足人们对低功耗、高密度、快速读写、大容量的非易失存储器日趋紧迫的需求。

多铁隧道结作为多铁性材料应用的典型代表，多为铁磁/铁电（多铁）/铁磁三明治结构（如图 4-10），是发展新型信息存储器的重要方向之一。两端的铁磁电极（FM）的磁化方向受磁场控制，而中间的铁电电极（FE）的极化方向受电场控制。由于多铁隧道结同时具备磁性隧道结的隧穿磁阻效应（TMR）和铁电隧道结的隧穿电致电阻效应（TER），因此，通过磁场和电场的控制可以达到四种不同的阻态。

TMR 效应：铁磁电极磁化方向平行时，隧道结呈低阻态。铁磁电极磁化方向反平行时，隧道结呈高阻态。

TER 效应：铁电势垒极化方向的改变，会使隧道结电阻发生变化，从而分别产生高低阻态。

多铁隧道结的铁电/铁磁界面磁电耦合效应：在外加电场的作用下铁电势垒极化方向的改变，或是外加磁场作用下铁磁电极磁化方向的改变都会影响隧道结的电阻，因此产生四种不同的电阻状态，即这四种电阻状态的存在取决于上下电极的磁化方向（平行或反平行以及铁电势垒的极化方向）。

**图 4-10  铁磁电极与铁电势垒组成的多铁隧道结**

（FM—铁磁电极；FE—铁电电极）

多铁性材料又可分为单相多铁性材料和复合多铁性材料两种。对于单相多铁性材料，其具有本征磁电效应，但大多数的单相多铁性材料的磁电耦合系数小，无法在室温下实现强磁电耦合效应，难以应用化。铁酸铋是目前单相本征多铁性材料中唯一在室温下有望实现强磁电耦合效应的材料，其因丰富的物理内涵和潜在的应用价值而受到了广泛的研究。而复合多铁性材料则是通过铁电相与铁磁相的耦合产生磁电效应。因此，探索并研究铁电/铁磁界面磁电耦合的各种物理机制，阐明各个机制之间的相互竞争制约的关系相当重要。

然而迄今为止报道的室温多铁隧道结非常有限，且在室温下的磁电耦合效应还不够强，信息集成化存储的发展需要开发性能优异的多铁性材料。

### 4.1.3.2    磁记录介质

（1）磁带

1928 年，德国德雷斯诺工程师 Fritz Pfleumer 发明了"会发声的纸"录音磁带。其基本工作原理是：将粉碎的磁性颗粒用胶水粘在纸条上，制备成磁带。磁带在移动过程中，随着音频信号强弱，磁带被磁化程度也会发生变化，从而记录声音。利用该纸带可以存储模拟信号，这是利用磁性作为信息存储的最早记录。然而，纸条比较脆弱，无法实用化。随后，出现了复合材料式双层磁带结构。该结构由底层为 $30\mu m$ 厚度的醋酸纤维素薄膜和上层为 $20\mu m$ 厚的羟基铁粉和醋酸纤维素混合物组成，提高了磁带的机械强度，实现了真正的磁带。

1951 年，磁带第一次被投入使用，由带有可磁化材料的塑料袋状物组成，通常被卷起来缠绕在塑料柱上。磁带的存储容量相当于 1 万张存储卡片。按用途可分成录音带、录像带、计算机带和仪表磁带 4 种。因为磁带轻便、耐用、互换性强等优点，所以得到了迅速的发展。随着社会对信息存储的需求越来越多，磁带的存储容量就变成了一大"硬伤"。

（2）磁芯存储器

磁芯存储器也称作铁氧体磁芯存储器，是一种非易失性存储器（断电后存储的信息不会丢失）。1951 年麻省理工学院的 Jay Forrester 首次在旋风计算机上应用磁芯存储器，20 世纪 50～70 年代磁芯成为了主流的存储设备，许多大型计算机使用这种磁芯存储器运算数据。受制于它的制造工艺和存储密度，磁芯最终被其他存储器取代。

磁芯存储器是利用磁性材料制成，其基本工作原理是：利用磁环（磁芯）不同磁化状态用来表示存储信息"1"或"0"，通过改变铁氧体磁性的磁化状态写入信息；当电流通过导线时会产生磁场，该磁场作用于磁芯使磁芯磁化，信息写入为"1"，当改变导线电流方向时，磁芯沿相反的方向磁化，信息写入为"0"。

磁芯存储器的设计采用正向相交的网格方式，如图 4-11，保证了每次数据的写入可单独控制网格中唯一两个电流相交的地方，不影响其他地方数据，是一种随机存取存储器。这种工作原理也是现代随机存储器技术的基本原理。

（3）磁鼓存储器

1932 年，奥地利的 Gustav Tauschek 发明了磁鼓存储器，如图 4-12。1953 年，第一台磁鼓存储器在 IBM701 计算机中作为内存储器得到应用。磁鼓是利用铝鼓筒表面涂覆的磁性材料来存储数据的。由于鼓筒旋转速度很高，因此加快了存取速度。它采用饱和磁记录技术，从固定式磁头发展到浮动式磁头，从采用磁胶发展到采用电镀的连续磁介质。

（4）磁盘

磁盘介质主要包含 4 层，分别是润滑层、保护层、存储层以及衬底。润滑层为全氟聚醚，是较常见的润滑剂，用于抵御腐蚀以及减小机械磨损，厚度大约为 1～2nm。润滑层下面是保护层，是类金刚石材料，最常用的是氮化碳，具有极高的硬度和优良耐磨性。数据信息的存储层则由具有极高磁各向异性的材料构成。

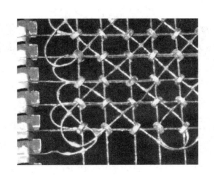

图 4-11　磁芯存储器

图 4-12　磁鼓存储器

以计算机硬盘为例（图 4-13），封闭的硬盘内部包含若干个磁盘片，磁盘片的每一面都被以转轴为轴心、以一定的磁密度为间隔划分成数量相同的多个磁道，并从外缘"0"开始编号，具有相同编号的磁道形成一个圆柱，即为柱面。而每个磁道又被划分为若干个扇区，每个扇区规定是 512 个 byte，因此，通常硬盘的存储容量＝盘面数×柱面数×扇区数×512byte。

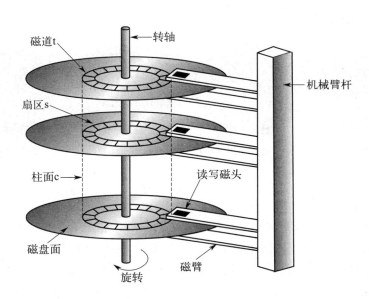

图 4-13　硬盘的内部构架

硬盘进行信息存储与读取的关键材料是磁盘片上的磁涂层。磁涂层是由数量众多的、体积极为细小的磁颗粒组成。若干个磁颗粒组成一个记录单元来记录 1 比特（bit）信息，即 0 或 1。而信息存储与读取的基本原理是物理学中的电磁感应。磁盘片的每个磁盘面都有一个磁头。磁盘写入时，电流通过磁头而产生的感应磁场将改变磁盘各个区域中组成磁涂层的磁颗粒的磁化方向。当给磁头施加不同的电流方向时，使磁盘局部产生不同的磁极，产生的磁极在未受到外部磁场干扰时不会改变，这样便将输入数据时的电信号转化为磁信号持久化到磁盘上。在磁盘读取时，磁头就相当于一个探测器，其"扫描"过磁盘面的各个区域时，各个区域中磁颗粒的不同磁化方向被感应转换成相应的电信号，电信号的变化进而被表达为"0"和"1"，成为所有数据的原始译码。通过这种双向的电磁感应作用便完成了磁盘数据的记录和读取。

### 4.1.3.3　磁随机存储器（MRAM）

MRAM（Magnetoresistive Random Access Memory）磁性存储器是用磁性多层膜进行数据存储、用磁阻效应来读出数据的非易失性随机存储器。它拥有静态随机存储器（SRAM）的高速读取写入能力，以及动态随机存储器（DRAM）的高集成度，而且基本上可以无限次地重复写入。基本特性包括非易失性（不需要电源来保持数据）、不存在材料疲劳现象（理论上具有无限读写周期）、快速读/写时间（低于或远低于 250ns）、极低的数据写入能耗、非破坏性数据读出。

（1）传统磁随机存储器

MRAM 是一种基于磁隧道结（Magnetic Tunnel Junction，MTJ）的多层膜结构，如图 4-14 所示，MTJ 是一个由铁磁层（FM）、绝缘层（I）、铁磁层（FM）组成的三明治类型结构，如 CoFeB/MgO/CoFeB 结构。利用 MTJ 磁化方向的平行状态或者反平行状态具有不同阻值的特性，可以进行数据存储。

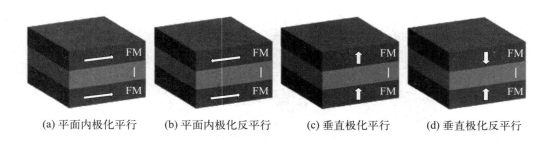

(a) 平面内极化平行    (b) 平面内极化反平行    (c) 垂直极化平行    (d) 垂直极化反平行

**图 4-14　MTJ 结构**

传统磁随机存储器是最早的概念存储器，它的每一个信息存储单元由一个 MTJ 连接一个晶体管组成，MTJ 两铁磁层连接电极，底电极所连接的铁磁层被与之相邻的反铁磁层钉扎，其磁化方向不易受到外界磁场的影响，称为钉扎层（Pinning Layer），而顶电极所连接的铁磁层可以任意改变极化方向，称为自由层（Free Layer），晶体管可以控制 MTJ 所在电路的通断，进而实现单个比特数据的读取。

两电极的外层装有两条相互垂直的通电导线——位线（Bit Line）和字线（Digit Line），通过通电导线所产生的磁场能够实现自由层的反转，其中 Bit Line 在自由层处所产生的磁场沿着自由层易磁化轴方向，而 Digit Line 所产生的场则沿着难磁化轴方向。理想情况下，只通一条线时，自由层的磁化方向不翻转，只有当两条线同时通电时，交叉部分所选择的存储单元才会沿着所设定的方向翻转，而其他单元的磁矩不会改变，使该元件由 0 变为 1，这就是写过程。

读出过程是采用一个 MOSFET 做开关。每个记忆元件与一个 MOSFET 相连接，通过控制 MOSFET 的状态控制每一位的读过程，当 MOSFET 导通时，检测出记忆元件的电压，从而读出信息 0 或 1。

传统的磁随机存储器仍存在诸多问题，如对所选存储单元实施通电切换操作时，所选单元之外的其他通电导线行列上的存储单元也会受到磁场作用，造成所存储的数据产生错误。因此两条线路所产生的磁场均要处在合适的范围，太大会导致邻近的数据受到干扰，太小又不足以实现所选单元的状态切换，因此可运行范围较小。

（2）自旋转移矩磁随机存储器

为了克服传统磁随机存储器的问题，当前，磁性随机存储器主要有两个分支：自旋转移矩（Spin Transfer Torque，STT）的 MRAM 和自旋轨道矩（Spin Orbit Torque，SOT）技术的 MRAM。两种器件的主要区别是改变磁阻方式的不同，STT-MTJ 是利用电流直接通过磁隧道结从而改写自由层的磁化方向。自旋转移矩效应是利用自旋极化电流改变磁性层取向的效应，与磁场翻转磁矩不同，自旋转移矩是通过纯电流的方式实现磁矩翻转。

主体结构由三层结构的 MTJ 构成：自由层（Free Layer，包括铁磁层）、固定层（Fixed Layer，包括参考层、钉扎层、反铁磁层）和势垒层（Tunneling Oxide，包括绝缘层、隔离层、隧穿层）。自由层与势垒层的典型材料分别有 CoFeB 和 MgO。STT-MTJ 利用自由层和固定层磁矩方向来存储信息，平行状态电阻为低阻，非平行状态电阻为高阻。存储器读取电路是通过加载相同的电压判断输出电流的大小从而判断存储器的信息，0 代表非平行态，1 代表平行态。

自旋转移矩效应原理（图 4-15）如下。

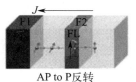 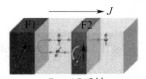

**图 4-15 自旋转移矩效应原理**

① AP→P。当磁隧道结处于反平行（AP）状态时，可以施加电场驱动自由电子从参考层向自由层运动。在参考层自旋相关扩散效应和 MgO 势垒层自旋过滤效应的作用下，自由电子被极化。极化方向与参考层相同的自旋电子流通过 MgO 流向自由层，由于自由层矫顽力相较参考层更小，自由层的磁矩方向被改变为与参考层一致，此时变为平行（P）状态；而极化方向与参考层相反的自旋电子流则被反射回参考层。

② P→AP。当磁隧道结处于平行状态时，可以施加相反的电场使自由电子从自由层流向参考层。此时自旋极化方向与自由层平行的电子流将通过 MgO 势垒层流向参考层，而自旋取向与之相反的极化电子流则被反射回到自由层，带动自由层的磁化方向发生翻转。

STT 效应的写入电流可以随着磁隧道结尺寸的缩小而缩小，同时基于此效应的写入操作也无须预读过程就可以直接覆盖之前的数据，因此 STT-MRAM 已成为当前产业化的主流 MRAM 技术。

STT-MRAM 的局限性：写入信息时需要较大的电流产生磁场使 MTJ 自由层磁矩发生反转，随着存储单元的尺寸减小，需要更大的自由层磁矩反转磁场，因此也需要更大的电流。但是，大电流不仅增加了功耗，也使得变换速度减慢，这限制了存储单元写入信息的速度。

（3）自旋轨道矩磁随机存储器

近年，为了解决 STT-MRAM 写入时较高的电流密度对势垒层有损伤，且引起可靠性差等问题，面内电流驱动的自旋轨道矩效应（Spin Orbit Torque，SOT）成为了新一代 MRAM 写入方式的关键技术。利用自旋轨道矩实现快速而可靠的磁化翻转，有望突破传统自旋转移矩的性能瓶颈。这种写入技术要求在磁隧道结的自由层下方增加一条重金属薄膜（铂、钽、钨等），流经重金属薄膜的电流能够引发力矩以驱动自由层的磁化翻转，但根源是重金属材料的强自旋轨道耦合作用，因此，该力矩被称为自旋轨道矩。

SOT 写入形式简单描述为：电子从紧邻自由层的 SOT 导电通道流过时，由于强自旋轨道耦合效应，横向的电子流在纵向产生向上和向下的自旋流，向上运动的自旋流到达自由层导致自由层的磁矩趋近于与该自旋流极化方向相同。SOT-MTJ 的编程方式主要为电流通过底层重金属产生自旋流并注入到自由层中，利用自旋轨道矩使自由层的磁化方向产生扰动，并结合多种方式让磁化方向产生确定性的翻转。相比于自旋转移矩的存储技术，基于自旋轨道矩的存储技术具有对称的读写能力、分离可优化的读写路径、亚纳秒的快速操作速度和低写入功耗等优点，可应用于低功耗存储器和嵌入式计算系统中。

## 4.2  半导体存储材料与器件

半导体存储材料和器件是现代计算机和电子设备中至关重要的组成部分，直接影响了数据存储、访问速度、数据安全性以及设备的性能。在数字时代，数据的存储和访问已经成为几乎每个领域的关键要素。半导体存储器的独特之处在于其速度、可靠性和可擦写性，这些特性使其成为首选的存储媒介。半导体存储器在以下领域应用非常广泛：

① 计算机内存。半导体存储器用于计算机的主内存（RAM），它提供了快速的数据读写速度，使计算机能够迅速访问和操作数据。这对于计算机的性能至关重要。

② 固态硬盘（SSD）。固态硬盘使用闪存存储器来代替传统机械硬盘的旋转磁盘。SSD 提供更快的数据访问速度、更低的功耗和更好的耐用性。

③ 移动设备。智能手机、平板电脑和便携式媒体播放器都使用闪存存储器来存储应用程序、音频、视频和照片。这种存储器的小尺寸和高容量使这些设备变得更加紧凑和便携。

④ 数据中心。大型数据中心使用半导体存储器来存储和管理海量数据。快速的数据检索和处理对于云计算和大数据分析至关重要。

⑤ 网络设备。路由器、交换机和其他网络设备使用存储器来存储路由表、配置信息和缓存数据。这有助于提高网络的效率和可管理性。

⑥ 嵌入式系统。半导体存储器用于嵌入式系统，如汽车控制单元、家用电器和工业

自动化系统。这些系统需要可靠的存储解决方案来存储和检索关键数据。

综上所述，半导体存储材料和器件的重要性不仅在于其在各种设备中的应用，还在于它们作为信息时代的基础构建块，推动了现代社会的数字化和互联化。随着技术的不断发展，半导体存储器的性能和容量将继续提高，为计算机和电子设备提供更强大的存储和处理能力。

### 4.2.1 半导体存储器的发展趋势

微处理器的快速发展导致存储器的发展速度远不能满足 CPU 的发展要求。目前世界各大半导体厂商致力于开发的存储器正朝着更大的容量、更快的速度、更低的功耗、更高的可靠性等方向快速迭代，同时也在目前成熟存储技术的基础上开发各种新型存储器。上述发展对于满足不断演进的计算机和电子设备需求至关重要，将继续推动存储器技术的进步。发展趋势主要有以下几个特点。

（1）存储容量不断提高

半导体存储器的存储容量持续提高是信息技术领域的一个显著趋势，对于现代社会和科技进步具有重大意义。这个趋势的崛起是由多种因素驱动的，包括数字化数据的爆炸性增长、云计算的兴起、人工智能的发展以及数据驱动的应用程序的不断涌现。

数字化数据的急剧增加是存储容量提高的主要原因之一。随着数字化技术在生活的各个领域的普及，我们生产、收集和分享的数据量呈指数级增长。社交媒体、在线视频、移动应用、物联网设备等都产生大量数据。这些数据包括文本、图像、音频、视频和传感器数据，需要庞大的存储容量来存储和管理。云计算的兴起也对存储容量提出了更高的需求。云服务提供商需要大规模的存储基础设施来托管客户的数据和应用程序。此外，企业和组织也将越来越多的数据存储在云中，以便实现数据备份、灾难恢复和跨设备访问。

人工智能（AI）的发展也是存储容量提高的驱动力之一。深度学习和神经网络模型需要大量的数据来训练和推断。大型数据集、模型参数和中间结果的存储需求巨大。这不仅涵盖了数据中心中的存储需求，还包括在边缘设备上进行推断时的存储需求。

数据驱动的应用程序的兴起也推动了存储容量的提高。从智能手机中的高清视频录制到医疗图像处理，各种应用程序要求大容量存储器来存储和处理大量数据。这些应用程序对于高速读写和大容量存储的需求变得越来越迫切。在应对这一趋势的挑战时，半导体存储器技术在不断进步。制造商不断改进闪存、动态随机存储器（DRAM）和其他存储技术，使它们更紧凑、更节能、更可靠，并且具有更高的存储密度。新兴技术如 3D NAND和存储级内存（SCM）等，已经为存储容量提供了新的突破方向。

总之，半导体存储器的存储容量不断提高，是技术的进步和社会数字化的必然结果。这一趋势将继续推动信息技术的创新，为各种领域的应用提供更多的数据存储和处理能力，从而推动社会和经济的发展。随着技术的不断进步，我们可以期待未来存储容量的进一步提高，以满足不断增长的数据存储需求。

（2）存储速度不断提高

半导体存储器的读写速度的持续提高是现代计算机和电子设备性能改善的一个显著趋势。这一趋势的驱动因素包括新型存储技术的引入、存储器控制电路的改进和制程技术的不断演进。随着存储器速度的提升，数据的读取和写入变得更加迅速，从而提升了计算机应用程序的响应速度、多任务处理能力和用户体验。这对于高性能计算、人工智能、云计算和数据分析等数据密集型任务尤为重要，它使计算机和电子设备能够更高效地处理大规模数据，推动了技术创新和数字化社会的发展。

（3）新型存储技术不断涌现

半导体存储技术一直在不断演进，以满足不断增长的存储需求和提高性能的要求。新型存储技术是半导体存储领域的一项引人注目的创新，它们代表了未来的潜力，可以改变数据存储和访问的方式。下面介绍一些与半导体存储相关的新型存储技术，以及它们如何影响未来的计算机和电子设备。

① 存储级内存（Storage Class Memory，SCM）：存储级内存是一种结合了传统DRAM 和闪存的存储技术。SCM 具有快速的读写速度，这使得它成为用于加速数据存储和访问的理想选择，特别适用于数据中心和高性能计算。存储级内存的兴起使计算机能够更快速地处理大规模数据，提高了应用程序性能。

② 3D XPoint：3D XPoint 是一种新型非挥发性存储技术，由英特尔和 Micron 合作开发。它结合了 DRAM 和闪存的优点，提供了更高的存储密度和更快的读写速度。3D XPoint 用于制造高性能固态硬盘（SSD）和存储级内存产品，改变了数据中心和个人电脑的存储体验。

③ 革命性的存储层次结构：存储技术的发展也推动了存储层次结构的变革。新型存储技术使得数据可以根据其访问模式自动存储在不同的存储介质中，以提高性能和效率。这种智能的存储层次结构有助于优化数据管理，减少访问延迟，提高系统的整体性能。

这些新型存储技术代表了半导体存储领域的创新前沿。它们不仅提供更高的存储容量和更快的读写速度，还改变了数据存储和访问的方式。未来，这些技术将继续推动计算机和电子设备的发展，为数字时代的发展打开更广阔的可能性。

## 4.2.2  半导体存储器的基本原理

半导体存储器是一种用于数据存储和检索的关键组件，它基于半导体材料的电子性质来实现数据的读写和保持。半导体存储器的基本原理涉及信息存储、数据访问和数据擦除等关键过程。

存储器的结构如图 4-16 所示，可以看出存储器主要由存储体、地址寄存器（Memory Address Register，MAR）和数据寄存器（Memory Data Register，MDR）组成（图 4-16 左上）。这三部分在时序控制逻辑电路的组织下有条不紊地工作，如图 4-16 右上所示。简言之存储芯片是由存储器和控制电路组成的。存储体是由存储单元组成的，存储单元是由存储元构成。存储元是由特定的 MOS 管和电容构成。在 MOS 管输入高电平即可导通，不加电压或加低电压时则绝缘。电容是由上下金属板和中间的绝缘层组成，给上金属板加高电压，下金属板接地，则上下产生电压差，电容开始充电，电容上保存电荷则对应二进制的 1。

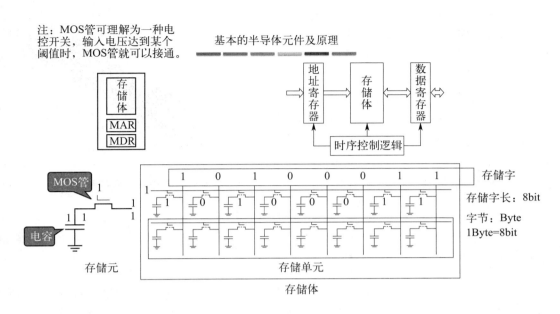

图 4-16　存储器的结构

如何读取二进制呢，通过给 MOS 管加高电平，MOS 管接通，如果电容里面有电荷向外流出则对应二进制的 1。多个存储单元互联，上边的红线连接存储元的 MOS 管，当红线加高电压，MOS 管全部接通，如果绿色线检测到有电流，则该存储元存储了二进制 1。如此可以读出一整行存储元存储的二进制信息，一整行存储元就是一个存储单元也是一个存储字，每个存储单元中的 MOS 管都连接在同一根线上。半导体存储芯片的基本原理如图 4-17 所示。

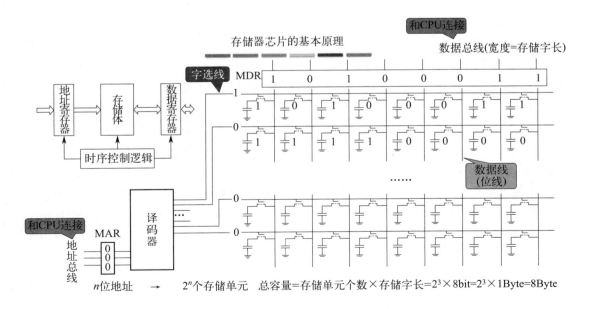

图 4-17　半导体存储芯片的基本原理

译码器（Decode）是一种组合逻辑电路，负责将二进制的输入地址转换为唯一的激活信号，用于选择存储单元或数据路径，其作用如下：根据地址寄存器（MAR）给出的地址，将某一条字选线变成高电平信号，每一个地址对应译码器的一根字选线，如果MAR有 $n$ 位，则译码器有 $2^n$ 根字选线。本存储单元的字选线上有高电平信号时，存储单元内的每个存储元的数据线（位线）都会将存储元内的电流信号传给数据寄存器MDR，从而读出本存储单元的内容。对于存储器而言，一个内存条可能包含多块存储芯片，如图 4-18 所示。

图 4-18　内存条实物

### 4.2.3　半导体存储器材料简介

半导体存储器材料是用于制造各种半导体存储器设备的关键元素。这些材料在存储器的性能、功耗、可靠性和成本等方面起着重要作用。目前最常用半导体存储器材料为硅材料。

硅是最常见的半导体材料，也是制备集成电路的主要材料，现代计算机、手机等电子设备的核心部件大多由硅基集成电路组成。同时硅广泛用于制造动态随机存储器（DRAM）和静态随机存储器（SRAM）等存储器件。硅具有半导体特性，可以通过控制电流来实现数据存储和检索。它的可用性、可靠性和成本效益使其成为主要选择。

硅的结构为金刚石结构，该结构是一种由相同原子构成的复式晶格。如图 4-19 所示，该结构是由两套面心立方晶格沿立方对称晶胞的体对角线错开 1/4 长度嵌套构成。在这种晶格中，任一硅原子周围都有四个最近邻的硅原子，它们总是处在一个正四面体的顶点上，形成稳定的四面体结构。因每个原子所具有的最近邻原子的数目称为配位数，因此金刚石结构的配位数是 4。这种高度有序的晶体结构使得单晶硅在电子器件中具有优良的性能。另外，硅的表面结构对其应用性能有着显著影响。通过控制硅表面的氧化、氮化和其他化学处理，可以调节其表面的电子特性和化学稳定性。

硅材料具有灵活可调的电学性能。硅具有良好的半导体性能，主要表现为其导电性可以通过掺杂控制。通过掺杂磷、砷等元素可以得到 N 型硅，掺杂硼、铝等元素可以得到 P 型硅。另外，硅在常温下具有良好的开关特性，是制作集成电路的理想材料。在力学性能方面，该材料具有较高的硬度和弹性模量，使其在微机电系统（MEMS）中也得到了广泛应用。

硅和锗都属于金刚石结构，它们的晶体学原胞结构相同，其布拉菲格子均为面心立方，面心立方晶格对应的倒易空间为体心立方。其第一布里渊区（倒易空间中的魏格纳·塞兹原胞）如图 4-20 所示，其形状类似截角八面体（十四面体）。在第一布里渊区内包含了电子的全部状态。

图 4-21 所示为锗和硅的能带结构。对于任何半导体都存在一个能量禁止区，该区域内不存在电子允许的能量状态，该区域称为禁带。在这一能隙的上方或者下方允许有能量区或能带，上面的能带称为导带，下面的能带称为价带。

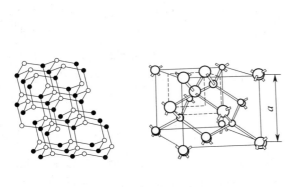

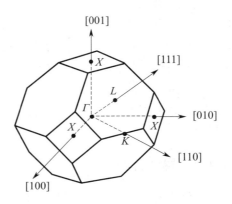

图 4-19  硅的晶体结构                 图 4-20  金刚石结构的第一布里渊区

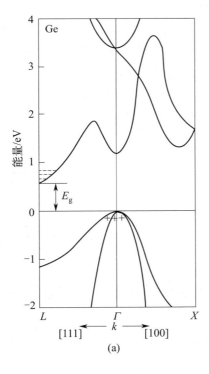

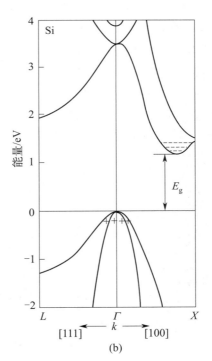

图 4-21  锗和硅的能带结构

导带最低能量与价带最高能量之差称为禁带宽度，用 $E_g$ 表示，常将导带底记作 $E_c$，价带顶记作 $E_v$。禁带宽度是半导体材料的最重要的参数之一。在室温、常压下，硅的禁带宽度为 1.12eV，该数值对于重掺杂的硅会减小，另外大多数半导体材料的禁带宽度随温度的升高而减小。锗的禁带宽度为 0.67eV。

另外，对于硅和锗而言，从能带结构图（图 4-21）中可以看出，两种材料的价带顶和导带底均位于 $k$ 空间（动量空间）的不同位置，我们称这样的半导体为间接带隙半导体。对于硅而言，其价带顶在 $\Gamma$ 点，导带底在 $X$ 点，不在同一动量空间。电子从价带跃迁到导带时，除了吸收或者释放光子外，还需要与声子（晶格振动的能量量子）相互作用，以满足动量守恒。这种间接带隙的特点使得硅在光电转换效率上不如直接带隙材料（如砷化镓）高。尽管硅材料具有较高的电子迁移率［约 $1350cm^2/(V \cdot s)$］和空穴迁移率［约 $480cm^2/(V \cdot s)$］，其间接带隙的特性导致电子和空穴的复合速率较低，因此硅目前无法做成发光器件。但较长的载流子寿命和较高的载流子迁移率让硅成为微电子器件的首选材料。

### 4.2.4 半导体存储器分类

基于传统 CMOS 工艺的随机读取存储器包括动态随机存储器（DRAM）、静态随机存储器（SRAM）和闪存等类型。DRAM 通常在存储系统中担任内存，以此来缓解片上 SRAM 和机械硬盘或固态硬盘之间的速度差异，为数据提供缓存空间。

（1）动态随机存储器（DRAM）的基本结构

DRAM 的存储单元（Cell）由一个 NMOS 选通晶体管和一个电容组成，其中选通晶体管的栅极连接字线（Word Line，WL），有源区分别连接电容和位线（Bit Line，BL），典型结构如图 4-22 所示。DRAM 采用电容存储的电荷来保存二进制状态。当电容加电压被充电时，代表逻辑状态 1，相反若电容内没有电荷则代表逻辑状态 0。由于 DRAM 单元中选通晶体管存在漏电流，存储在电容里的电荷会随着时间逐步消散。因此，DRAM 需要定期刷新以保证数据的完整性。

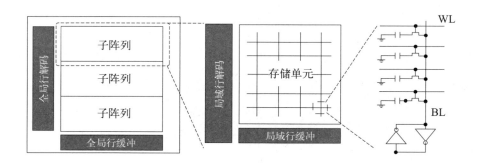

**图 4-22　DRAM 存储阵列结构**

DRAM 采用层次化结构的设计，自顶向下可分为信道（Channel）、双列直插式存储模块（DIMM）、颗粒（Chip）、组（Rank）、块（Bank）、子阵列（Subarray）和存储单元（Cell），如图 4-23 所示。Channel 是 DRAM 与外部数据通信的通道，其数据线均匀分配给下级的 DIMM。Chip 是常见内存上物理独立的一个颗粒。目前，常见的 DRAM 由正反 8 个存储颗粒构成，某些 DRAM 结构中还包括校验颗粒（ECC Chip）和序列状态检测控制芯片（SPD）。Chip 由 Rank 构成，通常每行存储块被定义为一个 Rank。Rank 又细分为多个物理的 Bank。此外，逻辑 Bank 指代在访问中同时激活的位于不同 Chip 上的 Bank。Subarray 是物理上独立的最小的存储块，由存储单元阵列，行译码，敏感放大器及预充电路等组成。

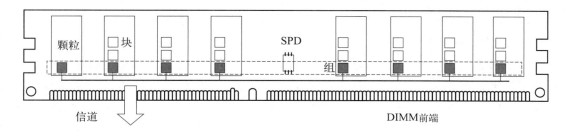

图 4-23　DRAM 的层次化结构

（2）闪存（Flash）介绍

闪存是一种非易失性存储器技术，能够在断电的情况下保留数据。其基于浮动栅极晶体管（Floating-Gate Transistor）制成。浮动栅极晶体管是一种特殊的金属氧化物半导体场效应晶体管（MOSFET），其结构中有两个栅极：控制栅极（Control Gate）和浮动栅极（Floating Gate）。浮动栅极被氧化物包围，与控制栅极电隔离。数据存储时通过向浮动栅极施加高电压，使电子通过隧道效应（Tunneling Effect）注入或移出浮动栅极，从而改变其电荷状态。浮动栅极上的电荷状态代表二进制数据的"1"或"0"。

闪存主要分为两类，分别为 NAND Flash 和 NOR Flash。其中 NAND Flash 的存储单元以串联方式连接在一起。每个存储单元由一个浮栅晶体管构成，多个存储单元串联在一起构成一个存储块（Block）。NAND Flash 具有较高的存储密度和较低的成本，广泛用于 U 盘、固态硬盘、存储卡等设备。NOR Flash 的存储单元以并联方式连接在一起，形成一个存储矩阵。每个存储单元由一个浮动栅极晶体管构成，多个存储单元并联在一起，直接连接到字线和位线。常用于嵌入式系统中的固件存储、计算机 BIOS、微控制器和其他需要快速读取的场景。NOR Flash 具有较快的读取速度和较高的可靠性，主要用于代码存储和执行，适合需要快速随机读取的应用。

## 4.3　铁电存储材料与器件

按照数据存储有效的条件，可将存储器分为易失性和非易失性两种，这两种类型的存储器各有各的优势与不足。易失性存储器如动态随机存储器（DRAM）、静态随机存储器（SRAM）、同步动态随机存储器（SDRAM）等，虽然读写速度很快，但是数据会在断电后丢失，不能长久保存。而非易失性存储器如 FLASH、可编程只读存储器（PROM）、带电可擦可编程只读存储器（EEPROM）等，虽然掉电后数据能继续保存，但是也不可避免地面临着访问时间较长的缺点。随着现代化进程的进一步推进，不管是军事领域还是商用领域都对存储器提出了更高的需求，比如更稳定的性能、更长的寿命、更多的访问次数等。因此在不断改良已有类型的存储器的同时，也需要积极开发探索新的存储器类型。

1920 年 Valasek 发现罗息盐晶体在外加电场方向变化时极化强度呈滞回窗口形态，

并将之命名为铁电电滞回线，导致了"铁电性"概念的出现。1952 年 Dudley Allen Buck 将铁电材料与传统存储器领域相结合，首次提出铁电随机存储器（Ferroelectric Random Access Memory，FRAM）概念，从此拉开了铁电存储器研究的序幕。FRAM 是基于铁电体极化反转的一种应用。

1950 年代关于铁电存储器的开发研究是以 $BaTiO_3$ 块体为主要对象，但由于块体材料要求反转电压太高，或电滞回线矩形度不好易使元件发生误写误读，以及疲劳显著、经多次反转后可反转的极化减小等原因，未能实现铁电存储。1980 年代以来，由于铁电薄膜制造技术的进步和材料的改进，铁电存储器的研究重新活跃起来，在 1988 年出现了实用的 FRAM。与块体材料相比，铁电薄膜与半导体集成得到的集成铁电体解决了几个重要问题：一是铁电薄膜的使用使极化反转电压减小到 5V 或更低，可以和标准的硅 CMOS 或 GaAs 电路集成；二是在提高电滞回线矩形度的同时，在电路设计上采取措施防止误写误读；三是疲劳特性大为改善，能制备出反转 $5\times10^{12}$ 次仍不表现出疲劳的铁电薄膜。

铁电存储器作为新型存储器之一，同时具有易失性存储器和非易失性存储器的优点，即读写速度快且断电数据不丢失。此外还具有功耗低、可擦写次数极高、抗辐照能力强等优点。因此在竞争激烈的新型存储器领域中，铁电存储器也具有巨大的优势，被广泛应用于如智能 IC 卡、智能电网、航空航天、汽车电子、打印机、医疗设备等领域。

铁电薄膜在存储器中的应用不限于 FRAM，还有铁电场效应晶体管（FeFET）和铁电动态随机存取存储器（FDRAM）。在 FeFET 中，铁电薄膜作为源极和漏极之间的栅极材料，其极化状态（±P）的反转使源极-漏极之间的电流发生明显变化，故由源-漏间的电流读出所存储的信息，而无需使栅极材料的极化反转。这种非破坏性读出特别适合于可以用电擦除的可编程只读存储器（EEPROM）。在 FDRAM 中，采用高介电常数的铁电薄膜超小型电容器使存储容量得以大幅度提高。

几种主流存储器类型的参数对比见表 4-2。

表 4-2　几种主流存储器类型的关键参数对比

| 特性 | EEPROM | Flash | MRAM | FRAM | PRAM | RRAM | NRAM |
|---|---|---|---|---|---|---|---|
| 读时间 | 200ns | 0.1ms | 35ns | 20～40ns | 15ns | <50ns | <5ns |
| 擦除时间 | 10ms | 1/0.1ms | 35ns | 20～65ns | 100ns | <20ns | 200ns |
| 写入次数 | $10^4$ | $10^4$ | $10^{12}$ | $10^{14}$ | $10^9$ | $10^{12}$ | $10^{12}$ |
| 写入功耗/(J/bit) | $>2\times10^{-10}$ | $>2\times10^{-16}$ | $2.5\times10^{-12}$ | $3\times10^{-14}$ | $6\times10^{-12}$ | $10^{-13}$ | $>1.2\times10^{-18}$ |
| 写电压/V | 12～24 | 15 | 1.8 | 1.3～3.3 | 3 | 0.6～1.25 | ≈1 |
| 读电压/V | 1.8 | 1.8 | <1 | 0.7～1.5 | <1 | 0.2～1.25 | ≈1 |

## 4.3.1　铁电存储机理

铁电存储器是利用铁电存储材料固有的双稳态铁电特性制备的永久性存取存储器件，其存储原理是基于铁电薄膜的剩余极化来实现二进制的 0 和 1 状态，从而达到储存数据的目的。当施加外加电场时，铁电薄膜的极化行为与外电场之间产生非线性响应，形成矩形电滞回线。当电场 $E=0$ 时，薄膜表现出正、负剩余极化（±P），分别对应于存储二进制数字系统中的"1"和"0"，当反向电场超过矫顽场 $E_C$ 时发生极化反转，存储信息发生改变，以此实现数据的存储。因此，铁电存储单元不需外电场和电压的维持，仍能保持原有的极化信息。这种双稳态操作的存储器，具有永久存储的能力，即使断电时也能保持存储的信息。此外还具有读写速度快、开关性能好、抗辐射能力强等优点，可用于计算机的高速、高密度永久性存储。

### 4.3.1.1　铁电极化机理

铁电体的本质特征是具有自发极化，且自发极化的方向能因外施电场的方向而改变。通常的介质在外加电场的作用下，正负电荷中心产生位移，即发生极化。在外加电场消失后，极化也随之消失。而铁电体在外电场的作用下产生极化，且在外加电场消失后极化不会消失，存在剩余极化，而且剩余极化的方向根据外加电压的方向不同而不同。这种在没有外电场作用下存在的晶体的正、负电荷重心不重合而呈现电偶极矩的现象称为自发极化。剩余极化通常是由于某些离子从电荷中和所需的位置位移而产生的，因此铁电性要求材料不是中心对称的。极化是一种极性矢量，自发极化的出现即在晶体中造成了一个特殊方向，每个晶胞中的原子构型使正负电荷重心沿该方向发生相对位移，形成电偶极矩。在晶体的 32 种点阵中，有 21 种不具有对称中心，其中除立方点阵的 432 外，都具有压电效应。在这 20 种点群中，有 10 种点群晶体含有唯一的对称轴，结构中的唯一对称轴称为极轴，具有特殊的极性方向，它们分别是 1（$C_1$）、2（$C_2$）、m（$C_3$）、mm2（$C_{2v}$）、4（$C_4$）、4mm（$C_{4v}$）、3（$C_3$）、3m（$C_{3v}$）、6（$C_6$）、6mm（$C_{6v}$）。这 10 个点群称为极性点群（Polar Point Group），只有属于这些点群的晶体才可能具有自发极化。但对于铁电性来说，存在自发极化并不是充分条件，还需要自发极化有两个或多个可能的取向，在电场作用下其取向可以改变。

一般来说，晶体的铁电性通常只存在于一定的温度范围，当温度超过某一值时自发极化消失，铁电体（Ferroelectric）变成顺电体（Paraelectric）。铁电相与顺电相之间的转变通常简称为铁电相变，该相变温度称为居里温度（亦称居里点）$T_C$。铁电体的极化行为可以用电畴来解释，如图 4-24 所示。电畴为铁电材料内极化方向一致的最小空间单位，分隔相邻电畴的界面称为畴壁。当温度在 $T_C$ 以下时，铁电体内部存在众多电畴，由于电畴取向的随机分布导致了各自的极化方向相互抵消，使铁电材料对外不呈现宏观电矩，表现为总的极化强度为 0，如图 4-24(a) 所示。当施加外电场时，电畴的极化方向在电场力的驱动下沿电场方向发生翻转，对外表现出电偶极矩，总的极化强度不为 0，如图 4-24(b) 所示。当外加电场退去时，电畴的极化方向仍维持一定的翻转，极化强度得到了一定的保留，即剩余极化强度 $P_r$，如图 4-24(c) 所示，这一特性使铁电存储器拥有非易失的存储特性。

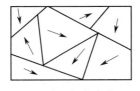
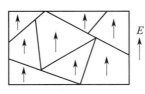
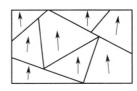

(a) 自发极化方向　　　(b) 外加电场下的极化方向　　　(c) 电场撤销后的极化方向

**图 4-24　铁电材料极化过程**

铁电体的极化强度 $P$ 与电场强度 $E$ 呈非线性关系，$P$ 为 $E$ 的多值函数并形成回线，称为电滞回线。从实用的观点看，电滞回线被当作铁电体的铁电性依据，也是很好的描述铁电材料特性的方式，包含了很多铁电材料的特征信息。图 4-25 为一个典型的铁电体电滞回线。材料的初始极化强度为 0，在加上电场以后，顺电场方向的畴将扩大，逆电场方向的畴将逐渐消失，或者说逆电场方向的畴反转为顺电场方向。因而使铁电晶体的极化强度 $P$ 按图 4-25 中 $OA$ 曲线随电场 $E$ 的升高而增加，当电场达到对应于 $B$ 点的值时，晶体成为单一极化畴，极化达到饱和。电场继续升高，这时只有电子和离子的位移极化，与一般的电介质一样，$P$ 与 $E$ 成线性关系，如图 4-25 中 $BC$ 段。如果在极化达到饱和后使电场下降，晶体的极化强度遵循 $CBD$ 曲线减小至 $D$ 点。当 $E$ 下降到零时，极化强度并不降为零，仍呈现宏观极化状态，线段 $OD$ 表示的极化为剩余极化强度 $P_r$，是自发极化的

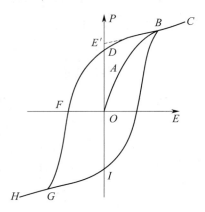

图 4-25    铁电体电滞回线

剩余部分。将线性部分 $CB$ 外推到与极化轴 $P$ 轴相交的截距（$OE'$）为铁电晶体的自发极化强度 $P_s$。当外加电场反向时，电畴的偶极矩反转，极化强度随 $DF$ 曲线降低，当使极化强度为 0 时对应的反向电场强度为矫顽场强 $-E_c$。电场在负方向继续增加，极化开始反转，所有电畴完全沿负方向定向，至 $G$ 点反向自发极化强度达到饱和，反向电场继续增加，$GH$ 段与 $BC$ 段相似。如反向电场降低，按曲线 $HGI$ 至 $C$ 返回，与 $P$ 轴交点对应极化强度值为 $-P_r$，与 $E$ 轴交点对应的电场强度值为 $E_c$。

当利用铁电材料储存数据时，写入的过程相当于外加电场到达饱和极化电压（$V_{max}$ 或者 $-V_{max}$），撤去外加电压之后铁电材料的极化强度变成 $P_r$ 或者 $-P_r$，这种剩余极化的状态将会一直保留，作为铁电材料存储的数据的载体。根据铁电材料这一特性，$P_r$ 的值越大，越有利于数据的存储和识别；而操作电压需要接近 $V_{max}$ 并且至少要大于矫顽电压 $V_c$（对应于 $E_c$ 的电压值）。需注意的是，当铁电材料随着循环次数的增加逐渐老化时，$P_r$ 值将会不断减小，因此在设计中应该将读取数据时对剩余极化强度的要求保留充足的裕量。

#### 4.3.1.2　疲劳机制和老化机理

铁电存储器虽然是一种具有很多优良特性的存储器，但是存储器所使用的铁电材料却有着很多失效机制，这些失效机制严重阻碍了铁电存储器的大规模应用。通过研究掌握铁电存储器的失效机理，或许可以找到尽量避免失效或者尽量延长失效时间的方法。以下仅介绍铁电存储器的失效机理中的两种：极化疲劳失效和铁电老化现象。

（1）极化疲劳失效

在铁电存储单元被写入或读出数据时，都需要对铁电材料进行多次翻转操作。但是随着翻转极化的次数逐渐增多，铁电材料的铁电性会逐渐减弱。具体表现为剩余极化强度（$P_r$）减小，以及正负矫顽电压（$V_c$）的不对称，如图 4-26 所示。$P_r$ 的减小将导致在对

存储单元（见下文经典 FRAM 结构介绍）执行读操作时，存储单元对应的两根位线上的电压差会变低，灵敏放大器可能无法实现将两根位线的电压正常放大，从而导致读取错误。$V_c$ 的不对称将导致铁电材料在正向极化和反向极化时需要的矫顽电压不同，同时也会导致铁电材料在某一方向上更难极化，而存储器内部的极化电压是不会随着时间的改变发生很大变化的，也就很可能导致铁电材料在某一方向上不能被极化。铁电材料的这种失效现象称为疲劳（Fatigue），图 4-26 中可以直观地看到铁电材料在疲劳后的电滞回线的变化，相对于初始的电滞回线，疲劳后的电滞回线变得更扁，$P_r$ 减小。

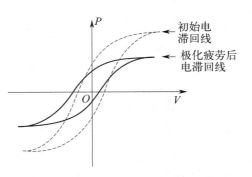

图 4-26　铁电材料极化疲劳后的电滞回线

通过对铁电材料疲劳现象广泛而深入的研究，人们陆续提出了各种不同的模型，将引起铁电材料疲劳的原因大致上分为三种：

a. 有效面积减小。由于制备电极工艺的不完善，使部分电极发生氧化或电极面与铁电体接触较差。在交流电场循环作用下，电极逐渐与铁电体剥离，铁电体上的有效电极面积随电场循环次数的增加而逐渐减小，于是使加在铁电畴上并力图使其反转的电场的面积逐渐减小，从而使整体极化强度降低。这种机制虽然是引起铁电体疲劳的可能原因之一，但随着制备工艺的不断完善，具有高质量电极的铁电体将不存在这种疲劳机制。

b. 有效电场强度降低。在外加交流电场循环作用下，空间电荷将从电极注入到铁电体中，并在电极-铁电体界面上逐渐累积，于是在电极与铁电体的交界处形成一个近电极低介电常数或不可反转层。这一层状区域的存在，使作用于铁电体电畴上的有效电场强度降低。此时，铁电体上实际承受的电场强度 $E_f$ 为

$$E_f = E - \frac{d}{\varepsilon_d L} P \tag{4-5}$$

式中，$E$ 为施加的电场；$L$ 和 $P$ 分别为铁电体的厚度和极化强度；$d$ 和 $\varepsilon_d$ 分别为近电极低介电常数层的厚度和介电常数。随着电场循环次数的不断增加，$E_f$ 将越来越小，极化强度也就越来越小，从而产生电疲劳。如果这种电疲劳机制起主导作用的话，那么铁电体的电疲劳将表现为其电滞回线强烈的倾斜，但同时其矫顽电场却不受影响或稍微有所减小。

c. 电畴反转能力下降。在微观层面，铁电体的疲劳现象与其畴壁的性质以及动力学演化过程息息相关。在交流电场循环作用下，铁电材料中电畴自身的极化反转能力下降也能直接引起疲劳的发生。在电场中，电畴的反转大致可分为四步：新畴的成核，畴的纵向长大，畴的横向扩张，畴的合并。通过基于畴的反转过程研究，人们提出了两种机制来解释因电畴反转能力下降而引起的疲劳。

Warren 等提出畴壁钉扎机制。他们认为在循环的电场作用下，为了保持畴壁的电中性，空间电荷将逐渐被束缚在畴壁上而形成束缚电荷。这些电荷在畴壁（如 180°畴壁）上并非严格地平行于电畴的极化方向，并将与铁电体中游离的载流子之间产生静电耦合作用，形成畴壁与补偿电荷的电中性复合体，从而导致畴壁被固定。畴壁钉扎机制的关键在

于自由的载流子向畴壁上的束缚电荷定向移动，而这个过程是需要时间的，因此如果电畴反转一次的时间越长，则越有足够的时间可让载流子向畴壁移动，钉扎将越严重，引发的疲劳也将越严重。

Colla 等提出了籽畴抑制机制。不同于畴壁钉扎机制，籽畴抑制机制的关键在于籽畴在长大成为宏观畴之前就被抑制在萌芽状态，使极化强度降低，从而引发疲劳现象。在电极-铁电体界面处，缺陷密度较大，且由于内建电场 $E_{bi}$ 的存在，使得电极附近的电场强度不同于外加电场强度 $E$。在其中一个电极附近的电场强度等于 $E+E_{bi}$，这为反转籽畴成核提供有利位置，使其牢牢固定在界面处。在交变电场作用下，缺陷在电极-铁电体界面处不断累积，反转籽畴处于成核阶段但被抑制在萌芽阶段，无法进一步长大合并，从而产生疲劳。反转籽畴抑制机制的一个特点是疲劳铁电体被分割成许多单畴凝结区。

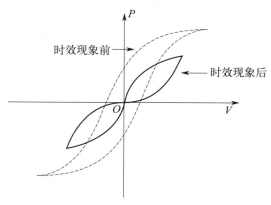

图 4-27　受铁电时效现象影响的电滞回线

（2）铁电老化现象

铁电老化现象又称为时效现象，是铁电体的性能随时间发生改变的一种现象。铁电材料在发生时效现象时对铁电性的影响主要如图 4-27 中电滞回线所示。随着时间的延长，铁电材料原本的单电滞回线变成了双电滞回线，表现为信号收缩。而双电滞回线意味着剩余极化强度 $P_r$ 变为 0，此时铁电材料在没有外加电场时就失去了记忆特性，从而导致铁电存储器失效。

一直以来，铁电老化现象都没有一个统一的解释，研究人员提出了很多模型用于解释老化的起源，目前普遍认为老化是材料中的铁电畴逐渐被缺陷（掺杂、空位或者杂质等）稳定的结果。2004 年，Ren 基于 $BaTiO_3$ 单晶提出了点缺陷对称性与晶体结构对称性一致的理论，即点缺陷对称性一致原理。该理论认为缺陷偶极子是趋于沿晶体自发极化的方向排列，为可逆的畴翻转提供了一个恢复力和大的可恢复电应变。在宏观平衡立方顺电相晶体中，根据点缺陷对称性一致原理，晶体中的点缺陷分布也为立方对称性。当晶体冷却至居里温度以下时，晶体瞬间转变为多畴的四方铁电相，这种快速的转变不会改变缺陷的分布，缺陷仍维持立方对称性。由于缺陷对称性与晶体结构对称性的不匹配，因此未老化的铁电材料处于一种不稳定的状态。随着时间的延长，点缺陷逐渐向稳态方向迁移，从而出现老化现象。在材料老化后，铁电畴中的缺陷对称性与四方相结构对称性一致，表现出与畴的极化方向一致的缺陷偶极矩。当铁电畴沿外电场方向翻转时，缺陷偶极矩不会发生翻转，从而为电畴翻转提供了一个恢复力或者可逆偏置电场，在外电场消失时使铁电畴回到最初的状态，呈现出双电滞回线现象。值得注意的是，铁电老化现象在小电场环境下更为显著，而在大的测试电场下，老化现象对电滞回线的影响会逐渐减小。

## 4.3.2　铁电存储材料

高性能的铁电薄膜材料是 FRAM 设计研究的基础，铁电材料的特性将直接影响后续电路的设计，最终决定存储器件的性能。用于 FRAM 设计制造的铁电材料一般需要满足以下特征：

① 与标准 CMOS 制造工艺兼容性好，故铁电薄膜制备工艺的积淀温度应尽可能低；

② 足够大的剩余极化强度（$>10 \mathrm{Mc/cm^2}$），以获得更好的铁电存储数据读取特性；

③ 低的矫顽电场，以实现低压下工作；

④ 抗疲劳特性足够好，漏电流足够小（$<10^{-6} \mathrm{A/cm^2}$），保证铁电存储器的使用寿命；

⑤ 饱和极化电压不应过大，以保证在使用过程中能充分极化，保障数据保持能力；

⑥ 居里温度足够高，以防止高温下存储数据失效。

目前应用于铁电存储器的铁电材料主要有两大类，一类是以锆钛酸铅（$PbZr_{1-x}Ti_xO_3$，PZT）和钽酸锶铋（$SrBi_2Ta_2O_9$，SBT）为代表的传统铁电材料；另一类是 $HfO_2$ 基新型铁电薄膜材料。传统铁电薄膜材料工艺成熟，性能优异，已有成熟的商业产品线。但与 CMOS 工艺的兼容性较差，面临 130nm 的工艺壁垒，只能应用于基于平面电容结构的 FRAM，且产品容量均不高。$HfO_2$ 基的新型铁电薄膜材料目前仍然处于器件和工艺的探索之中，研究证实掺杂 Si、Al、Y、Zr、Sr 和 Gd 等不同元素的 $HfO_2$ 基薄膜具有良好的铁电性能，而且 $HfO_2$ 作为 CMOS 工艺中的标准栅介质，存在与其兼容的成熟制造和集成方案，是目前 FRAM 向更高集成度发展的希望。

#### 4.3.2.1　传统铁电薄膜材料

传统铁电薄膜材料主要分为两大类：钙钛矿结构材料和铋层状类钙钛矿材料。前者是铁电材料中数目最多的一类，其通式为 $ABO_3$，其中 PZT 是典型代表，被首先用于 FRAM。PZT 是 $PbZrO_3$ 和 $PbTiO_3$ 形成的固溶体，具有体心立方的晶胞结构。Pb 位于立方体顶角位置，六个面心由 O 占据，体心被 Ti（或 Zr）占据。这种体心立方结构容易在（001）方向发生延伸，而在其他两个方向收缩。位于晶胞中心的 Ti（或 Zr）在外电场作用下向上或向下产生物理偏移，撤掉外电场后原子不回到晶胞中心，从而使整个晶胞中正、负电荷中心不再重合，对外表现出一定的极化特性。PZT 可以通过调节 Zr/Ti 的比例获得不同的晶体结构，在准同形相界附近 PZT 薄膜材料具有优异的电性能，介电常数高、绝缘性好、电滞回线矩形度好、$P_r$ 值大，同时 PZT 薄膜沉积温度较低，使其成为应用于 FRAM 的主流钙钛矿型铁电材料。但 PZT 也存在着难以忽视的缺点：PZT 矫顽汤较大，抗疲劳性差，漏电流高。当 PZT 薄膜与 Pt 这类常用的电极材料集成后，表现出严重的疲劳现象，一般在经受 $10^7$ 次反转后极化值开始下降，$10^9$ 次后下降到初始值的一半。虽说 PZT 薄膜在 Pt 电极上的疲劳现象可以通过使用 $RuO_2$、$IrO_2$ 等氧化物电极进行缓解，但是这些电极材料价格昂贵，且为了与硅工艺兼容，必须采用"氧化物/金属"这样的多层电极结构模式，从而使得成本增加，工艺变得更加复杂。

相对于钙钛矿结构材料而言，铋层状铁电材料的结构较为复杂，化学通式为 $(Bi_2O_2)^{2+}(A_{m-1}B_mO_{3m-1})^{2-}$，由萤石结构 $(Bi_2O_2)^{2+}$ 层与类钙钛矿层 $(A_{m-1}B_mO_{3m+1})^{2-}$ 交替堆叠形成，是一种天然超晶格材料。$(Bi_2O_2)^{2+}$ 层与氧八面体的四重对称轴垂直，每隔 $m$ 个类钙钛矿氧八面体层出现一个 $(Bi_2O_2)^{2+}$ 层，$m$ 的值一般为 $1\sim5$。在铋系层状钙钛矿铁电材料中，SBT 是目前研究较多的材料体系。SBT 在室温呈单斜或正交，但由于其单晶胞很接近于正交对称，所以也常用正交晶胞来描写。图 4-28 显示了 SBT 的晶体结构，类钙钛矿层 $(SrTa_2O_7)^{2-}$ 具有氧八面体的结构，是铁电性的起源所在，其在 $c$ 轴方向不连续而在 $a$、$b$ 轴方向连续，并在 $(Bi_2O_2)^{2+}$ 铋层两侧呈对称分布，所以 SBT 材料的电畴为 $180°$ 畴，而 $(Bi_2O_2)^{2+}$ 层具有较小的界面应力，能够自动调整在晶格中的位置来补偿电极附近的空间电荷，从而使得 SBT 具有良好的抗疲劳特性；同时由于 $(Bi_2O_2)^{2+}$ 的应力缓冲作用，在晶化过程中能与钙钛矿晶格形成超晶格共同生长，防止电荷注入，从而降低漏电流。此外 SBT 还具有较低的矫顽场，这对提高铁电存储器的集成度，降低工作电压方面非常有利。而 SBT 的不足之处在于薄膜淀积温度较高且膜组分不易精确控制，介电常数不大，$P_r$ 值较低。PZT 薄膜和 SBT 薄膜的性能对比见表 4-3。

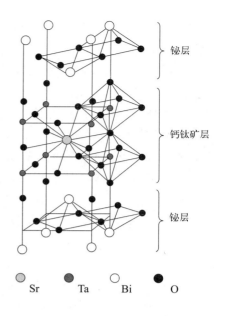

Sr　Ta　Bi　O

图 4-28　SBT 晶胞结构

表 4-3　PZT 薄膜与 SBT 薄膜的关键工艺参数和性能对比

| | PZT | SBT |
|---|---|---|
| 晶体结构 | $ABO_3$ 型 | 铋层类钙钛矿结构 |
| 薄膜沉积温度/℃ | 700～750 | 750～850 |
| 剩余极化/$(μC/cm^2)$ | 20～40 | 7～10 |
| 矫顽场/$(kV/cm)$ | 50～70 | 30～50 |
| 介电常数 | 400～1500 | 200～300 |
| 抗疲劳特性(Pt 电极) | 差 | 好 |
| 漏电流(Pt 电极,100kV/cm) | $10^{-7}A/cm^2$ | $10^{-9}A/cm^2$ |
| 居里温度/℃ | 400～500 | ～310 |

### 4.3.2.2　新型铁电薄膜材料

随着 CMOS 集成电路的飞速发展，CMOS 工艺的特征尺寸不断变小，PZT 等传统铁电薄膜材料受尺寸效应的影响，在面对小尺寸工艺时，其各种优良特性都有一定程度的衰减，在纳米尺度下无法保持铁电性能，应用受到限制。以氧化铪（$HfO_2$）为代表的新型铁电薄膜材料在工业界尤其是微电子领域引起了极大的关注。

$HfO_2$ 是一种多相介质材料，带隙宽度在 5～7eV 范围内。常温常压下，$HfO_2$ 为单斜相结构，对应空间群为 $P2_1/c$，为中心对称结构，不具备铁电性。$HfO_2$ 另一个常见的相结构为四方相（$P4_2/nmc$），也为中心对称结构，同样不具备铁电性。因此，$HfO_2$ 早先只被当作高介电常数材料来应用。2011 年，Böscke 等在探索 $HfO_2$ 作为栅介质层薄膜的厚度特性时，发现利用原子层沉积制备的 Si 掺杂 $HfO_2$ 薄膜具备铁电性。后续诸多学者证明该 $HfO_2$ 薄膜的晶相结构为正交相，空间点群为 $Pca2_1$。$Pca2_1$-$HfO_2$ 具有非中心对称反演对称性，因此具备铁电性，且 Clima 等通过第一性原理计算指出 $HfO_2$ 理论饱和极化高达 $53\mu C/cm^2$。$HfO_2$ 三种晶相结构如图 4-29 所示。

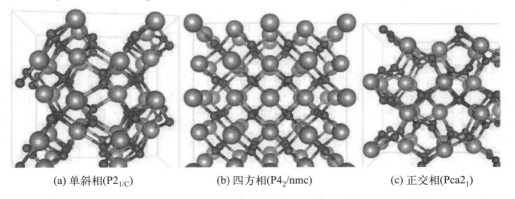

(a) 单斜相($P2_{1/C}$) 　　(b) 四方相($P4_2/nmc$) 　　(c) 正交相($Pca2_1$)

**图 4-29 　$HfO_2$ 三种晶体结构图（⬤为 Hf，●为 O）**

$HfO_2$ 的正交相（$Pca2_1$）属于亚稳态相，难以保持稳定，因此，纯 $HfO_2$ 薄膜难以实现优异的铁电性能，通常使用元素掺杂来稳定正交相，且合适的掺杂元素浓度有助于在薄膜中形成更多的铁电相以获得更高的极化强度。常见的掺杂材料有 Si、Al、Y、Zr、Sr 和 Gd 等元素。其中 $Hf_{1-x}Zr_xO_2$ 铁电存储器研究最广，这是因为 $ZrO_2$ 和 $HfO_2$ 具有非常相似的物理性质和化学性质，两者能无限互溶，且通过原子层沉积（ALD）工艺制备 $Hf_{1-x}Zr_xO_2$ 铁电存储器非常容易，$Hf_{1-x}Zr_xO_2$ 铁电薄膜的晶化温度在 $400 \sim 600℃$ 之间，更容易获得高品质的铁电存储器。2012 年，Müller 等系统研究了 $Hf_{1-x}Zr_xO_2$ 铁电薄膜（$x=0 \sim 1$）的铁电特性，如图 4-30 所示。随着 Zr 元素浓度的增加，薄膜的剩余极化从小变大再变小，当 Zr 的含量与 Hf 的含量相等时，薄膜的剩余极化最大（$16\mu C/cm^2$）；此外，随 Zr 浓度增加，薄膜中单斜相比例减少，正交相比例增大再减小（50% Zr 浓度时正交相比例最大），四方相增多，介电常数增大，因而出现了顺电—铁电—反铁电特性的变化。美国普渡大学的 Saha 等建立了单斜相、正交相、四方相与 Zr 浓度相关的氧

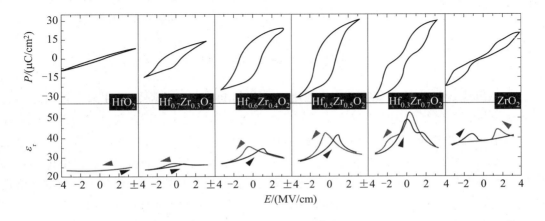

**图 4-30 　Zr 掺杂元素对 $HfO_2$ 薄膜的铁电性影响**

晶格 Landau-Ginzburg 模型，利用该模型以及实验验证了 Zr 浓度从 0 到 1，Hf-ZrO$_2$ 从顺电性到铁电性，再到反铁电特性的变化，并进一步结合 FinFET 模型确定，Zr 浓度为 0.6 时器件能够达到最大开关比。

### 4.3.3　铁电存储器

铁电存储器的基本单元结构主要有两类：一是基于铁电电容结构 FRAM 的经典存储单元，包括 1T1C 结构和 2T2C 结构；二是采用铁电场效应晶体管 FeFET 的存储单元结构，即 1T 结构。此外，在 FRAM 发展过程中，为了克服经典 2T2C 或 1T1C 结构的集成度的限制，也产生了一些特殊的链式或点阵式铁电存储阵列单元结构。

#### 4.3.3.1　经典 FRAM 结构

基于铁电电容的 1T1C 和 2T2C 的存储单元结构如图 4-31 所示。1T1C 结构只使用 1 个铁电电容和 MOS 开关管作存储单元，连出一根位线（Bit Line，BL）；2T2C 结构使用了 2 个铁电电容和 MOS 开关管，连出一对互补的位线。显然，1T1C 结构占用更少的芯片面积，有更高的集成度，是当前高容量 FRAM 主要使用的结构。但 1T1C 结构也存在位线读出电压低的问题，对电路灵敏放大器的要求更高。并且，由于芯片的老化，CMOS 电路特性或铁电电容性能的退化都会造成可靠性的降低。相比之下，2T2C 结构虽然占用面积大、集成度不高，但双电容和互补位线的存在大大增强了电路的可靠性，两根位线上的电压差会更大，读出准确度会更高，因此对外围电路的需求也较低。

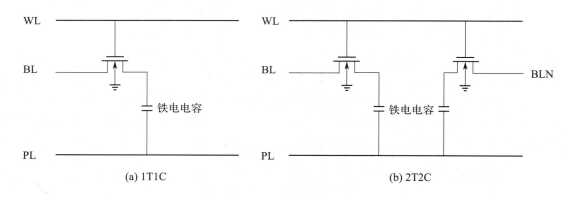

图 4-31　经典电容型铁电存储单元

FRAM 电容结构的存储单元，是利用铁电薄膜电容的极化翻转特性来进行数据的写入和读出的，读出时极化状态发生了翻转，被称为破坏性读出，因此需要进行数据的重新写入。图 4-32 为铁电电容的时序以及读写状态示意图。对于写入过程，只需要打开字线（Word Line，WL），在 BL 上准备好数据，这时给板线（Plate line，PL）一个脉冲，就可以使铁电电容被饱和极化，最后所有信号放电就可以使逻辑 0 或 1 的信息被保存在稳定的剩余极化状态。对于读出过程，初始为剩余极化状态的铁电电容在 PL 脉冲下，存 "1" 时的极化状态会翻转而存 "0" 时不会，原铁电电容的极化状态被破坏，这时开启灵敏放大器即将数据读出，同时也开始了回写操作，时序与极化状态和写入操作类似。

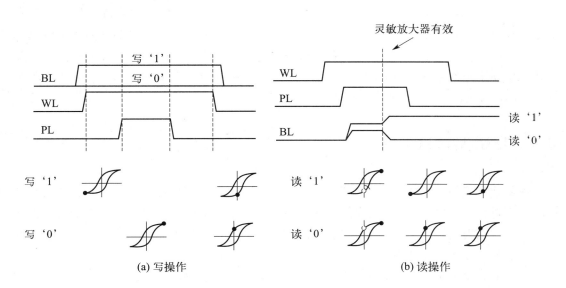

图 4-32　电容型铁电存储单元的读写操作时序以及铁电电容极化状态变化

#### 4.3.3.2　集成 FeFET 结构

集成铁电效应晶体管结构即 1T 是一种比 1T1C 更为紧凑的存储单元结构，通过将具有极化特性的铁电薄膜引入 MOS 管的栅介质层中，消除了经典结构对薄膜电容的需求。FeFET 中，由于栅介质铁电极化特性的存在，从而将晶体管阈值电压分为两个稳定的状态。与 Flash 存储单元的原理类似，0 和 1 的逻辑状态也可以存储在 FeFET 中。如图 4-33，以 N 型 FeFET 为例，当铁电介质极化状态向下时，沟道为电子反型区域，FeFET 处于开启状态；当铁电介质极化状态向上，沟道为空穴积累区域，FeFET 处于关闭状态。图 4-33（c）为两种状态 FeFET 的 $I\text{-}V$ 曲线，由于阈值电压不同，因此可以根据沟道电流的相对大小来读取信息，其读出过程不涉及铁电介质极化状态的翻转，是非破坏性读出。对于写入过程，状态的切换只是由电压驱动下的场效应完成的，所需要的电压在 3～5V，减少了高压电荷泵的要求。

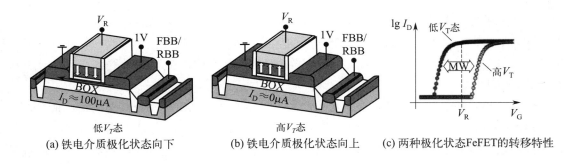

图 4-33　N 型 FeFET 工作状态

理论上来说，FeFET 技术存在巨大的发展前景，作为非破坏性读出器件，具有工艺简单、存储密度更高以及可按比例缩放等优点。但同时也存在着三个主要的挑战制约着其目前的发展：①在金属-铁电介质-衬底（MFS）结构中形成干净的界面；②避免大的退极化场以实现十年的数据保留时间（由于大介电常数的铁电介质与耗尽层相连带来的负面影响）；③在 1T 结构中实现高耐久性。

## 4.4    忆阻器材料与器件

现代计算机的基本架构形式是冯·诺依曼结构，如图 4-34 所示。在大数据和人工智能时代面对大规模繁杂的数据计算时，数据在存储器和运算处理器之间的频繁传输，造成了大量的能耗损失和信号延迟，导致芯片功耗增加、计算效率下降，存在"功耗墙"问题。且随着半导体产业的发展，中央处理器的计算速度已经远远超过内存的访问速度，这也会极大地限制中央处理器高效计算的优势，即还存在"存储墙"问题。

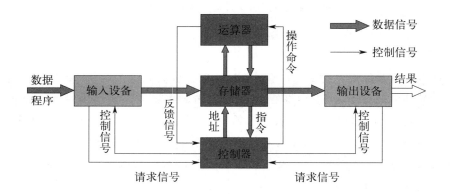

图 4-34    冯·诺依曼结构

随着"摩尔定律"逼近理论极限，以互补金属氧化物半导体（Complementary Metal Oxide Semiconductor，CMOS）器件为代表的微电子器件随着器件尺寸逐渐接近物理极限，器件尺寸的进一步下降需要更大的价格成本和时间成本，从而导致器件集成度的增长趋势放缓。因此亟须研究非冯·诺依曼计算的架构和新型器件来解决这些问题。基于忆阻器的神经形态类脑计算拥有高效率、低功耗的优异性能，是实现存储、计算一体化的重要选择，目前基于忆阻器（Memristor）的神经形态器件已经成为类脑计算的核心元件，具有极大的应用前景。

忆阻器是一种电阻可变且具有记忆功能的电阻型器件。忆阻器理论概念的提出最早可追溯到 1971 年，华裔科学家蔡少棠在研究电荷、电流、电压和磁通量之间的关系时，为补全无源电路四大基本变量之间的关系的完整性，推断在电阻、电容和电感器之外，应该还有一种器件，代表着电荷与磁通量之间的关系，并提出了忆阻器的理论模型和公式：

$$v(t) = M[q(t)]i(t) \tag{4-6}$$

$$M(q) = \mathrm{d}\varphi(q)/\mathrm{d}q \tag{4-7}$$

$$i(t) = W[\varphi(t)]v(t) \tag{4-8}$$

$$W(\varphi) = dq(\varphi)/d(\varphi) \tag{4-9}$$

其中，$M(q)$ 具有电阻单位，是与电荷有关的电阻，称为忆阻。$W(\varphi)$ 具有电导单元，是和磁通量有关的。忆阻器的特点是能够存储电荷并保持其电阻值，通过控制电流的变化可改变其阻值，从而具备类似记忆的功能。

忆阻器作为第四种基本电子器件在 1971 年被正式提出，如图 4-35 所示，与传统的电阻器、电容器和电感器一起构成了四种基本元器件。不过，虽然蔡少棠在 1971 年提出了忆阻器的概念，但当时并没有找到与之相对应的实际忆阻材料。直到 2008 年，Stanley Williams 和他的团队在惠普实验室利用二氧化钛材料（一部分是正常的二氧化钛，一部分是缺氧的二氧化钛）制造的忆阻器 $Pt/TiO_2\text{-}TiO_{2-x}/Pt$，首次实验性地观察到了忆阻效应。这个实验验证了蔡少棠的理论，并引起了广泛的关注和研究。忆阻器 $Pt/TiO_2\text{-}TiO_{2-x}/Pt$ 器件结构如图 4-36 所示。

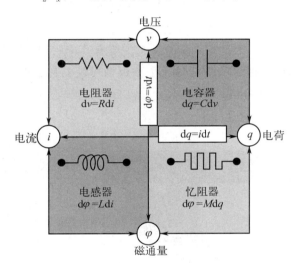

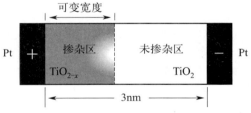

图 4-35　四种基本元器件之间的关系　　　图 4-36　忆阻器 $Pt/TiO_2\text{-}TiO_{2-x}/Pt$ 器件结构

后来，忆阻器的概念被泛化，诸如电阻性存储器（RRAM）、相变存储器（PCRAM）、铁电存储器（FeRAM）、磁性随机存储器（MRAM）等也被纳入忆阻器的类别中，即不需要满足特定的 $q$ 和 $\varphi$ 的关系，而是只要保留着电阻随外加刺激信号变化而变化的特性即可被称为忆阻器。

忆阻器作为一种新兴的电子器件技术，其特殊的忆阻功能具有广泛的应用前景，并在非易失信息存储、神经类脑计算等多个领域展示出潜在的影响力。技术的革新、未来的发展将进一步推动忆阻器技术的成熟和商业化，为电子器件领域带来更多创新和突破。

本部分将围绕忆阻器的阻变机理、忆阻材料和忆阻器在信息存储以及神经形态计算中的应用四个部分展开介绍，讲述忆阻器的记忆功能的来源、忆阻材料的分类和目前忆阻器在存储和计算方面的一些实际应用。

### 4.4.1　忆阻器的阻变机理

忆阻器是一种描述磁通量和电荷之间非线性关系的二端元件，且电阻会随着流经器件的电荷量而发生变化。对于任何初始条件，当由任何双极性周期性电压或电流波形驱动时，可以在 $I$-$V$ 平面中输出迟滞曲线的二端器件。忆阻器的内在固有属性为电流-电压（$I$-$V$）曲线表现出的迟滞回线（图 4-37），曲线形状随输入波形的幅度和频率变化。

忆阻器常见的阻变机理主要有导电丝理论、界面型阻变机制、基于畴壁位置改变的阻变机理等。

#### 4.4.1.1　导电丝理论

忆阻器在阻变层内部形成了基于氧空位或金属离子的导电细丝，导电细丝的连通和断裂分别对应器件的低电阻状态（LRS）和高电阻状态（HRS）。忆阻器的电阻状态从 HRS 变为 LRS，称为 SET 操作，也被视为"写入"过程，对应施加的偏置电压为 $V_{set}$。相反地，电阻状态从 LRS 转换为 HRS，称为 RESET 操作，又称之为"擦除"过程，对应施加的偏置电压为 $V_{reset}$。涉及导电丝理论的忆阻器制备涉及的材料主要有 $TiO_2$、$ZnO$ 和 $TaO_x$ 等金属氧化物，通常制备成 MIM 结构，通过改变信号大小和极性可使器件在开关状态之间切换。忆阻器的 MIM 结构示意图如图 4-38 所示。

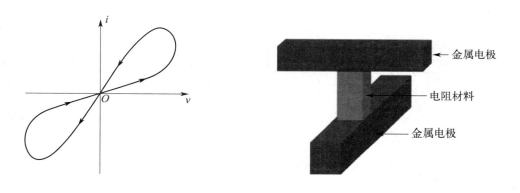

图 4-37　忆阻器典型迟滞回线　　　　　图 4-38　忆阻器的 MIM 结构

忆阻器的导电丝理论具体可分为金属离子导电细丝型阻变和氧空位型导电细丝型阻变。金属离子导电细丝型阻变亦被称为电化学金属化机制（Electrochemical Metalization，ECM），相应器件的顶、底电极通常采用活性与惰性电极相互搭配。活性电极材料会在电场作用下发生氧化还原反应，如银、铜等；惰性电极不会参与阻变，如金、铂、钯等。氧空位型导电细丝阻变又被称为化学价变化机制（Valence Change Mechanism，VCM），器件的顶、底电极使用的是惰性电极和钛、氮化钛、钽、铪等会在电场驱动下形成亚稳态金属氧化物的材料，不同的电极材料选择会显著影响器件的阻变机制。

#### 4.4.1.2　界面型阻变机制

界面型阻变行为通常源自氧离子（氧空位）迁移引起肖特基势垒的变化，也可能来自电子或空穴在界面位置被捕获或去捕获的过程。在这种情况下，忆阻器低电阻状态时的电阻与电极面积成反比，整个器件电极/阻变层界面均参与了阻变行为。主要分为以下两种情况。

（1）氧离子迁移导致介质层界面移动从而改变电阻状态

以典型的惠普实验室报道的忆阻器结构（图 4-36）为例，双层电介质夹在两个铂（Pt）电极中间，双层电介质包括具有特定化学配比的 $TiO_2$ 层和非化学配比的 $TiO_{2-x}$ 层。

其主要原理为通过在电极上施加电压偏置来调节忆阻器电导大小。在电场作用下由于氧空位的迁移，$TiO_2$ 和 $TiO_{2-x}$ 层之间的界面可发生移动，相应电导状态即发生变化。此外，Yang 等研究者证明了带正电的氧空位在外电场下的漂移会导致 $Pt/TiO_2$ 界面处电子势垒的变化。氧空位向界面漂移会产生导电通道，使得器件转换成低电阻状态，氧空位偏离界面会湮灭此类通道，使器件转换成高电阻状态。

（2）铁电体/电极表面的场感应电荷再分布导致电阻状态发生变化

对于铁电忆阻器而言，在外部电场作用下，铁电势垒中的极化重新排布可使铁电隧道结（Ferroelectric Tunneling Junction，FTJ）的隧穿电流在两种非易失性状态之间切换，进而其电阻可连续调整。类似于理论忆阻器的忆阻特性，FTJ 器件具有可调、迟滞和非易失性电阻开关特性，因此基于铁电隧道结的忆阻器被提出。其结构示意图如图 4-39 所示。

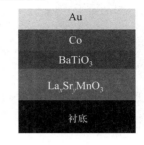

图 4-39　用于铁电忆阻器的 FTJ 横截面结构

其主要机理为铁电体/电极表面的场感应电荷再分布会造成电阻变化，从而实现忆阻器的阻变。在金属和铁电体的界面处，缺陷会促进电荷的迁移和积累。顶部电极施加正向偏压时，氧空位在 $CoO_x$/BTO 界面处积聚，有效降低了势垒高度，电阻显著下降，该状态可标记为"ON"。负偏压会导致界面处累积电荷的耗散，从而将异质结构切换到高电阻状态。

### 4.4.1.3　基于畴壁位置改变的阻变机理

自旋电子忆阻器的基本机理为：当通过磁层施加电流时，构成电流的电子自旋方向将向磁化方向转换，称为自旋极化，如果这种自旋极化电流被引导到另一个磁体中，这些自旋可重新极化。在重新极化过程中，磁层受到一个扭矩，该扭矩可刺激自旋波激励或在足够高的电流密度下翻转磁层的磁化方向，基于自旋转移矩（Spin Transfer Torque，STT）的磁隧穿结（Magetic Tunnelling Junction，MTJ）可以使用两个铁磁层之间感应的自旋极化电流在低阻态（LRS）和高阻态（HRS）之间切换。

图 4-40 展现了 STT-MTJ 电子自旋磁矩的反平行方向与平行方向相互切换的过程，当电流通过 MTJ 时，电流中的自旋极化电子会将其自旋角动量转移给自由层的磁矩，从而改变自由层的磁化方向。根据电流的方向，自由层的磁化方向可以从平行状态切换到反平行状态，或从反平行状态切换到平行状态。自旋电子忆阻器结构和等效电路如图 4-41 所示。

施加与固定层磁化方向相同的极化电流将使固定层和自由层之间的磁化方向平行，从而实现低电阻状态，施加与固定层磁化方向相反的极化电流会使两层之间的磁化方向反平行，从而产生高电阻。自旋电子忆阻器的忆阻性取决于畴壁位置，可以写成

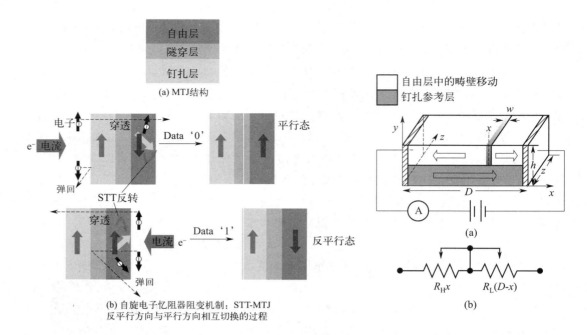

图 4-40    基于自旋转移矩的磁隧穿结的结构及基本机理          图 4-41    自旋电子忆阻器
结构和等效电路

$$M(x) = r_H \times x + r_L \times (D-x)$$

其中，$r_H$ 是自由层和参考层磁化强度方向反平行时的单位长度电阻；$r_L$ 是两者磁化强度方向相互平行时的单位长度电阻；$x$ 是畴壁的位置；$D$ 是自由层长度。在这种情况下，畴壁速度 $v$ 与电流密度 $J$ 成正比，见式（4-10）。

$$v = \frac{\mathrm{d}x}{\mathrm{d}t} = \Gamma \times J = \frac{\Gamma}{h \times z} \times \frac{\mathrm{d}q}{\mathrm{d}t} \tag{4-10}$$

式中，$\Gamma$ 为畴壁速度系数，取决于器件结构和材料特性；$h$ 和 $z$ 表示厚度和宽度。则自旋电子忆阻器的忆阻特性可被描述为：

$$M(q) = r_L \times D + (r_H - r_L)\frac{\Gamma}{h \times z}q(t) \tag{4-11}$$

通过改变自由层中畴壁位置，实现忆阻器的忆阻特性连续可调是可行的。自旋电子忆阻器是通过磁铁本身施加电流来实现的，而不是产生非常强的反转场，故而具有比传统忆阻器器件更低的功耗。然而，较小的开关状态电阻比是自旋电子忆阻器需要突破的难题。

## 4.4.2    忆阻器的阻变材料

20 世纪中期，美国科学家斯坦利和赫伯特最早发现了阻变效应。他们观察到材料在电场刺激下，电阻不仅能够改变，而且这种变化是可逆的。这意味着通过改变电场强度或电流密度，可以调节材料的电阻值，而在去除电场或电流后，它们可以恢复到最初的电阻状态。随后科研人员在多种材料中发现了忆阻特性，并尝试寻找适用于存储器的阻变材料。同时，一些新颖的物理现象和忆阻材料也引起了广泛的科学关注，为忆阻器在未来新型信息器件中的应用提供了潜在的可能性。

尽管忆阻器在近年来才成为研究热点，但对阻变材料的研究早在五十多年前就已开始。目前报道的忆阻器涵盖了多种材料类型，包括二元金属氧化物、钙钛矿型结构氧化物、固体电解质、有机和聚合物材料、单质类材料以及氮化物等，这些忆阻器材料的应用形式主要包括薄膜、纳米线和纳米颗粒。对这些阻变材料展开持续不断地研究和创新是阻变技术发展的关键，新材料的发现和应用对推动各个领域的电子器件和存储器都具有重要影响。

#### 4.4.2.1 二元金属氧化物

具有忆阻特性的二元氧化物主要为过渡金属氧化物、镧系氧化物和部分非金属氧化物。图 4-42 总结了目前所报道的具有阻变特性的二元金属氧化物。二元氧化物具有工艺简单、与 CMOS 工艺兼容、性能优异等优点，具有重要的实际应用价值。

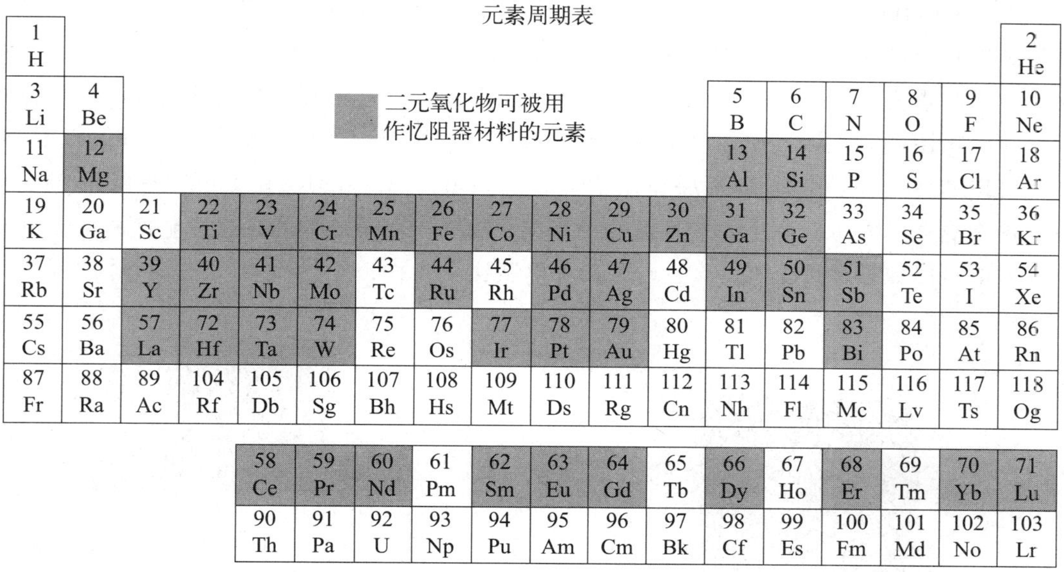

图 4-42　二元氧化物可用作忆阻器材料的元素

（1）$TiO_x$

惠普实验室在 2008 年首次实现了基于 $TiO_x$ 的忆阻器，并解释了其电阻转变机理为带正电的氧空位迁移导致富氧区域与缺氧区域之间界面的移动。之后 Jeong 等研究了电铸对 $Pt/TiO_2/Pt$ 开关电池的成分、结构和电阻的影响。讨论了电铸过程和由此产生的双极开关行为之间的相关性，还确定了电铸行为对气氛的依赖性，从中我们明确了电铸的对称性是决定双极开关特性的关键因素。Qi 等提出了一种基于 $Ag/TiO_x$ 纳米带/Ti 配置的新型忆阻器模型（TSSM 模型），该模型可以反映物理忆阻器的三种不同状态（即原始阶段、过渡阶段和阻变状态），并具有令人满意的拟合精度（大于 99.88%）。TSSM 模型考虑了湿度对阻变行为的影响以及忆阻器的演化过程。通过调整拟合参数，模型与实验数据相比具有足够的精度，均方根误差低于 0.12%。实验结果表明，所构建的电路能够实现基本的布尔逻辑运算，且响应速度快、效率高，对于忆阻器的制备和后续应用具有重要意义。

（2）$HfO_x$

$HfO_x$ 忆阻器基本结构通常由作为开关介质的 $HfO_2$ 层（厚度在 5～30nm 范围内）和由金属或氮化物（例如 Pt、Au、W、Ni、TiN、TaN）形成的底部和顶部电极组成。Spiga 等通过原子层沉积技术制备出了 Al 掺杂的 $HfO_2$、$Al_2O_3$ 和 $SiO_2$，进一步制备出可作为电荷捕获单元的存储器（图 4-43），Al 掺杂有助于立方相 $HfO_2$ 的结晶，Al-$HfO_2$ 层表现出与传统 $HfO_2$ 薄膜相似的捕获特性，但介电常数要小得多。由此制造的叠层器件表现出优异的稳定性和电学特性。Grenouillet 等通过在 $HfO_2$ 中掺入 Si 将初始电阻降低了约 4 个数量级，使得器件平均工作电压从 2.75V 显著下降到 2.0V，证实了掺杂工艺对降低器件工作电压的重要意义。

（3）$TaO_x$

$TaO_x$ 具有 $TaO_2$ 和 $Ta_2O_5$ 两个稳定相，可以控制稳定的低阻和高阻态，$TaO_x$ 中 O 的溶解度在温度大于 1000℃时很大（66.67％～71.43％），这一特性对于实现较长的开关耐久性非常重要。Wei 等在 Pt/$TaO_x$/Pt 器件（图 4-44）中得到了耐久性超过 $10^9$ 个周期的 $TaO_x$ 电阻随机存取存储器（ReRAM），该 $TaO_x$ ReRAM 在 85℃ 条件下可保存 10 年以上。Prakash 等使用 Ti 纳米层形成 W/$TiO_x$/$TaO_x$/W 结构，在 80$\mu$A 的低工作电流下，该存储器具有 10000 个连续直流开关周期、大于 $10^5$ 个周期的长读取脉冲耐久性以及 85℃ 时的良好数据保留率（＞$10^4$s）和良好电阻比（＞$10^2$）。

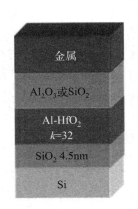

图 4-43　Al 掺杂 $HfO_2$、$Al_2O_3$ 和 $SiO_2$ 存储器结构

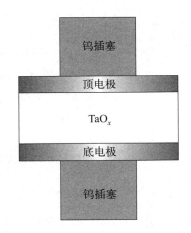

图 4-44　Pt/$TaO_x$/Pt 存储器件的横截面

### 4.4.2.2　钙钛矿结构氧化物

钙钛矿结构氧化物是一类具有独特物理性质和化学性质的功能材料，对此类材料的研究侧重于机理方面。钙钛矿型复合氧化物的通式为 $ABO_3$，目前报道的此类忆阻器材料主要有掺杂的 $SrTiO_3$、$BaTiO_3$、$LaMnO_3$ 等。Muenstermann 等使用导电 AFM 结合分层技术去除 Fe 掺杂 $SrTiO_3$ MIM 结构的顶部电极。在 Fe 掺杂前后，$SrTiO_3$ 薄膜出现两种极性相反的开关行为（图 4-45），证明 Fe 掺杂 $SrTiO_3$ 薄膜中的电阻切换可以限制在单个

强灯丝内，也可以分布在电极下方的更大区域上。Liu 等通过射频磁控溅射法沉积出了高电阻、低漏电流的非晶态 Sr 掺杂 LaMnO$_3$（α-LSMO）薄膜，然后基于 α-LSMO 薄膜制备了 Ag/α-LSMO/Pt 忆阻器。发现器件可表现出优异的非易失双极型电阻开关特性，高低电阻比超过 $10^4$，且具有较小的阈值电压。在高频脉冲电压激励下器件还可表现出动态 $I$-$V$ 回滞特性和模拟型阻变特性。

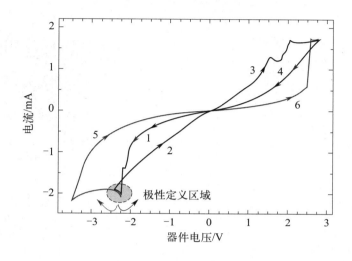

**图 4-45　Fe 掺杂 SrTiO$_3$ 薄膜的 $I$-$V$ 特性曲线**

（同一个结中可看到两种极性相反的开关行为）

### 4.4.3　基于忆阻器的信息存储

忆阻器在信息存储中具有几个重要优势：非易失性存储，即在断电情况下也可以保持存储信息。这使得它们在需要长期存储数据的场景中具有优势，如物联网设备、传感器和存储器件等。与传统存储器相比，忆阻器通常具有较低的功耗。这意味着在数据读取和写入过程中消耗的能量更少，对于节能和延长电池寿命至关重要。忆阻器通常具有更快的响应速度和更高的存储密度，在存储大量信息的情况下它们具有更快的读取和写入数据速度，这对于现代信息技术中数据密集型任务的处理非常重要。

目前，忆阻器作为一种前景广阔的存储技术，正在经历积极的研究和发展。一方面研究人员致力于寻找新的忆阻材料或优化现有材料，以提高其稳定性、响应速度和电阻变化比等关键性能。另一方面，设计新型的忆阻器结构，如纳米结构、多层结构等，以提高存储密度和性能。本节将围绕忆阻器在存储器、逻辑运算和神经网络领域的应用展开介绍。

#### 4.4.3.1　非易失性存储器

早在 1967 年，Simmons 和 Verderber 就报道了由两个电极层和一个中间功能层组成的 Au/SiO$_2$/Al 电阻式随机存取存储器（RRAM）器件中的电阻开关，这是一种新型存储器件，其结构如图 4-46(a)（b）所示。图 4-46(c)（d）展示了电阻变化存储器的典型双极/单极 *I-V* 特性曲线，当器件施加循环扫描电压时，器件会从高阻态转换到低阻态（SET），反之则器件从低阻态转换到高阻态（RESET）。可利用材料的低/高电阻（开/关状态）转换实现"0"或"1"的存储。相比于传统闪存存储器，RRAM 器件具有低工作电压、低功耗、高速度和高密度等特点。此外，RRAM 的制造工艺与传统的互补金属氧化物半导体（CMOS）工艺兼容，有利于推动科学研究的发展。

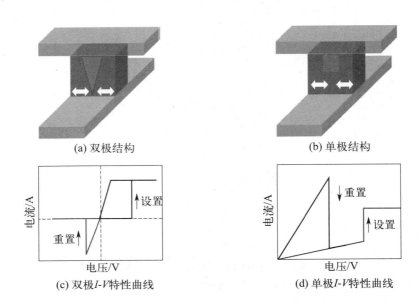

(a) 双极结构　　　　　　　　　　　　(b) 单极结构

(c) 双极*I-V*特性曲线　　　　　　　　(d) 单极*I-V*特性曲线

图 4-46　RRAM 的夹层结构

许多材料在电场或电流激励下会呈现电阻变化特性，Siddiqui 等将一种二维材料六方氮化硼（hBN）和聚乙烯醇（PVOH）用于柔性电阻开关器件，其结构如图 4-47 所示。hBN 和 PVOH 形成的纳米复合材料表现出优异的耐久性和机械强度，基于这一纳米复合材料配置的 ITO/hBN-PVOH/Ag 全印刷存储器件也表现出良好的非易失性和可重写双极性电阻开关行为。类似的，Qian 等使用六方 hBN 薄膜制备的 Ag/hBN/Cu 柔性阻变存储器件，同样在保留时间、写入周期和弯曲耐力方面具有出色的性能。此外，像石墨烯、$MoS_2$、钙钛矿等新兴的小尺寸低维材料也大量用于电阻开关器件。

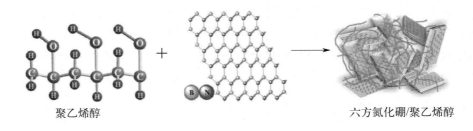

聚乙烯醇　　　　　　　　　　　　　六方氮化硼/聚乙烯醇

图 4-47　反应物 hBN 和 PVOH 以及产物纳米复合材料的结构

　　尽管不同种类材料的电阻切换存储器已被广泛研究以解释观察到的电阻变化现象，但 RRAM 的电阻切换机制一直存在争议。目前，导电丝机理已得到广泛认可，但在导电丝（CF）形成和破坏的微观过程、成分和形状等关键问题上仍存在较大争议。事实上，影响导电丝形成和破坏的因素有很多，包括电极尺寸、电极活性和功能层厚度等。另一方面，不同的材料对于存储设备来说具有不同的存储机制。目前对于电阻切换现象的深层物理机制尚未达成共识，因此，需要在今后的工作中进一步研究和探索。

### 4.4.3.2　非易失性逻辑运算

　　非易失性逻辑运算是指在逻辑电路中使用非易失性存储器件来执行逻辑运算。传统的逻辑运算通常在易失性存储器件（比如 RAM）中执行，但是当断电时，这些存储器件会丢失保存的数据。非易失性逻辑运算则利用非易失性存储器件来实现逻辑运算，即使断电也可以保持其状态。这种设计在断电后能够保留数据状态，不需要重新初始化或者重新计算，因此在需要持久存储状态的应用中有着重要的作用。

　　（1）冯·诺依曼架构的现状与挑战

　　冯·诺依曼架构是计算机领域中最基本的设计框架之一，该框架将数据和指令存储在同一存储器中，并通过存储器地址进行访问。这种结构成为计算机设计的标准，为后续计算机体系结构的发展奠定了基础。第一台使用冯·诺依曼架构设计的计算机是 ENIAC 的后继机型 EDVAC，EDVAC 是第一台真正意义上使用存储程序概念的计算机，开启了现代计算机的时代。

　　尽管冯·诺依曼架构在计算机发展史上扮演了重要角色，但冯·诺依曼架构自身存在一系列问题，如：在大规模数据处理和并行计算方面存在性能瓶颈。处理器和内存之间通信速度不匹配；数据传输和处理过程中需要大量的能量，导致高功耗和低能效；存储器速度无法满足处理器的需求；存在一些安全隐患，易对系统的安全性和隐私构成威胁等，且冯·诺依曼结构的程序执行是一维串行的，在半导体工艺技术飞速进步和体系结构不断发展的今天，多核处理器的出现是技术发展和应用需求的必然产物。而多核处理器在程序执行时则是并行结构，这与冯·诺依曼架构并不匹配。因此，需要针对多核处理器的特点，探索新的体系结构和设计理念，以提高处理器的性能和效率。

　　（2）忆阻器在逻辑运算中的应用

　　开发超越冯·诺依曼体系结构的高能效并行信息处理系统是现代信息技术的长期目标。广泛使用的冯·诺依曼计算机体系结构将内存和计算单元分开，导致计算机工作时数据移动耗能较大。为了满足大数据和物联网等数据驱动型应用对高效信息处理的需求，一种超越冯·诺依曼的节能处理架构对信息社会至关重要。

　　Li 等在电阻式随机存取存储器（RRAM）中使用 $24 \times 24$ 交叉阵列（图 4-48）是非易失性系统内逻辑、存储器和直接通信"一体化"的首次展示。其高效的原位数据传输为可级联逻辑运算提供了更大的灵活性，并能促进以存储器为中心的数据处理。从架构的角度看，存储、逻辑和通信在非易失性系统中的一体化为基于非冯·诺依曼计算架构的研发提供了无限可能性。

　　另外，一种由电阻开关（RS）器件构建的非冯·诺依曼体系"iMemComp"结构也

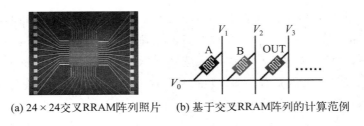

(a) 24×24交叉RRAM阵列照片　　(b) 基于交叉RRAM阵列的计算范例

**图 4-48　RRAM 阵列**

被提出，如图 4-49 所示。基于横条式 RS 阵列的非易失性和结构并行性，iMemComp 具有并行计算和学习用户定义逻辑功能的能力，可以完成大规模信息处理任务。相比计算与存储模块分离的冯·诺依曼架构，iMemComp 使用一个包括存储与计算的统一核心模块来执行任务。这种架构消除了冯·诺依曼计算机中耗能的数据移动，与当代硅技术相比，基于 iMemComp 的加法器电路可将速度提高 76.8%，功耗提高 60.3%，电路面积减少至原先的 1/700。

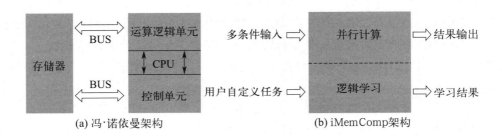

(a) 冯·诺依曼架构　　　　　　　　(b) iMemComp架构

**图 4-49　冯·诺依曼架构与 iMemComp 架构对比**

### 4.4.3.3　类脑神经形态计算

基于忆阻器的类脑神经形态计算是一种模仿人类大脑神经网络结构和工作原理的计算模型，这种计算模型利用忆阻器件来模拟神经元之间的突触连接和信息处理方式。忆阻器被用作类似于生物神经元突触的人工突触，其电阻值可以根据输入电压或电流的变化而变化，这种特性使得忆阻器件能够模拟突触的可塑性（即突触权重的变化）和记忆功能，从而实现类似生物神经网络的信息处理。基于忆阻器的类脑神经形态计算的优势包括能耗低、非易失性、具有并行处理能力等。这种计算模型在人工智能、模式识别、智能感知等领域有着广泛的应用前景，它不仅能够模拟生物神经网络的行为，还具备更高效的计算能力和更低的能耗，对于解决复杂问题和实现智能化系统具有潜在价值。

神经形态计算这一领域的兴起得益于神经科学、计算机科学和人工智能等多个领域的交叉影响。随着神经科学的发展，人们对生物神经系统结构和功能的了解日益深入。神经科学研究使人们认识到人脑是如何处理信息、学习、记忆以及进行智能决策的。这种认知促使科学家们致力于寻找更加自然、高效的计算模型。传统计算机通常采用冯·诺伊曼结构，在处理模式识别、自主学习等方面存在局限性，与人脑神经网络的并行性、容错性、可塑性有所不同。因此，为了更好地模拟人脑的智能特征，研究人员开始探索新的计算模型，即神经形态计算。随着硬件技术的进步和计算能力的增强，人们开始能够更好地模拟和实现大规模的神经网络，这为神经形态计算提供了技术支持。另外，新型存储器件的涌现也是这一领域兴起的原因之一。例如，忆阻器等新型存储器件的非易失性、低功耗和可塑性特征与生物神经网络的特性相契合，为实现类脑计算提供了有力的支持。这些因素共同促成了对人工智能新范式的追求和探索，试图以更符合人类大脑工作原理的方式来开发更智能、高效的计算模型。

（1）人工神经网络

神经元是神经系统的基本功能单元，负责接收、处理和传递神经信号，其结构如图4-50(a)所示。树突接收来自其他神经元的化学或电信号后会将这些信号传递到细胞体。由细胞体对接收到的信号进行整合和处理，判断是否产生足够的兴奋性以产生动作电位。动作电位沿着轴突传播，通过轴突末梢的突触释放神经递质，触发下一个神经元中的电信号，或者作用于目标细胞，继续传递信号或者引发相应的生物学反应。

基于忆阻器的神经元是一种人工神经元，它采用忆阻器件来模拟生物神经元的功能。这类神经元的关键部分是忆阻器件，它扮演着模拟突触的角色。忆阻器件的电阻值能够改变，类似于生物神经元突触连接的强度变化，这种可变的电阻值允许神经元存储信息和进行学习。当神经元收到输入信号时，忆阻器件的电阻值可能会调整，这种调整模拟了突触的学习和适应能力。一个基于忆阻器的神经元通常包含输入端口、忆阻器件和输出端口。从生物神经元抽象而来的 M-P（McCulloch and Pitts）神经元模型是开创性的人工神经元模型，该模型也是目前人工神经网络中最基础的处理单元，如图 4-50(b)所示。输入端口接收其他神经元或外部输入的信号 $X_m$，进行累加求和并经过激活函数转换后可以得到神经元的输出结果 $y$（$W_m$ 表示两个神经元之间突触连接的权重值）。这种设计旨在模拟生物神经元的工作方式，使得人工神经元能够处理和传递信息，同时具备类似于生物神经网络的特性，例如可塑性、自适应性和并行处理能力。将这些人工神经元组合成神经网络，可以模拟和实现人脑的信息处理和学习能力，有望在人工智能和类脑计算领域发挥重要作用。

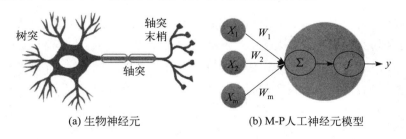

(a) 生物神经元　　(b) M-P人工神经元模型

**图 4-50　生物神经元与人工神经元**

人工神经网络（Artificial Neural Networks，ANN）的研究历程涵盖了多个阶段。1943 年，McCulloch 和 Pitts 提出了 M-P 神经元模型，描述了生物神经元的数学模型，这被认为是神经网络研究的起点。1957 年，Rosenblatt 提出了感知器（Perception）模型，这是一种用于二元分类问题的线性分类器。然而，在感知器的局限性和技术限制下，神经网络进入了冷淡期。人们开始意识到神经网络在处理复杂问题上的局限性，导致对其研究陷入低谷。随着大数据、计算能力和算法的进步，神经网络经历了爆炸式增长。神经网络技术在图像和语音识别、自然语言处理、医疗诊断、金融预测、自动驾驶等领域取得了巨大成功，并成为人工智能领域的关键技术之一。总的来说，人工神经网络的研究经历了起伏，但在技术、理论和应用方面都取得了显著的进步，成为当今人工智能领域中极为重要和前景广阔的领域之一。

（2）基于忆阻器的电子突触

突触是神经元之间传递神经信号的重要结构，电子突触是由忆阻器构成的模拟结构，其电阻值可根据输入电压或电流调节，模拟神经元之间的连接强度的变化。基于 CMOS 技术的突触电路是利用互补金属氧化物半导体（CMOS）技术构建的电子突触模型，用于模拟和实现神经突触的功能。这些电路通常被设计用于模拟化学突触的行为，并利用忆阻器的特性模拟了突触强度的调节，允许电路根据输入信号进行学习和记忆，实现信号传递和强度调节，并在人工神经网络和神经形态计算中发挥作用。基于 CMOS 的突触电路有望应用于神经网络硬件实现，为模式识别、智能控制等领域提供高效的计算平台。CMOS 突触电路也可用于神经科学研究，帮助理解神经系统的工作原理和突触可塑性，推动神经学领域的进展。这些基于 CMOS 技术的突触电路对于实现更接近生物神经网络的人工智能系统、模拟学习和记忆机制以及神经形态计算都具有重要意义。

自忆阻器被用作突触器件且应用于神经网络以来，研究者们致力于提升其电导渐变调控特性。这包括从多个角度对器件导电过程进行精确控制，改善器件的非理想因素，以推动硬件神经网络的实际应用。其中，常见的材料改性方法之一是对中间功能层进行元素掺杂，通过调整掺杂元素在功能层材料中的分布来改变导电通路的形成过程。如图 4-51 所示，曾俊元教授团队通过对开关层上进行 Al 掺杂，显著提高了突触线性度。掺杂前，纯器件的非线性度分别为 $36\%$（增效）和 $91\%$（抑制），而掺杂后的非线性度可被抑制为 $22\%$（增效）和 $60\%$（抑制），大大改善了器件电导渐变行为的线性度和动态范围。

（3）基于忆阻器的人工神经网络

忆阻阵列在矩阵计算中具有高准确度和高效率，通过建立数学模型，进行仿真和模拟计算能够验证忆阻阵列在向量矩阵乘法中的准确性，测试忆阻阵列在进行向量矩阵乘法时的能耗，通过对比传统计算方式，能够评估忆阻阵列的能效表现。H. Miao 等对 $128 \times 64$ 阵列的忆阻器单元进行高精度模拟调整和控制（图 4-52），并对由此产生的矢量矩阵乘法（VMM）计算精度进行了评估。这里的 VMM 计算精度接近 6bits，识别率也达到了 $89.9\%$。

基于忆阻阵列矩阵计算的加速效果，近期多种人工神经网络模型均被实验验证：

① 忆阻多层感知机（Memristive Multilayer Perceptron，Memristive MLP）。与传统的多层感知机不同，忆阻多层感知机的权重值不是以外部存储器或寄存器的形式存在，而是存储在连接神经元之间的忆阻器中，这种权重存储方式可以提高存储效率和计算速度。Yao 等采用单层感知器神经网络，利用如图 4-53（a）所示的 1T1R 结构，开发了一种全 CMOS 兼容制造工艺制造忆阻多层感知机芯片[图 4-53（b）]。通过对 RRAM 中金属氧化物的堆叠（TiN/$TaO_x$/$HfAl_yO_x$/TiN）进行优化，使忆阻器件表现出渐进和连续的权重变化。并对灰度人

脸分类进行了实验演示，实验结果与使用英特尔 XeonPhi 处理器和片外内存的实施方案相比，模拟突触每次迭代的能耗降低至原先的 1/1000，展示了模拟突触阵列的可行性。忆阻多层感知机的出现为神经网络的硬件实现提供了新的思路，其在能效和计算速度方面有较强优势，有望应用于各种需要处理大规模数据和进行复杂模式识别的场景，例如智能物联网、医疗诊断、自动驾驶等领域，以提高设备的智能化水平和处理能力。

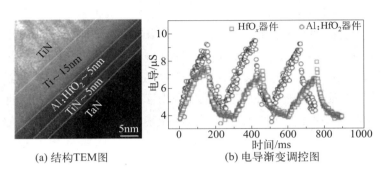

(a) 结构TEM图　　　　(b) 电导渐变调控图

**图 4-51　Al: HfOₓ 器件结构 TEM 图与电导渐变调控图**

**图 4-52　128×64 的 1T1R 忆阻阵列及其矩阵计算应用**

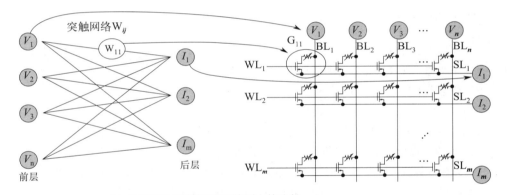

(a) 单层神经网络在1T1R阵列上的映射

(b) 采用与CMOS完全兼容的制造工艺制造的1024单元-1T1R阵列的显微照片

**图 4-53　1T1R 架构和 1024 单元-1T1R 阵列**

　　② 忆阻卷积网络（Memristive Convolutional Neural Network，Memristive CNN）。这种网络结构利用忆阻器的特性来改善传统 CNN 的计算效率和能耗问题，其结构特征是卷积层的神经元之间局部连接，每个神经元仅与上一层的部分神经元相连。这种局部连接方式有两个主要特点：权重共享和感受野。由于权重共享方法无法直接映射到 2D 忆阻阵列上，因此在研究的过程中需要首先解决这一问题。

　　③ 其他网络模型。除了多层感知机和卷积神经网络，忆阻阵列也被扩展应用于其他更为丰富的人工神经网络类型，包括约翰·霍普菲尔德（John Hopfield）于 1982 年提出的 Hopfield 网络、Sepp Hochreiter 和 Jürgen Schmidhuber 于 1997 年提出的长短期记忆网络（LSTM），以及循环神经网络（RNN）、生成对抗网络（GAN）等。当前，忆阻器神经网络已经在高效计算、人工智能、智能物联网等领域展现出了巨大的潜力，但同时也面临着更多技术上的挑战和商业化的探索。随着研究的深入和技术的进步，相信其在各个领域的应用将变得更为广泛。

## 思考题

　　1. 名词解释：

　　（1）铁磁性和反铁磁性。

　　（2）磁阻效应和巨磁阻效应。

　　（3）超顺磁效应和超顺磁极限。

　　2. 推导多层膜巨磁电阻效应的工作机理。满足磁性多层膜实现巨磁电阻效应的条件是什么？

　　3. 自旋阀结构磁性多层膜的基本结构及工作机理是什么？

　　4. 隧道磁电阻效应工作机理是什么？

　　5. 简述常用的磁头结构和磁头材料。

　　6. 磁记录介质应具备哪些性能？常用的磁记录介质材料有哪些？

　　7. 画出 Si 的能带结构示意图并简述其能带结构的特点。

　　8. 什么是半导体存储器？常见的半导体存储器有哪几类？它们在存储机理上有什么区别？

　　9. 动态随机存储器（DRAM）和静态随机存储器（SRAM）有什么区别？

　　10. 存储器可以分为易失性和非易失性两种，请对比这两种类型的存储器各自的优势与不足。

　　11. 铁电存储器具有哪些优良特性？举例说明针对其失效机理所能采取的改善措施。

　　12. 简述铁电存储原理以及其中关键的铁电极化机理。

　　13. 铁电存储材料需要满足哪些特征？简单介绍目前应用于铁电存储器的两大类铁电材料。

　　14. 铁电存储器的基本单元结构有哪两种？比较各自特点。

　　15. 电路中四种基本的元器件是指什么？

　　16. 简述忆阻器的定义及常见的阻变机理。

　　17. 忆阻器在信息存储领域有哪些应用前景？

## 参考文献

［1］　孙光飞，强文江. 磁功能材料［M］. 北京：化学工业出版社，2007.

［2］　严密，彭晓领. 磁学基础与磁性材料［M］. 杭州：浙江大学出版社，2019.

[3]　李言荣，谢孟贤，恽正中，等．纳米电子材料与器件［M］．北京：电子工业出版社，2005.

[4]　张梦伟．能量辅助磁记录中材料和器件的微磁学模拟研究［D］．北京：清华大学，2015.

[5]　李玮．垂直磁各向异性 FePt 薄膜的微观结构与织构研究［D］．北京科技大学，2018.

[6]　常亮，赵鑫，邓翔龙，等．磁性随机存储器的发展及其缓存应用［J］．中国集成电路，2021，30（06）：38-44＋84.

[7]　陈星粥，陈勇，刘继芝，等．微电子器件［M］．北京：电子工业出版社，2022.

[8]　Andy T，Memristor-based neural networks［J］．J. Phys. D Appl. Phys.，2013，46：093001.

[9]　程彩蝶．金属氧化物基神经形态器件的性能与应用研究［D］．北京科技大学，2021.

[10]　姜岩峰，张曙斌，汤思达，等．新型微电子器件前言导论［M］．北京：化学工业出版社，2022.

[11]　Pan F，Gao S，Chen C，et al. Recent progress in resistive random access memories：materials，switching mechanisms，and performance［J］．Mat. Sci. Eng. R，2014，83：1-59.

[12]　刘恩科，朱秉升，罗晋生．半导体物理学［M］．北京：电子工业出版社，2017.

[13]　黄维，解令海，仪明东．有机半导体存储器［M］．北京：科学出版社，2020.

[14]　钟维烈．铁电体物理学［M］．北京：科学出版社，1996.

[15]　Scott J F．铁电存储器［M］．朱劲松，吕晓梅，朱旻，译．北京：清华大学出版社，2004.

[16]　冯云鹤．64Kbit 新型铁电存储器的设计［D］．成都：电子科技大学，2021.

[17]　高松．新型铁电存储器设计及其读写方法研究［D］．成都：电子科技大学，2020.

[18]　何慧凯．基于二维材料的忆阻类脑器件相转变机制和光电功能调控［D］．武汉：华中科技大学，2021.

[19]　Li Y，Wang Z，Midya R，Xia Q and Yang J，Review of memristor devices in neuromorphic computing：materials sciences and device challenges［J］．J. Phys. D Appl. Phys.，2018，50：503002.

[20]　闫梦阁．基于铁电聚合物的神经形态器件［D］．上海：华东师范大学，2022.

[21]　陈佳．忆阻神经网络：器件与算法的协同设计［D］．武汉：华中科技大学，2021.

[22]　涂路奇．基于新型氧化铪基铁电薄膜的场效应晶体管电学和光电特性研究［D］．北京：中国科学院大学，2021.

# 5

## 智能处理——无源电子材料与器件

人的感觉系统有两个基本功能，一是检测对象产生的信号，二是对检测到的信号进行加工分析，判断推理，从而做出迅速、准确的反应。前者称为"感"，后者称为"知"。传感技术是物联网信息产生的源头，但仅仅有"感"是不够的，还需要有"知"。物联网的感知层包括感、知、智、行，分别代表了传感器的测量元件、比较元件、智能控制单元和执行单元，而它们都离不开信号采集电路和处理电路。电路中所用到的各种电子元器件是电子信息产业的基础支撑。

使用敏感元件或传感器可以把环境中的非电学量转化为电信号，而电信号想要进一步转变为便于显示、记录、处理和控制的电学量则要依靠后端的处理电路来实现。处理电路由各类具有不同功能的电子元器件按照特定方式组合来构成。无源元件与有源器件共同构成电路的核心部分，是各类电子信息产品的基础。电容器、电阻器、电感器等无源元件是电子产品中必不可少的基础元器件。

信息技术的高速发展改变着人类文明的进程，这很大程度上得益于半导体器件技术的不断创新。相比之下，半导体器件以外的众多电子元件，统称为无源元件，则发展相对缓慢，成为电子技术发展的一个瓶颈。本章内容将从制备工艺、材料、结构、电学特性等方面，对应用最为广泛的三大无源元器件即电阻器、电容器和电感器进行着重介绍。

## 5.1 电阻器

各种导电材料都会对通过自身的电流产生一定的阻碍作用，这种阻碍作用称为电阻。具有电阻特性的元器件称为电阻器，电阻器在阻碍电流通过的同时会在电流热效应作用下将电能转化为热能。1827年德国科学家欧姆首次总结并提出了欧姆定律，即在同一电路中，通过某段导体的电流跟这段导体两端的电压成正比，跟这段导体的电阻成反比。欧姆定律对电流和电压之间的关系进行了定量化描述，为电阻器的发展奠定了重要的理论基础。1885年英国布雷德利发明了模压碳质实心电阻器，1897年第一只碳膜电阻器诞生，1913年第一只金属膜电阻器诞生。此后，电阻器的发展进入了快车道，随着磁控溅射、激光调阻等新制备工艺的引入，电阻器不断向平面化、集成化、微型化、贴片式方面发展。电阻器在电路中的应用主要有分压、分流、限流、电热转换、采样、上拉/下拉、阻抗匹配等。本节内容将以常用的薄膜电阻器、玻璃釉电阻器、网络电阻器、金属箔电阻器和线绕电阻器为例来进行介绍。

### 5.1.1 薄膜电阻器

薄膜电阻器是在陶瓷、玻璃等绝缘基体上，通过各种不同的工艺方法沉积一层厚度从几纳米到几微米的导电膜层所制成。薄膜电阻器具有精度高、稳定性好、频率特性优良和噪声低等优点。薄膜电阻器按照材料和制备工艺不同，主要可以分为碳膜电阻器、金属膜电阻器和金属氧化膜电阻器等。薄膜电阻器的典型结构如图 5-1 所示。各种薄膜电阻器的制造过程中除了膜层的沉积方法不同外，其余生产工艺都基本相同，其典型工艺流程如图 5-2 所示。

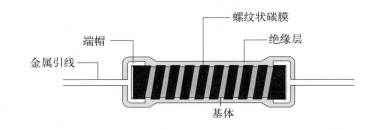

图 5-1　薄膜电阻器典型结构

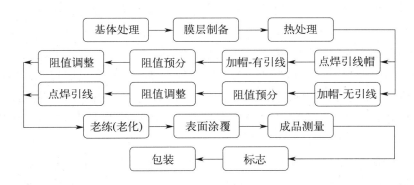

图 5-2　薄膜电阻器典型工艺流程

目前薄膜电阻器所普遍采用的基体材料主要为各种陶瓷材料，其中氧化铝陶瓷基体最为常见。氧化铝陶瓷是目前电子工业中最常用的基体材料，相比于其他氧化物陶瓷，其具有更佳的机械、热、电性能及化学稳定性。氧化铝的全球储量极为丰富，可以应用各种技术加工成不同的形状，在厚膜电路（元件）、混合电路、大功率绝缘栅双极晶体管（Insulate-Gate Bipolar Transistor，IGBT）等领域得到了广泛应用。氧化铝陶瓷按照氧化铝含量不同，可以分为 75 瓷、85 瓷、95 瓷、99 瓷等类型。通常情况下氧化铝含量越高，则光洁度、致密度越高，介电损耗低，综合性能更好。

基体材料表面在制造过程中会不可避免地吸附各种气体分子、油污或其他污染物，直接进行电阻膜层的制备会将污染物混杂在电阻膜层中，严重影响膜层的性能，并降低膜层对基体的附着力。因此，在制备电阻膜层之前需要对基体进行彻底清洗。在清洗过程中使用热水并配合超声波和清洗剂可以获得更好的清洗效果。此外，为了获得更好的膜层附着力、温度系数和抗潮湿性能，有些种类的电阻膜在制备前还需对基体进行进一步的腐蚀和煅烧处理。

薄膜电阻器的膜层制备工艺种类较多，通常有热蒸发法、溅射法、雾化法以及喷射法等。碳膜电阻器通常使用热蒸发法制备，金属膜电阻器使用热蒸发法或溅射法制备，而金属氧化膜电阻器使用雾化法或喷射法进行制备。

热处理过程可以消除电阻膜层中的内应力和各种缺陷，分为高温热处理和低温热处理两种方式。金属膜电阻通常采用高温热处理：高温下的金属原子重新排列，从而消除电阻膜内部的应力和缺陷，促进电阻膜的再结晶；高温作用可以使合金膜中的金属原子互相扩散，在电阻膜中成分分布更均匀；在电阻膜表面会生成氧化薄层，从而起到保护和增强膜层稳定性的作用。碳膜和金属氧化膜则采用低温热处理，以此来提高电阻膜的稳定性以及抗潮湿性能。

热处理后的薄膜电阻器需焊制引出线，引出线是经退火处理的铜线，表面常镀银或铅锡合金，可以起到保护作用且更方便焊接使用。此后，还需要经过阻值预分和调整工序。阻值预分可以筛除电阻膜层太薄或者不够均匀的产品，从而满足阻值调整工序的要求。薄膜电阻器在未经阻值调整前阻值通常为数欧姆到数千欧姆，经调整工序后可以极大地扩展阻值范围，并提高阻值精度。目前主要采用激光刻槽法来进行阻值的调整，精密电阻器需要二次或多次刻槽来进一步提升阻值精度。考虑到后续工艺一般会使阻值增大，因此在进行刻槽操作时需要根据实际情况预留偏负的阻值容差。

由于基体表面和电阻膜层中都不可避免存在各种缺陷，因此需要经过老练（老化）工艺来提高薄膜电阻器稳定性，从而获得更佳的电气特性。金属膜电阻通常采用脉冲电老练工艺，而碳膜和金属氧化膜电阻多采用非脉冲电老练工艺，当电阻器有高可靠性要求时，还需增加电热老练工艺。以非脉冲电老练工艺为例，通常施加功率达到薄膜电阻器额定功率的数倍。

最后的工序是表面涂覆、标示及包装，表面涂覆保护漆可以有效降低环境因素对电阻器电气性能的影响，提高其抗潮湿性能及机械特性。考虑到长时间的烘干过程会导致引线的氧化，降低生产效率，因此保护漆在保证性能的前提下需要具有快干特性。薄膜电阻器成品在经过测试后会对标称阻值、精度及偏差等参数进行标示。薄膜电阻器在实际使用场景中越来越多地应用了自动化装配工艺，因此目前多采用带式包装。

### 5.1.1.1　碳膜电阻器

碳膜电阻器是在真空和高温环境下，碳氢化合物或硅有机化合物发生热分解反应，沉积在基体材料表面制备而成的，因此碳膜电阻也可以称为"热分解碳膜电阻"。常见的引线式碳膜电阻器实物如图 5-3 所示。在实际制备过程中，沉积碳膜

图 5-3　引线式碳膜电阻器实物

后还要将碳膜外层切割加工成螺旋条纹状，通过控制螺旋条纹的多寡来确定电阻器的阻值，条纹越多则电阻值越大。图 5-3 中的碳膜电阻器采用了色环阻值标示法（色标法），即用电阻器表面不同颜色的环或者点来表示其标称阻值和允许误差。色标法是电抗元件常使用的一种标示方法，如图 5-4 所示。例如"红紫黄棕棕"的五色环电阻，其标称阻值为 2.74kΩ，误差为 ±1%。

| 色环环数 | 第一环 | 第二环 | 第三环 | 乘数 | 误差率 |
|---|---|---|---|---|---|
| 黑 | 0 | 0 | 0 | 1 | |
| 棕 | 1 | 1 | 1 | 10 | ±1% |
| 红 | 2 | 2 | 2 | 100 | ±2% |
| 橙 | 3 | 3 | 3 | 1k | ±3% |
| 黄 | 4 | 4 | 4 | 10k | ±4% |
| 绿 | 5 | 5 | 5 | 100k | |
| 蓝 | 6 | 6 | 6 | 1M | |
| 紫 | 7 | 7 | 7 | 10M | |
| 灰 | 8 | 8 | 8 | 100M | |
| 白 | 9 | 9 | 9 | 1000M | |
| 金 | −1 | −1 | −1 | 0.1 | ±5% |
| 银 | −2 | −2 | −2 | 0.01 | ±10% |
| 无色 | | | | | ±20% |
| 色环环数 | 第一环 | 第二环 | 第三环 | 乘数 | 误差率 |

图 5-4 色标法阻值识别方式

早期的碳膜电阻器膜层沉积装置为直接加热炉，加热丝直接缠绕在炉管上，这种结构有利于快速升温和降温，但温度容易出现波动，使阻值的分散性较大。间接加热炉的结构跟直接加热炉不同，它的加热部分与炉管是分开的，有利于精准控制升温和降温过程，且温度稳定性更高，所制备的电阻阻值集中，一致性好。为了适应工业化生产的需求，目前碳膜电阻器的生产主要采用全自动快速加热炉，其由以下几个部分所构成：真空系统、炉体系统、加热系统、机械系统、报警系统和处理系统等。输入具体生产参数后即可按照设定好的工艺条件来进行碳膜电阻器的生产。全自动快速加热炉的应用，有效规避了人工操作生产过程中电阻器批量一致性差、碳膜形成时间长、阻值不集中以及难以精确控制生产参数等缺点。

碳膜电阻器阻值范围通常为 0.1Ω 到几十兆欧，额定功率为 1/8～10W。碳膜电阻器价格低廉，可以承受较大电流和功率，阻值受电压和频率影响小，脉冲负载稳定性高，其电阻温度系数（Temperature Coefficient of Resistance，TCR）通常较高，且一般为负值，在普通电子产品中使用量较多。碳膜电阻器的外观颜色多为土黄色。

### 5.1.1.2 金属膜电阻器

金属膜电阻器是在高真空条件下，将各种合金材料用热蒸发或溅射的方法沉积在基体表面制备而成的。常见的引线式金属膜电阻器实物图如图 5-5 所示，图中的金属膜电阻器同样采用了色标法标示阻值。

金属膜电阻器的电阻膜材料通常为各种合金，其中尤其以镍铬合金最为常见。采用热蒸发的方法沉积合金材料时容易出现电阻膜成分难以精确控制的问题，其根源在于蒸发合金过程中出现的分馏现象。当蒸发二元以上的合金材料时，由于各成分的饱和蒸气压不同，各自的蒸发速率也不同，因此很难获得设计的合金成分比例。为了避免分馏现象的影响，通常采用瞬时蒸发法（闪蒸）或双源蒸发法工艺。瞬时蒸发法的蒸镀材料为细小的合金颗粒，这些颗粒会在瞬间完全

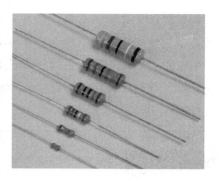

图 5-5    引线式金属膜电阻器

蒸发。因此，当颗粒尺寸足够小时，几乎可以对所有成分进行同时蒸发，在合金中元素蒸发速率相差较大的场合尤为适用。瞬时蒸发法能够获得成分均匀的合金薄膜，也可以进行掺杂蒸发，但其蒸发速率较慢且较难控制。双源蒸发法将要形成合金膜的每一种成分分别装载在各自的蒸发源中，例如镍铬合金分别有镍和铬两个独立蒸发源。分别控制各个蒸发源的蒸发速率，可以获得设计的合金成分比例。

用溅射法来沉积合金材料，由于不会出现分馏现象，因此容易获得与靶材成分相同的合金膜。溅射法工艺发展早期，其成膜速率较低，直到磁控溅射法工艺出现才显著提高了溅射法的溅射速率。磁控溅射法在垂直于电场的方向施加了一个磁场，电子在正交电磁场中作摆线运动，从而在很大程度上延长了电子的运动路程，显著提高了电子的电离概率，使溅射速率明显提高。磁控溅射工艺相比于热蒸发工艺主要有以下优点：①可以在较低温度下制备高熔点合金膜；②可以获得成分与靶材近乎相同的合金膜，膜层纯度高；③容易获得更均匀的合金膜，使 TCR 较低；④经自动化改造后可实现长时间连续沉积成膜，生产效率高。

同碳膜电阻器相比，金属膜电阻器具有更高的阻值精度、更小的噪声和 TCR，其稳定性好，工作温度范围宽且负载能力强，但脉冲负载能力相对较差。由于成本和售价比碳膜电阻器高，因此，金属膜电阻器通常用在要求较高的电子电路中，作为精密和高稳定电阻器来使用。金属膜电阻器的阻值通常为 0.1Ω 到几十兆欧，某些定制型号可以到上百兆欧，额定功率为 1/8～10W，外观颜色多为蓝色。

### 5.1.1.3    金属氧化膜电阻器

金属氧化膜电阻器的结构与碳膜电阻器和金属膜电阻器类似，制备氧化膜的材料配方种类较多，但一般均以四氯化锡为主体，常见的引线式金属氧化膜电阻器实物图如图 5-6 所示，图中的金属氧化膜电阻器亦采用色标法阻值进行阻值标示。

在制备氧化膜层时，除了主体材料四氯化锡之外，还会掺入三氧化锑、氯化锌、氯化铟、氟化铵等化合物，以此调整电阻器的阻值，同时改善 TCR 等性能。当需要降低阻值

图 5-6    引线式金属氧化膜
电阻器

时，可以掺入化合价高于四价的元素化合物，随着掺杂量的增加，阻值会不断降低，TCR 向正的方向变化；当需要增大阻值时，可以掺入化合价低于四价的元素化合物，随着掺杂量的增加，阻值会不断增大，TCR 向负的方向变化。当掺入变价元素化合物时，阻值和 TCR 随掺杂量的增加不再呈单调变化，其变化趋势类似抛物线形。

氧化膜层的制备主要采用雾化法和喷射法。雾化法是将四氯化锡和其他化合物配制成的溶液在高温下气化成雾状，这些雾状物接触到加热的瓷体表面会发生化学反应，从而在瓷体表面生成氧化膜。喷射法是在恒压条件下使用喷枪将配制好的溶液雾化，之后在加热的瓷体表面通过化学反应生成氧化膜。成膜温度会对金属氧化膜电阻的性能产生直接影响。随着成膜温度的升高，电阻膜层的电阻率会降低、微观结构更加致密、具有更佳的负荷性能，TCR 向正方向变化。

金属氧化膜电阻器由于电阻膜层相对较厚，因此阻值范围容易偏小。近年来随着制备工艺的不断改进和更新，其阻值亦可做到 $10M\Omega$ 以上。金属氧化膜电阻器具有良好的抗氧化特性和热稳定性，在高频和脉冲应用中负载能力强，力学特性优良，外观颜色以绿色和灰色多见，亦可有其他颜色。

### 5.1.1.4　片式薄膜电阻器

片式薄膜电阻器可以分为片式圆柱形电阻器和片式矩形电阻器两种。片式圆柱形电阻器的结构和制备工艺与传统薄膜电阻器的制备工艺基本相同，不同点是做了无引线工艺处理。常见的片式圆柱形薄膜电阻器实物图如图 5-7(a)所示。

片式矩形电子元器件的尺寸规格可以分为公制和英制两种，例如公制 3216 型（3.2mm×1.6mm）对应英制 1206 型，公制 0402 型（0.4mm×0.2mm）对应英制 01005 型。电子设备小型化、集成化的发展趋势促使片式电子元器件的尺寸不断减小，目前已有厂商推出英制 008004 型电子元器件。片式矩形薄膜电阻器实物图如图 5-7(b)所示，标示方法为文字符号法和数码法。

片式矩形薄膜电阻器的电阻膜材料通常为镍铬合金或氮化钽，结构如图 5-8 所示。电阻膜可以使用热蒸发、磁控溅射、化学沉积等方法来进行制备。与片式厚膜电阻器相比，片式薄膜电阻器的阻值精度可以做得更高，在高频场合下具有更好的性能表现，但额定功率相对较低。在接下来的内容中也将对片式厚膜电阻器进行介绍。

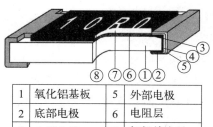

| 1 | 氧化铝基板 | 5 | 外部电极 |
|---|---|---|---|
| 2 | 底部电极 | 6 | 电阻层 |
| 3 | 上部电极 | 7 | 初级外涂层 |
| 4 | 阻隔层 | 8 | 第二保护层 |

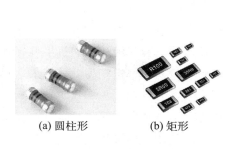

(a) 圆柱形　　(b) 矩形

**图 5-7　片式薄膜电阻器**

**图 5-8　片式矩形薄膜电阻器结构**

### 5.1.2 玻璃釉（厚膜）电阻器

玻璃釉电阻器是 20 世纪 60 年代出现的一种电阻器，电阻膜为玻璃釉膜。因为膜层厚度通常为 $10 \sim 50 \mu m$，处于厚膜尺度区间，玻璃釉电阻器也被称为厚膜电阻器。玻璃釉电阻器可以分为普通玻璃釉电阻器、片式玻璃釉电阻器和电阻网络三种。得益于电子设备小型化对高集成度的不断需求，近年来片式厚膜电阻器和电阻网络的发展尤为迅速。玻璃釉电阻器的膜层材料是由导电粉、玻璃粉和有机载体配制而成的玻璃釉浆料。玻璃釉浆料经高温工艺后可以得到玻璃釉电阻膜，其典型工艺流程如图 5-9 所示。

组成玻璃釉浆料的导电粉可以由 Ag 粉、Pd 粉、$RuO_2$ 粉、$SnO_2$ 粉及 $MoSi_2$ 粉所配制；玻璃粉一般由 PbO、$SiO_2$、$B_2O_3$、MgO、ZnO 等按照特定比例来配制；有机载体通常由树脂材料、有机溶剂和改性剂混合配制而成。制备玻璃釉浆料需要经过研磨过程，常用的研磨装备有三辊研磨机和球磨机。首先将配制好的导电粉和玻璃粉进行混合，并在有机溶剂中进行湿磨，研磨后形成均匀的混合粉。随后在混合粉中加入配制好的有机载体，经充分研磨后制备成玻璃釉浆料。玻璃釉浆料可以分为贵金属系和贱金属系两种，其中贵金属系包括 Ag-Pd 浆料和 Ru 系浆料，而贱金属系主要包括 $SnO_2$ 浆料、$MoSi_2$ 浆料、$MoO_2$ 浆料和 Cu 浆料。除玻璃釉浆料之外还需配制导电浆料来制作端头和互联线，跟其他导体材料相比，由导电浆料所形成的导电膜与玻璃釉电阻膜的相容性更好，对陶瓷基体的附着力也更高。常用的贵金属导电浆料有 Ag 浆、Au 浆和 Ag-Pd 浆等。为了降低制造成本，还开发了 Cu、Al、Ni 等贱金属导电浆料。

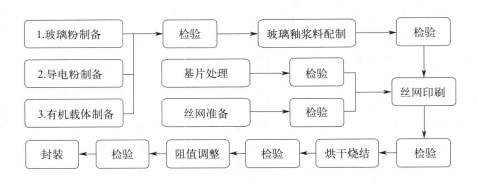

**图 5-9  薄膜电阻器典型工艺流程**

目前玻璃釉电阻器所采用基体材料主要为氧化铝陶瓷材料，例如 75 瓷、95 瓷等。在制备电阻膜层之前同样需要对基体进行彻底清洗。可用无水乙醇、丙酮或三氯甲烷等有机溶剂配合超声清洗去除基体材料表面有机污染物，亦可通过对基体进行高温处理来达到类似效果。

各种所需浆料在配制好后，经丝网印刷工艺印制在基体材料上，再经过烧结过程形成玻璃釉电阻膜。印刷所使用的丝网可以选择聚酯丝网、不锈钢丝网或尼龙丝网。聚酯丝网价格低廉但使用寿命短，尼龙丝网适合使用在平坦度高的表面，不锈钢丝网使用寿命长，尤其适用于膜层较厚的使用场合。在实际应用中，会根据实际需求来选择合适的丝网，在此基础上进行掩模的制作,对丝网进行图案化处理。目前使用的丝网印刷机自动化程度较高,按照设定的技术参数调整好丝网印刷机,配合已制备好的浆料和丝网即可进行丝网印刷工序。

印制好的基体在有机溶剂挥发后即可进入烧结工序。烧结工序可以分为清除非挥发有机物阶段、烧结阶段和退火阶段三部分。烧结时需要注意合理设计烧结曲线,当温度在500℃以下时不能过快升温,避免出现因气体溢出导致的膜层不均现象。经烧结工序后的玻璃釉电阻膜仍然与设计阻值存在一定的偏差,因此需要进行进一步的阻值调整。目前常用的调阻方法主要为激光调阻法,即用激光去掉一部分电阻膜层,使阻值增加到所需精度。

调阻后需要焊接引出端,焊料多为 Pb-Sn 合金,引线一般采用镀锡紫铜线,引线的引出方式有轴向、径向、单向和多向等方式。最后,玻璃釉电阻器可以进行塑封或玻璃包封处理,如采用玻璃包封则需加入包封玻璃烧结工序。

### 5.1.2.1　引线式玻璃釉(厚膜)电阻器

普通玻璃釉电阻器在瓷体材料选择上可以选用 75 瓷氧化铝来进行制作。75 瓷氧化铝成本低廉,但体积电阻率比 95 瓷氧化铝低一个数量级,热导率和热膨胀系数也相对较低。因此,当制备电阻的阻值较高或有高压应用时,通常选择 95 瓷或更高的氧化铝来进行制作。常见的引线式玻璃釉电阻器实物图如图 5-10(a)所示。

(a) 引线式玻璃釉电阻器　　(b) 小型高功率型玻璃釉电阻器

**图 5-10　玻璃釉电阻器**

除应用于一般场合的普通玻璃釉电阻器之外,也有应用于高阻值、高电压、高功率场合的玻璃釉电阻器。目前,玻璃釉电阻器的最高阻值可以做到 10TΩ 以上,最高工作电压超过 150kV,最大额定功率超过 1kW,可以有效补足薄膜电阻器在阻值范围较小、功率较低,耐压较差等方面的短板。高压、高功率型玻璃釉电阻可广泛应用于各种交直流电路、脉冲电路的高压设备中,如避雷器装置中。在实际使用场景中,元器件的尺寸是重要的考量因素,因此相关厂商推出了小型高功率玻璃釉电阻。常见的小型高功率玻璃釉电阻器实物图如图 5-10(b)所示,通常采用 TO-220 或 TO-247 封装,便于贴装在各种散热器表面使热量可以高效耗散。

与其他种类的电阻相比,玻璃釉电阻具有很多优点:①高温稳定性好,最高工作温度可以达到 200℃ 以上,且在高温使用过程中阻值稳定性好;②化学稳定性好,玻璃釉电阻具有优良的耐腐蚀特性,在酸、碱环境下使用不容易被腐蚀;③精度较高,经过激光调阻过程可以对阻值进行精准微调,从而保证较高设计精度;④绝缘特性好,可应用于各种高压环境。

由于具有优异的电学特性、力学性能和环境稳定性，玻璃釉电阻被广泛应用于电子、仪器仪表、通信等众多领域。

### 5.1.2.2　片式玻璃釉（厚膜）电阻器

随着大规模集成电路的发展，电子设备小型化的需求不断增强。片式元件由于具有尺寸小、功耗低、可自动贴装等优势，获得了产业界的普遍关注。与引线式玻璃釉电阻器不同，片式玻璃釉电阻器由于尺寸较小，往往选用更为优质的氧化铝陶瓷（如 96 瓷）来作为基体材料。在大面积瓷体材料上经丝网印刷过程、烧结过程和调阻过程，然后再切割为小尺寸产品来制作片式玻璃釉电阻器。

片式玻璃釉电阻器的结构与片式薄膜电阻器的结构类似（图 5-8），同样分为内电极（底部电极）、中间电极（上部电极）和外电极（外部电极）三部分。内电极材料可以为 Ag-Pd 或 Ni-Cr，中间电极材料为 Ni，外电极材料为 Sn 或 Pb-Sn。Ni 作为中间电极材料可以作为阻挡层，防止外电极材料对内电极的侵蚀。片式玻璃釉电阻器实物图如图 5-11 所示。

图 5-11　片式玻璃釉电阻器实物图

目前，片式玻璃釉电阻的发展方向主要有以下三个方面。

首先是超小型化方面。随着电子产品尤其是随身数码产品对小型化和轻型化的不断追求，英制 0201 型和 01005 型产品的需求量日益增加。以英制 01005 型产品为例，其产品体积只有 0.4mm（长）×0.2mm（宽）×0.125mm（高），质量约为 0.04g。如此小的外观尺寸对整个制造环节要求极高，需要对传统片式玻璃釉电阻器的生产加工方式进行大幅度革新。超小尺寸的片式玻璃釉电阻需要更高精度的陶瓷基体划片技术、丝网印刷技术、激光微雕技术、阻值控制技术、封端技术、端头金属化技术，同时也对成品编带技术提出了极高的要求。早在 2010 年之前，日本罗姆、KOA 等公司已经实现了英制 01005 型片式电阻器的批量生产，对相关产品的应用市场形成了垄断。近年来，广东风华高新科技股份有限公司依托"新型电子元器件关键材料与工艺国家重点实验室"进行技术攻坚，已突破 01005 型片式玻璃釉电阻器的生产技术瓶颈，实现了超小型片式玻璃釉电阻器的量产。

其次是超高阻化方面。超高阻值的片式电阻器在微弱信号检测电子电路中具有重要作用，可以应用于各种高性能电子通信模块、高精度电子仪器和军工产品中。如何在超高阻值下保持高阻值精度、低温度系数和电压系数、高可靠性，需要对浆料配制、浆料印刷、调阻方式等工艺流程进行创新式改进。

最后是无铅化生产方面。随着环保标准的不断提高，片式玻璃釉电阻也在生产环节和应用环节中逐步向无铅化方向迈进。欧盟"电子电器设备废物指令（WEEE）"和"在电子电气设备中限制使用某些有害物质指令（RoHS）"都在铅含量方面做了严格规定，要求铅含量必须低于 $1000\times10^{-6}$（<0.1%）。虽然目前片式元器件的玻璃釉膜属于豁免范围，但仍需引起足够的重视。目前美国斯塔克波尔公司（Stackpole Electronics）公司已

经推出了无铅化的片式厚膜电阻器（RMEF 系列），英国 TT Electronics 公司也推出了无铅化产品（GHVC 系列），均不需豁免条款即可完全满足 RoHS 指令的无铅化要求。广东风华高新科技股份有限公司已量产无铅系列片式厚膜电阻器，整体铅含量低于 $100 \times 10^{-6}$。虽然目前片式厚膜电阻器还没有做到全功能、全系列的无铅化替代，但从其发展历程来看，终究会实现这一目标。因此，相关无铅化指令和法规只会愈加严格，直至要求产品完全无铅化并取消豁免条款。

### 5.1.3　网络电阻器（排阻）

#### 5.1.3.1　网络电阻器（排阻）的结构分类

网络电阻器又称为排电阻器（排阻），是将多个电阻器按照一定的组合方式集中封装在一起制成的。排阻可以分为单列直插式排阻（SIP）、双列直插式排阻（DIP）、贴片式排阻（SMD）三种，如图 5-12 所示。

(a) SIP　　　　　(b) DIP　　　　　(c) SMD

**图 5-12　三种排阻**

排阻按照不同的电路功能和电阻类型，可以分为等阻值网络、不等阻值网络、分流网络、分压网络、衰减网络、编码和解码网络等类型。此外，还可以按照电路的实际需求来设计各种具有不同功能的电阻网络。其中单列直插式排阻与双列直插式排阻的内部结构示意图分别如图 5-13 和图 5-14 所示。由图 5-13 可知，单列直插式排阻按照设计的不同，通常可以分为 A 型～I 型 9 个类型。例如 A 型排阻的引脚总是奇数的，存在一个公共端（公共端所在位置常印有白色圆点），当内部所有电阻阻值相同时，任意一个引脚与公共端之间的阻值均相等，在实际使用过程中需要注意公共端所在位置，防止反装。B 型排阻的引脚总是偶数的，不存在公共端，当内部所有电阻阻值相同时，每两个引脚之间的阻值均相等。

#### 5.1.3.2　网络电阻器（排阻）的材料分类

排阻按照电阻膜厚度的不同可以分为厚膜电阻和薄膜电阻两种，进一步又可以细分为丝网印刷工艺制作的玻璃釉厚膜排阻、热蒸发法或磁控溅射法制作的 Ni-Cr 系薄膜排阻、磁控溅射法制作的 Ta 系薄膜排阻等类型。厚膜排阻的制备方法基本上与片式玻璃釉电阻器和厚膜电路的制作相同，所使用的电阻浆料主要为 Ru 系浆料。厚膜排阻的阻值范围可以通过两种途径来设计：一是选用同种电阻浆料，通过设计不同形状系数的线条来对阻值范围进行调整；二是选用方阻不同的各种浆料，采用套印的方法来调节阻值范围。图 5-15(a) 为广东风

| 代码 | 等效电路 | 代码 | 等效电路 |
|---|---|---|---|
| A | $R_1$ $R_2$ $---$ $R_n$<br>1 2 3 $n+1$<br>$R_1=R_2=\cdots=R_n$ | B | $R_1$ $R_2$ $-$ $R_n$<br>1 2 3 4 $2n$<br>$R_1=R_2=\cdots=R_n$ |
| C | $R_1$ $R_2$ $---$ $R_n$<br>1 2 $n$ $n+1$<br>$R_1=R_2=\cdots=R_n$ | D | $R_1$ $R_2$ $-$ $R_{n-1}$ $R_n$<br>1 2 $n$ $n+1$<br>$R_1=R_2=\cdots=R_n$ |
| E | $R_1$ $R_1$ $R_1$<br>$R_2$ $R_2$ $R_2$<br>1 2 3 4 5 $n-1$ $n$<br>$R_1=R_2$或$R_1\neq R_2$ | F | $R_1$ $R_1$ $R_1$<br>$R_2$ $R_2$ $R_2$<br>1 2 3 $n-1$ $n$<br>$R_1=R_2$或$R_1\neq R_2$ |
| G | $R_1$ $R_2$ $---$ $R_n$<br>1 2 3 $n+1$ $n+2$<br>$R_1=R_2=\cdots=R_n$ | H | $R_1$ $R_1$ $R_1$<br>$R_2$ $R_2$ $R_2$<br>1 2 3 4 5 $n$ $n+1$<br>$R_1=R_2$或$R_1\neq R_2$ |
| I | $R_2$ $R_2$ $R_2$<br>$R_1$ $R_1$ $---$ $R_1$ $R_1$<br>1 2 3 $n+1$<br>$R_1=R_2$或$R_1\neq R_2$ | | |

图 5-13　单列直插式排阻内部结构

华高新科技股份有限公司生产的贴片式厚膜排阻实物图，其阻值范围为 $1\Omega\sim10M\Omega$，当阻值在 $10\Omega\sim1M\Omega$ 之间时，TCR 为 $\pm100\times10^{-6}/℃$，绝缘电阻大于 $1G\Omega$。需要指出的是，排阻并不相当于单个电阻的简单叠加。除了可以简化电路设计并缩小电路体积之外，由于内部电阻是组合在同一个基片上，因此内部电阻之间的匹配性要远好于分立电阻的叠加。

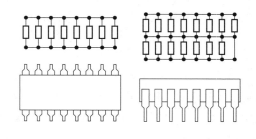

图 5-14　双列直插式排阻内部结构

(a) 贴片式厚膜排阻　　(b) 贴片式薄膜排阻

图 5-15　贴片式排阻

与厚膜排阻相比，薄膜排阻通常具有更高的阻值精度和更低的 TCR，阻值稳定性也更好。目前市场上常见薄膜排阻的电阻膜层材料主要为 Ni-Cr 合金，在精密加工处理之后，阻值精度可以达到 $\pm 0.05/℃$，TCR 可以达到 $\pm 5\times 10^{-6}/℃$。Ni-Cr 合金薄膜排阻虽然获得了广泛应用，但在高温、高湿、有腐蚀性气氛存在时，其稳定性相对较差。为了解决这些问题，Ta 系薄膜材料进入了研究人员的视野。相比于其他薄膜材料，Ta 系薄膜材料具有功率耐受性高、热稳定性好、化学稳定性优良等优势。目前高端 Ta 系薄膜排阻技术主要由美国威世公司（Vishay）引领。图 5-15(b)所示为美国威世公司（Vishay）推出的精密车用级贴片式薄膜排阻（型号为 ACAS 0606/0612 AT），其阻值范围 $47\Omega \sim 150k\Omega$，最高工作电压 75V，TCR 最低可达 $\pm 5\times 10^{-6}/℃$，容差匹配为 0.1%，单个电阻额定功率为 0.125W。

## 5.1.4 金属箔电阻器

金属箔电阻器是 1962 年美国的 Zandman（Vishay 公司创始人）发明的，其将镍铬合金箔片粘贴在陶瓷基片上，并对箔片进行图形化处理，最终制备而成。金属箔电阻器是一种用途广泛的精密电阻器，可以在很大的温度范围内保持极低的 TCR。在特性上同时兼具线绕电阻器的高精度、高稳定性和平面型金属膜电阻器的高精度、高速响应、高频性能好的特点。此外，它还具有自己独特的性能优势：①更高的稳定性和可靠性；②更高的阻值精度和阻值长期稳定性；③容易做到平面化和小型化，易于在各种电路板上进行自动安装；④具有极低的分布电容和分布电感值，高频特性好；⑤电阻体材料更加均匀致密，负载时发热量小，噪声水平低。

金属箔的厚度比热蒸发法和磁控溅射法所制备金属膜的厚度厚得多，所以兼具块状金属的均匀、稳定特性。按照外形分，金属箔电阻器可分为片形、方块型和圆柱形。按照阻值精度等级分可分为精密级（精度为 $\pm 0.01\%$）和超精密级（精度为 $\pm 0.001\%$）。金属箔电阻的极佳性能除了与高质量的合金箔材料直接相关，也与结构上的精细设计密切相关。首先，金属箔电阻采用了平面结构，分布电容和分布电感都极低；其次，在合金箔电阻体和硬质引线之间增加了特殊的弹性过渡引线结构，极大地减小了装配和振动时施加在外部引线上的机械应力对合金箔电阻体产生的影响；再次，合金箔上涂覆特殊设计的有机清漆，对电阻体有很好的保护作用，防潮效果优异；最后，电阻内部增加了多层弹性优良且电性能和化学性能稳定的材料，在起到保护作用的同时，可以将各种应力和振动的影响减至最小。金属箔电阻的典型制备工艺流程如图 5-16 所示。其中合金箔材料的热处理过程、在陶瓷基片上的粘贴过程、光刻图形化过程和阻值调整过程是最为核心的工序，将对最终产品的性能起到决定性影响。

电阻图形在设计时必须满足以下设计要求：图形线条要有合适的长宽比和分布，从而使分布电容和分布电感降到最小；需要合理设置图形线条不同的阻值粗调区、精调区和微调区，从而获得高精度或超高精度阻值，如图 5-17 所示。电阻图形由主电阻区和调阻区的电阻串联而成，在调阻区设置有若干并联电阻支路调整点，切断并联支路就可以获得一定的电阻值增量。依据需要的增量大小，可以分别在粗调区、精调区和微调区进行联合阻值调整。

金属箔电阻器的电阻材料为一种厚度极薄的合金箔。这种合金通常以镍铬为主体，适量添加铜、铝、锰、硅等微量元素熔制而成。降低合金箔的厚度可以在保持线条宽度不变

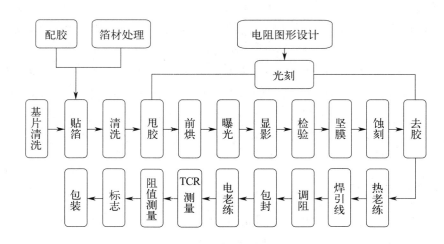

图 5-16    金属箔电阻器典型工艺流程

的情况下增大电阻值，从而有效扩大电阻值范围。但镍铬系合金通常具有较高的硬度，将合金材料轧制成厚度极薄的合金箔难度较大。我国在 20 世纪 80 年代开展了超薄合金箔二十辊精密轧制技术的研究，先后成功开发出康铜、Karma、Evanohm、铁铬铝箔样品。为了使最终产品具有良好的一致性，在保证极薄厚度的同时，还需要合金箔具备极高的表面质量和均匀度，这是高精度金属箔电阻器在材料端面临的主要技术门槛之一。

冷轧制备的合金箔要经过合适的热处理，从而完善晶格结构，消除合金箔内部应力，保证其在自由状态时的 TCR 具有合适数值。这一点至关重要，可以保证后续工艺处理后合金箔可以依靠自身温度补偿作用来获得极低的 TCR。为防止合金出现氧化，整个热处理过程通常在真空炉中进行。当真空度达到要求后，真空炉升温至所需要的退火温度，之后进入到保温过程。保温过程应

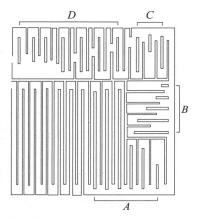

图 5-17    金属箔电阻调阻区

（A、B 区域为粗调区，C 区域为精调区，D 区域为微调区）

严格保持温度稳定，温度波动会使晶格结构重建过程进行得不均匀，内部应力难以均匀释放。经保温过程后可以随炉冷却，直至温度降低至 200℃ 以下即可取出样品。

自由状态时的 TCR 对最终金属箔电阻器的性能有直接影响。合金箔电阻体材料在环境温度变化时会因体积变化产生形变，从而使电阻体的横截面积和长度发生轻微变化。自由状态时合适的 TCR 可以在形变时产生补偿性的电阻值变化，从而使最终金属箔电阻器的 TCR 保持极低水准。因此，需要先确定所需的自由状态时的 TCR，再通过一系列热处理实验来找到相应的热处理温度和匹配的热处理工艺。测量自由状态时 TCR 的具体方法如下：将合金箔材料切割成宽度为 1～2mm 的条状，然后将其松绕制在绝缘骨架上，防止与骨架间产生较大应力；测试其在室温至零下 55℃ 以及室温至 125℃ 的 TCR，取平均

值即可作为该合金箔材料在自由状态时的 TCR，具体测试结构示意图如图 5-18 所示。

　　热处理实验需要设定若干温度点，当设定的温度点均匀分布且数量较多时可以获得更为精准的结果。对所设定热处理温度点下获得的合金箔进行升温和降温过程的 TCR 测量，所绘制的 TCR 曲线示意图如图 5-19 所示，升温过程和降温过程所得到 TCR 曲线的交汇点即为等值热处理温度。合金箔最终将粘贴在陶瓷基片上，因此陶瓷基片将会对合金箔产生束缚和限制作用。由于基片的热膨胀系数远远小于合金箔的热膨胀系数，所以当温度上升时合金箔会受到压应力作用，而温度下降时会受到拉应力作用，这种因热膨胀系数不同所导致的热应力作用会产生额外的 TCR。在进行工艺设计时，需要综合多方面的影响因素，使合金箔自由状态时的 TCR 跟应力作用产生的 TCR 刚好抵消，从而达到高精度的自动补偿效果。

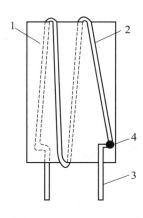

图 5-18　自由状态下合金箔 TCR 测试结构

1—绝缘骨架；2—合金箔条；3—引出线；4—固定焊点

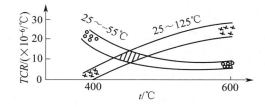

图 5-19　自由状态时合金箔的
TCR 与温度关系曲线

　　金属箔电阻器所使用的陶瓷基片为高标号的氧化铝陶瓷片（96 瓷或以上），以保证优异的绝缘特性、均匀性、散热性等。氧化铝陶瓷基片在使用前需要经过严格的清洗过程，以使合金箔可以牢固平整地粘贴其上，与基片紧密结合。粗清洗过程可以在中性洗涤剂溶液中进行，去除表面油污和各种因生产过程导致的较大污染物。之后用流动水冲洗多遍，去掉基片表面多余的洗涤剂和污物。再用无水乙醇进行数次漂洗，并配合超声过程分别在无水乙醇和丙酮中进行超声清洗，来进一步去除小孔隙中的微小污物和油污。最后，将清洗后的干净基片放置在无水乙醇中密封保存备用。

　　合金箔在粘贴过程中所使用的粘胶需要进行离心过滤，去除各种杂质，并需经过真空排气过程保证粘胶中没有微小气泡。合金箔在粘贴之前要进行抛光并用丙酮和四氯化碳进行除油处理，去除表面的氧化层，露出新鲜的金属表面，使表面达到镜面效果。合金箔粘贴过程需要在净化空间中进行，例如净化室或净化台，防止混入可能的杂质。粘贴后要进行加压固化，固化温度约 120℃，保证金属箔能与基片完全贴合，无折皱且平整度高。

　　通过光刻工艺可以在合金箔上形成所需的电阻图形，需要在超净室中进行以保证环境的洁净度。所需要用到的光刻胶分为正型光刻胶和负型光刻胶，正型胶中聚合物的长链分子会因光照而截断成短链分子，负型胶中聚合物的短链分子会因光照而交联成长链分子。

用于金属箔电阻器制造的光刻胶应具有以下特性：①对合金箔具有良好的粘附性，紧贴金属箔减少光刻过程中的图形失真现象；②光刻分辨率高，从而获得更好的线条图形精度；③光刻后容易完全去除，不产生残留；④暗反应要小，光刻胶在配制好之后即使在完全无光照的条件下也会持续发生交联反应，降低暗反应可以有效减少图形失真现象。

光刻过程所需要用到的装备可以由图形线条线宽来确定，当所需电阻值较低或功率较大时，线宽通常为 $100 \sim 500 \mu m$；当所需电阻值较高或功率较小时，线宽通常为 $10 \sim 75 \mu m$。因此，分辨率在微米级以上的光刻机即可满足制作要求，目前紫外光刻机在各种研究、生产机构中较为常见，完全满足金属箔电阻的研发、制作要求。因金属箔电阻器在加工过程中会不可避免地产生残余应力和污染残留物，因此在光刻工艺后需要进行热老练工序。热老练是一种热处理工艺，可以通过加热作用来消除应力和去除污染物，使电阻器的电性能更加稳定。热老练温度通常为 $130 \sim 180 ℃$，处理时间为 $3 \sim 5h$。

经热老练工序后需要焊接引线，引线分为软性内引线和刚性外引线。配置合适的引线材料和结构可以使金属箔电阻器在实际使用中将各种应力作用降到最低。外部刚性引线一般会选用直径为 $0.6 \sim 1mm$ 的镀锡铜线，内部软性引线通常选用直径为 $0.1mm$ 左右的镀锡软铜线，内外引线采用专用焊锡材料牢固焊接在一起。外部引线与塑料封装外壳或金属封装外壳牢固连接，同时起到加固和定位的作用。

内部软性引线是合金箔电阻体材料和外部刚性引线之间的重要过渡材料，在保证具有足够柔性的同时也不宜过细，从而影响电阻器的可靠性。软性引线与金属箔电阻体之间进行高精度点焊，以保证焊接效果和可靠性，金属箔电阻器的引线及焊接示意图如图 5-20 所示。在进行焊接后要对焊接区域进行清洗，去除各种污染物，并用环氧树脂等材料进行涂覆来起到保护和加固作用。

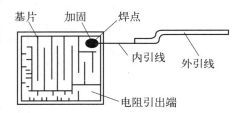

图 5-20    金属箔电阻器的引线及焊接

金属箔电阻器的调阻工序可以选择机械切割法、喷砂切割法和激光切割法，其中激光切割法可以实现更高的切割精度和阻值调整精度。在调阻过程中配合自动控制的电阻值检测系统对粗调区域、精调区域和微调区域分别进行调整，可以实现高精度调阻。对于阻值精度要求极高的系列在进行阻值调整时需要充分考虑封装和电老练等后续工艺中可能引入的阻值变化，从而在调阻过程中留有相应的余量。

对金属箔电阻器进行合理包封可以有效减小外部应力及环境因素对电阻体材料产生的不良影响，同时可以让使用过程中产生的热量得以快速耗散，使电阻器保持高稳定性。通常情况下可以采用塑封封装，当精度和稳定性要求较高时会采用金属外壳和玻璃粉进行完全封装。金属壳内会灌装热导率高、电性能稳定的绝缘硅油，保证高效传热并快速建立热平衡。硅油在灌装过程中不能完全充满，需要保证一定剩余空间，以保证热膨胀过程产生的应力可以得到有效释放。封装后需要对电阻器进行电老练过程，在短时间内使电阻器过负荷，利用电、热冲击过程剔除不符合标准的电阻器，同时进一步增进电阻器内部不同材料之间的匹配，加速电阻器的稳定过程。为了防止出现击穿现象，电老练过程中所施加的最大电压值需低于电阻器出厂标准允许的最高工作电压值。电老练时间通常要控制在

10s 内。

最后需要测量金属箔电阻器的电阻值和 TCR，进行产品的分类和分级。电阻值的测量过程需要按照国家相关标准来进行，保证测试环境温度和湿度的恒定。测试所需要的仪表要求具有比电阻器更高的精度，通常需要四线法测量来消除引线电阻的影响，并且使用专用测试夹具来保证较低的热电势。由于金属箔电阻器的 TCR 非常小，因此在测量 TCR 时对所使用仪表的测量精度（如电阻、温度测量精度）要求极高。在升降温过程中要保持合适的温度变化速率，过快的变温速率会使材料内部产生不均匀的应力，而过慢的变温速率会增大电阻值的测量难度并引入误差。

金属箔电阻器按照有无引线分类可分为引线式和贴片式两种；按外部形状可分为圆柱形和方块形两种；按封装材料可分为塑封和金封两种。本小节将以不同厂家生产的典型金属箔电阻器为例来介绍。图 5-21（a）所示为北京七一八友晟电子有限公司（原国营第七一八厂）生产的 RJ711 型（LS 系列）塑封金属箔电阻器。该系列电阻的额定功率为 0.125W，电阻值精度为 $\pm 0.01\%$，典型 TCR 为 $\pm 5 \times 10^{-6}/^\circ\text{C}$，该型号电阻最低 TCR 可以做到 $\pm 2 \times 10^{-6}/^\circ\text{C}$。

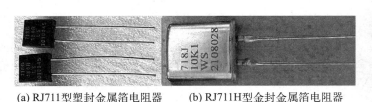

(a) RJ711型塑封金属箔电阻器　　(b) RJ711H型金封金属箔电阻器

图 5-21　两种金属箔电阻器

图 5-22　S102C 型塑封金属箔电阻器（美国 Vishay 公司）

图 5-21（b）所示为北京七一八友晟电子有限公司生产的 RJ711H 型金封金属箔电阻器。由于采用了先进的金属封装工艺，因此电阻器在工作过程中受外界环境的影响极小，具有高精度、超低温度系数、耐湿性好、长期稳定性好、高可靠性等优异电气特性。从其实际使用效果来看，完全可以做到对美国 Vishay 公司 VHP100 系列和 VH 系列金封金属箔电阻的国产化取代，目前已广泛应用在我国航空、航天、配电控制、高精度仪表等领域。该型号电阻的额定功率为 0.3W（70℃），阻值范围为 $10\Omega \sim 20\text{k}\Omega$，电阻值精度为 $\pm 0.01\% \sim 0.05\%$，标称 TCR 为 $\pm 5 \times 10^{-6}/^\circ\text{C}$，但实测精度通常小于 $\pm 1 \times 10^{-6}/^\circ\text{C}$。

图 5-22 所示为美国 Vishay 公司生产的 S102C 型塑封金属箔电阻器。该型号电阻的额定功率为 0.6W（70℃），阻值范围为 $1\Omega \sim 150\text{k}\Omega$，阻值精度为 $\pm 0.005\%$，标称 TCR 为 $\pm 2 \times 10^{-6}/^\circ\text{C}$。该电阻型号的末位字母"C"代表所使用的合金箔材料为 C 合金。同系列电阻器还有末位字母为"K"的，即使用 K 合金来制备电阻体材料，其中 C 合金对应的 TCR 为 $\pm 2 \times 10^{-6}/^\circ\text{C}$，而 K 合金对应的 TCR 为 $\pm 1 \times 10^{-6}/^\circ\text{C}$。金属箔电阻器所使用的电阻体材料主要为镍铬系合金，但通过改变所添加微量元素的种类、调整微量元素添加量、对热处理过程进行精细设计，可以在很大程度上改善材料的 TCR 特性。合金材料的

配方设计和相关工艺是各家公司的核心技术，也是高精度金属箔电阻器在材料端面临的另一主要技术门槛。

该型号系列典型 TCR 曲线如图 5-23 所示。从图中可以看出，Vishay 公司 C 合金和 K 合金材料的 TCR 曲线正负特性刚好相反，但随温度变化均呈抛物线形分布，曲线以室温 25℃ 附近为分界线呈对称分布。由此可见，金属箔电阻器在设计和制作工程中通过严格的计算和工艺匹配可以获得优异的 TCR 性能。

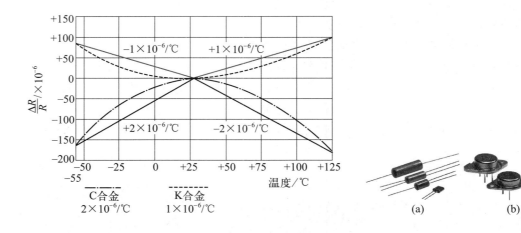

图 5-23　C 合金和 K 合金金属箔电阻的典型 TCR 曲线（美国 Vishay 公司）

图 5-24　VH 系列金封金属箔电阻器（美国 Vishay 公司）

图 5-24(a)所示为美国 Vishay 公司生产的 VH 系列（VHA、VHP）金封金属箔电阻器。该系列在外观形状上有圆柱形和方块形两种，在引线方式上有双引线、三引线和四引线三种。额定功率为 $0.3 \sim 2.5W$（25℃），阻值范围为 $5\Omega \sim 1.84M\Omega$，阻值精度可达 ±0.001%，标称 TCR 为 $\pm 2 \times 10^{-6}/℃$。该系列还有高功率型号 VHP-3、VHP-4 和 VPR，在散热保证的情况下最高额定功率可以达到 10W，如图 5-24（b）所示。VH 系列金封金属箔电阻器在各种高端高精度电阻器中获得了普遍应用。目前，国内北京七一八友晟电子有限公司的 RJ711H 型金封金属箔电阻器已可以在很多应用场景中取代 VH 系列。

目前世界上较先进金属箔电阻器是美国 Vishay 公司生产的 Z 系列金封金属箔电阻器。该电阻器额定功率为 $0.3 \sim 2.5W$（25℃），阻值范围为 $5\Omega \sim 1.1M\Omega$，阻值精度为 ±0.001%，标称 TCR 为 $\pm 0.2 \times 10^{-6}/℃$。Z 系列金属箔电阻器采用新配方技术的 Z 合金，获得了极低的 TCR，该型号系列典型 TCR 曲线如图 5-25 所示，其实物如图 5-26 所示。图 5-25 中可看到，曲线同样以室温 25℃ 附近为分界线呈对称分布，在最为常用的 0~60℃ 温度区间内，其 TCR 值小于 $\pm 0.05 \times 10^{-6}/℃$，目前尚无其他厂商可以生产性能相近产品。采用 Z 合金材料的金属箔电阻也有贴片式塑封型号，阻值范围为 $5\Omega \sim 40k\Omega$，阻值精度为 ±0.02%，标称 TCR 同样为 $\pm 0.2 \times 10^{-6}/℃$（图 5-27）。

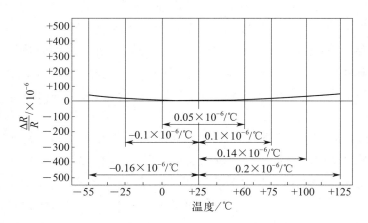

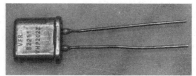

图 5-26　Z 系列金封金属箔电阻器（美国 Vishay 公司）

图 5-25　Z 系列金封金属箔电阻的典型 TCR 曲线（美国 Vishay 公司）

图 5-27　Z 系列贴片式塑封金属箔电阻器（美国 Vishay 公司）

金属箔电阻器是目前综合性能最优越的精密电阻器，在世界各国均受到普遍重视和研究。美国 Vishay 公司制作了世界上第一只金属箔电阻器，在该领域拥有数量众多的专利和多年的技术积累，尤其是 Z 合金材料金属箔电阻器达到了业内最先进的技术水准。此外，日本 Alpha Electronics（AE）公司和 TDK 公司推出的金封金属箔电阻器产品也在同类产品中处于领先地位。我国开展金属箔电阻器的研究相对较晚，但发展非常迅速，例如北京七一八友晟电子有限公司生产的高端金封金属箔电阻器系列，在性能指标上已经与 AE 公司和 TDK 公司的产品相当。相信随着关键合金材料和工艺技术的不断攻破和创新，我国金属箔电阻器的总体技术水准会在现有基础上向更高技术层次迈进。

### 5.1.5　线绕电阻器

线绕电阻器是由康铜、锰铜、镍铬合金线在陶瓷骨架上绕制而成的一种电阻器，具体可以分为精密性线绕电阻器和功率型线绕电阻器两种。由于早期的电学研究包括欧姆定律的提出都是围绕金属电阻材料来进行的，因此线绕电阻器也是所有电阻器种类中历史最为悠久的一个种类。线绕电阻器主要具有以下性能特点：阻值范围宽、额定功率大、阻值精度高、TCR 值低、稳定性好、无电流噪声和非线性，但高频特性相对较差，需对合金线的绕线方式进行特殊设计才可应用于高频领域。

合金线是制作线绕电阻器的关键材料，其质量会对所制作线绕电阻器的性能产生直接影响。对制作线绕电阻器的合金线主要有以下方面的性能要求：①一次 TCR（$\alpha$ 值）和二次 TCR（$\beta$ 值）小；②具有较高电阻率，且电阻值的时间稳定性好；③力学性能好，容易加工成细丝，且具有优良的抗氧化性和耐腐蚀性；④具有优良的焊接性能，同时对铜有较小的热电势。

常用的合金线有裸线和漆包线两种。漆包线是在裸线的表面涂覆一层高强度聚酯漆来作为绝缘层。裸线要求线径一致性好，单位长度的阻值均匀，表面光滑无缺陷。漆包线在满足裸线要求的基础上，要求聚酯漆层表面光滑无缺陷，层中无气泡和杂质，漆层厚度均匀一致，与合金线结合紧密且具有一定弹性。除此之外，考虑到大功率线绕电阻在工作中会产生较大热量，以及可能在封装过程中需要灌入绝缘硅油，漆层还需具备较好的耐热性、耐溶剂腐蚀性以及耐压性。通常情况下，精密型线绕电阻器会使用漆包线来进行制作，而功率型线绕电阻器由于发热量较大，会使用裸线来制作以保证更佳的工作稳定性和可靠性。

常用的电阻合金线有康铜（镍铜）线、锰铜线、镍铬系电阻合金线等。康铜（镍铜）线的主要特点是其 TCR 曲线跟锰铜线相比更趋于线性变化，但 TCR 值比锰铜线要大，如图 5-28 所示。康铜（镍铜）线具有优秀的抗氧化特性，最高工作温度可达 $500℃$，同时具有优良的力学性能。不足之处在于对铜的热电势较高，当温度变化时会在合金线与引线焊接点处产生较大热电势，从而使实际电阻值产生较大偏差。康铜（镍铜）线适合用来制造功率型线绕电阻器和精度要求不高的线绕电阻器。相比之下，锰铜线的电阻率较低，电阻长期稳定性好，对铜热电势低。锰铜线的 TCR 曲线呈抛物线形，在室温附近较窄温度范围内 TCR 值接近于零（图 5-28）。因此，锰铜线适用于制造低阻值的精密型线绕电阻器，在室温附近（例如 $0 \sim 40℃$）的温度环境下进行使用。镍铬线的电阻率较高，具有很好的耐热性，但 TCR 值较高（图 5-28），且对铜热电势高。镍铬线适合作为加热元件来使用，例如各种加热丝，也可用来制造阻值精度要求不高的线绕电阻器或高阻值高功率型线绕电阻器。以上三种典型合金线都具有较为明显的性能缺点，使其应用受到局限。为了对合金线的性能进行改进，研究人员还基于镍铬系合金通过添加 Al、Fe、Cu、Mn、Si 等元素开发了各种镍铬改良合金线。这些改良合金线的共同点是电阻率高且温度系数较小（图 5-28），同时对铜热电势显著降低，且机械强度高。除了用于线绕电阻器之外，镍铬改良合金也在合金箔电阻器中获得了广泛应用。除此之外，硅锰铜、硅锗锰铜和锗锰铜等改良型锰铜系合金材料由于具有 TCR 低，对铜热电势小、长期稳定性好等优势，也在低阻型精密线绕电阻器制造领域获得了应用。

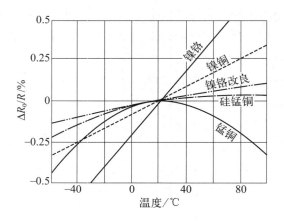

图 5-28   不同种类电阻合金线的 TCR 曲线

### 5.1.5.1 精密型线绕电阻器

精密型线绕电阻器的阻值范围通常为零点几欧到接近一百兆欧，阻值精度可达 $\pm 0.01\%$，TCR 通常小于 $\pm 10 \times 10^{-6}/℃$，电阻的长期稳定性（阻值的老化漂移）可小于 $\pm 0.005\%/$年。精密型线绕电阻器的长期稳定性可以做到比金属箔电阻器更高，但其高频特性远不如金属箔电阻器，这限制了其在很多高频场合的应用。通过对绕线方法进行改进，例如采用无感或少感绕线法，可以在一定程度上减小分布电容和分布电感，对线绕电阻器的高频特性进行改善。精密型线绕电阻器按照外壳封装方式不同可以分为无外壳封装、玻璃钢管封装、塑料封装和金属封装四种，外观形状上通常有圆柱形和方块形两种。按照有无引线划分可以分为引线式和贴片式两种。通常情况下，以圆柱形引线式的线绕电阻器最为常见。

长期稳定性是精密型线绕电阻器较为重要的性能参数之一，电阻器长期稳定性的主要影响因素有骨架材料、漆包线材料、绕线张力、热处理工艺、封装工艺和焊接工艺等。精密型线绕电阻器的典型工艺流程图如图 5-29 所示。

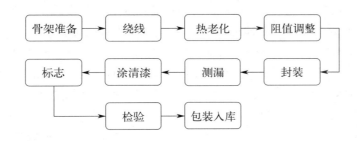

**图 5-29　精密型线绕电阻器典型工艺流程**

精密型线绕电阻器的漆包线是在特定骨架上采用多层叠绕的方式来绕制的。作为骨架材料要求绝缘性高、耐热性好、不吸潮，热膨胀系数与合金线的热膨胀系数相近。漆包线在骨架上进行绕制时，会使合金材料内部产生弯曲形变，合金线的外侧为拉应力作用，内侧为压应力作用。这种伴随有不同应力作用的弯曲形变会对电阻值产生直接影响。当骨架的直径不同时，合金线所产生的形变程度也不同，较大的骨架直径可以有效减小合金线的弯曲形变程度。在线绕电阻器的实际使用中，考虑到电子设备小型化的要求，应该综合电阻器体积和电阻器长期稳定性要求来选择合适的骨架直径。对于低阻值精密型线绕电阻器，会选用锰铜漆包线来进行制作，而对于高阻值精密型线绕电阻器，则通常会选择镍铬改良漆包线来制作。关于不同种类电阻合金线的 TCR 性能及应用，已在本小节中进行了说明。

在骨架上进行漆包线的绕制时，需要控制合适的绕组张力。如前所述，漆包线在绕制过程中会产生弯曲形变，形变程度与绕制时的张力密切相关。在实际绕制过程中，需要将绕组张力控制在线材断裂负荷值的 20% 以下。当骨架材料的热膨胀系数与合金线热膨胀系数相差较大时，可以通过松绕制来减小绕组张力，从而减小热膨胀系数不匹配带来的不利影响。此外，绕组张力作用还会导致合金材料内部的不均匀性增大，从而对 TCR 性能产生不良影响。因此，在进行漆包线绕制时，自动绕线机上会配有绕组张力调节装置，以此保证在设计的绕组张力下进行漆包线的均匀绕制。

为了减小精密型线绕电阻器的分布电容和分布电感，可以采用正方向绕制、分段绕制和双线并绕制等方式来进行制作。在漆包线的绕制过程中要尽可能减小其他应力作用，保证漆包线弯曲度均一，不能弯折或形成尖锐角。绕制完成后需要将合金线与铜焊片或铜引线进行焊接，焊接完成后必须用无水乙醇来进行彻底清洗，防止残留的助焊剂在电阻通电工作时发生电化学反应，对电阻器内部产生腐蚀。

精密型线绕电阻器在生产过程中会产生多种应力作用，加上其他多方面的影响，会使电阻值随时间而变化。这种电阻值的变化在刚开始会比较大，随着时间的延长会逐渐变小，呈现出较为明显的非线性变化趋势，引起电阻器的长期稳定性问题。为了解决这一问题，可以通过热处理工艺来加速上述阻值变化过程，相关工艺称为老化或老练工艺，具体可以分为热老化和电热老化。热老化过程所使用到的温度通常高于电阻器的最高使用温度，但会低于漆包线等材料所能耐受的最高温度，以免对电阻器电性能产生不可逆的破坏。

之后，所制作的精密型线绕电阻器需要在符合国家相关标准的条件下对阻值精度等级性能进行测试，测试通过的产品即可进行封装。有效的封装可以防止水汽进入到电阻内部，影响电阻的电性能，还可以对引线进行良好的固定，防止外部应力通过引线作用到合金线，影响电阻器的阻值稳定性。在精密型线绕电阻器的高端应用领域，通常会采用金属封装来达到更好的电磁屏蔽效果、更佳的耐候性和阻值的长期稳定性。下面将以不同厂家生产的典型精密型线绕电阻器为例来进行介绍。

图 5-30(a)为蚌埠市双环电子集团股份有限公司生产的 RX70 型通用精密型线绕电阻器。该型电阻器额定功率为 0.25～3W，阻值范围为 1Ω～10MΩ，阻值精度为 ±0.01％～1％，标称 TCR 为 ±10×10$^{-6}$～25×10$^{-6}$/℃，元件极限电压为 250～1000V，绝缘电压为 350～1400V。图 5-30(b)为该公司生产的 RX10 型低阻值精密型线绕电阻器。该型电阻器额定功率为 0.5～2W，阻值范围为 0.01～1Ω，阻值精度为 ±0.05％～1％，标称 TCR 为 ±10×10$^{-6}$～25×10$^{-6}$/℃，元件极限电压为 500～1000V，绝缘电压为 700～1400V。低阻值精密型电阻器通常为四引线结构，可以有效消除引线电阻对电路的影响。较低的阻值可以避免对电路系统产生干扰，因此多作为采样电阻应用于各种仪器仪表和电子设备中。图 5-30(c)为该公司生产的 RX78 型高阻值精密型线绕电阻器。该型电阻器额定功率为 1～2W，阻值范围为 1～10MΩ，阻值精度为 ±0.05％～1％，标称 TCR 为 ±10×10$^{-6}$～25×10$^{-6}$/℃，元件极限电压为 1000V，绝缘电压为 1400V。图 5-30(d)为该公司生产的 RX71 型通用精密型线绕电阻器。该型电阻器采用了金属铝壳封装结构，额定功率为 0.25～1W，阻值范围为 1～1MΩ，阻值精度为 ±0.05％～1％，标称 TCR 为 ±15×10$^{-6}$～25×10$^{-6}$/℃，元件极限电压为 200～500V，绝缘电压为 280～700V。由于采用了金封结构，该型号电阻相比非金封的 RX70 系列具有更佳的抗电磁干扰性和阻值长期稳定性。该公司是我国精密型线绕电阻器的主要生产厂家之一，所生产的线绕电阻器在航空、航天、船舶、通信等众多领域均有应用，参与了"神舟"系列载人飞船以及"嫦娥"探月工程的元件配套工作。

　　美国 Fluke 公司是专业生产电子测试用仪器仪表知名公司，其曾推出过一系列精密型线绕电阻器，主要用于 Fluke 品牌的各种精密仪器仪表中。按照仪器仪表的精密等级不同，主要分为塑封系列和金封系列两类。Fluke 塑封线绕电阻器具有典型的绿色外观，金封电阻本底颜色为银色，但常因表面有机保护膜的老化而呈现淡金色，如图 5-31 所示。图 5-31 中可看到，两个电阻阻值均为 8kΩ，但上方电阻的标称 TCR 为 $-1\times10^{-6}$/℃，而下方电阻标称 TCR 为 $1\times10^{-6}$/℃。从实测结果来看，电阻器的 TCR 表现基本与标称值相符。实际使用中可以将图中两只电阻进行串接使用，来构建 16kΩ 标准电阻。由于两只电阻器 TCR 值大小相等、方向相反，当环境温度发生变化时产生的阻值变化刚好可以相互抵消，从而获得小到可以忽略的 TCR 值。Fluke 公司生产的高端仪表和标准电阻器会用到金封线绕电阻器，如图 5-31（b）所示。图 5-31 中可看到，两个电阻阻值均为 19.985kΩ，上方电阻标称 TCR 为 $0.5\times10^{-6}$/℃，而下方电阻标称 TCR 为 $-0.5\times10^{-6}$/℃。该种金封线绕电阻器的 TCR 和老化漂移极低，阻值长期稳定性非常高，在金封金属箔电阻器出现前曾经长期作为顶级电阻器用于各种高等级计量仪器仪表和标准电阻器中。

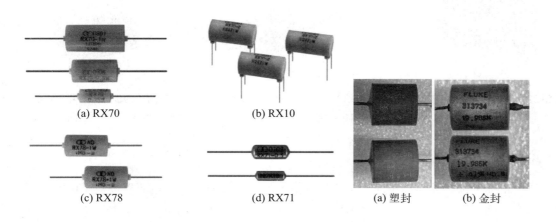

(a) RX70　　　　　　　　(b) RX10

(c) RX78　　　　　　　　(d) RX71

(a) 塑封　　　(b) 金封

图 5-30　精密型线绕电阻器　　　　　图 5-31　精密型线绕电阻器

　　图 5-32 所示为美国惠普公司推出的塑封精密型线绕电阻器，具有标志性的红色外观。从图中可以看到该电阻的阻值为 1.002kΩ，阻值精度为 ±0.01%，标称 TCR 为 $\pm1\times10^{-6}$/℃，综合性能表现与图 5-31(a) 中的 Fluke 塑封精密型线绕电阻器相近。此外，惠普公司同样也有金封精密型线绕电阻器推出，具有相对更好的老化漂移和 TCR 表现，综合性能与图 5-31（b）中的 Fluke 金封精密型线绕电阻器相近。美国惠普公司在电子测试用仪器仪表的开发和生产领域历史悠久，旗下先后分出的安捷伦公司（Agilent）和是德科技公司（Keysight）在各自领域均处于行业领先地位。在制造高端电子测试用仪器仪表和基准时，高稳定高精度电阻器作为关键核心基准元件，将会直接影响产品的最终性能表现。因此，惠普和 Fluke 等公司通常会对关键核心元件开展自研工作，所生产的精密电阻器主要用在自己公司生产的高端产品系列中，如八位半精度万用表产品等。

　　生产精密型线绕电阻器比较有代表性的公司还有美国的欧迈特（Ohmite）公司。图 5-33 为 Ohmite 公司推出的 HSP 系列精密型线绕电阻器。该型电阻器额定功率为 0.125～1.5W（25℃），阻值范围为 $10\Omega \sim 43M\Omega$，阻值精度为 $\pm 0.001\%$，标称 TCR 为 $\pm 3 \times 10^{-6}/℃$（$-10 \sim 80℃$），元件极限电压为 300～900V。该系列电阻器原为美国 Vishay 公司生产，之后相关线绕电阻器业务被 Ohmite 公司收购。由于惠普和 Fluke 等公司目前已无新品线绕电阻器产品推出，Ohmite 公司的 HSP 系列线绕电阻器可以说是目前世界上综合性能较佳的精密型线绕电阻器之一。

　　片式精密型线绕电阻器由于具有便于自动化贴装、集成度高、利于电子设备小型化等优势，获得了元件生产商的普遍重视。图 5-34 为美国 Vishay 旗下 Dale 公司推出的 WSC 系列片式线绕电阻器。以 WSC01/2 型产品为例，其功率为 0.5W（70℃），阻值范围为 0.1～4.99Ω，阻值精度为 $\pm 0.5\% \sim 5\%$，标称 TCR 为 $\pm 50 \times 10^{-6} \sim 90 \times 10^{-6}/℃$（$-55 \sim 150℃$）。美国 Ohmite 公司和 Stackpole 公司也有推出类似的片式精密型线绕电阻器产品。

| 图 5-32　塑封精密型线绕电阻器 | 图 5-33　HSP 系列精密型线绕 | 图 5-34　WSC 系列片式线绕 |
|---|---|---|
| （美国惠普公司） | 电阻器（美国 Ohmite 公司） | 电阻器（美国 Vishay Dale 公司） |

### 5.1.5.2　功率型线绕电阻器

　　通常情况下会将额定功率大于 1W 的线绕电阻器定义为功率型，功率型线绕电阻器的额定功率最高可到数千瓦，可以在温度较高的使用环境中正常工作。功率型线绕电阻器由骨架、绕组、引出端和保护层等几部分组成。其中骨架按照构成材料的不同可分为陶瓷骨架、尼龙骨架以及无碱玻璃纤维骨架。引出端可分为单股线、多股软线、硬焊片、卡圈式和帽状。功率型线绕电阻器的绕组方式通常采用单层间绕或密绕。保护层材料可以分为玻璃釉保护层、漆保护层和密封陶瓷外壳。

　　功率型线绕电阻器的制造工艺可以分为被漆型和被釉型。被漆型线绕电阻器使用合金裸线来进行单层间绕，经自动化绕线后进入涂漆工序。由于使用裸线进行绕制，因此当线圈松动时可能会造成短路现象。涂漆工序可以防止短路现象的出现，保护合金线不被氧化及受到外力损伤，还可起到防潮的效果。在进行涂漆工序时需保证漆层的热膨胀系数与骨架热膨胀系数相近，否则随着环境温度的变化会产生漆层开裂现象，潮气会因此接触到合金材料，在电阻器加电情况下会腐蚀合金线，造成电阻器性能的不稳定。除此之外，漆层同样需要具备良好的机械特性以及耐高温特性。被釉型线绕电阻器的骨架材料通常为空心圆管形瓷骨架，可以起到良好的散热和固定作用。绕线同样采用合金裸线在骨架上做单层间绕。如果要进行合金线的密绕，需要首先在合金层表面制备氧化层，以便达到所需的绝缘性要求，经自动化绕线后进入被釉工序。将绕好线的电阻放入 800～900℃ 高温炉中进行加热后，在电阻丝表面均匀撒上釉粉烧制即可在合金电阻丝表面获得保护性釉层。

图 5-35(a)所示为蚌埠市双环电子集团股份有限公司生产的 RX24 型铝外壳功率线绕电阻器。该型电阻器额定功率为 5～300W，阻值范围为 $0.1\Omega$～30kΩ，阻值精度为 $\pm0.25\%$～10%，标称 TCR 为 $\pm20\times10^{-6}$～$100\times10^{-6}$/℃。该型号电阻器的 TCR 值较小且呈线性变化、散热特性优良、耐候性好、功率大且机械强度高，可应用于各种大型机械设备、电力电源、变频器及恶劣复杂的工控环境中。图 5-35(b)所示为该公司生产的 RX-HGI 型大功率波纹被漆线绕电阻器。该型电阻器额定功率为 100～3000W，阻值范围为 $0.5$～100Ω，阻值精度为 $\pm5\%$，标称 TCR 为 $\pm250\times10^{-6}$/℃。该型号电阻器功率范围宽、可靠性高、具有优良的高温负荷性能，在变频制动、电梯、轧机、机车、电力设备中获得了广泛应用。从技术指标上来看，我国功率型线绕电阻器的性能与国际市场中同类型产品相比技术水平相当。

图 5-36 所示为英国 ARCOL 公司生产的 RWS 系列片式功率型线绕电阻器。其功率为 7～10W（70℃），阻值范围为 $0.1\Omega$～10kΩ，阻值精度为 $\pm0.5\%$～5%，标称 TCR 为 $\pm20\times10^{-6}$～$90\times10^{-6}$/℃（-55～275℃）。图 5-37 所示为美国 Stackpole 公司生产的 SM 系列片式功率型线绕电阻器。其功率为 2～4W（70℃），阻值范围为 $0.01\Omega$～5kΩ，阻值精度为 $\pm0.1\%$～5%，标称 TCR 为 $\pm20\times10^{-6}$～$100\times10^{-6}$/℃（-55～275℃）。

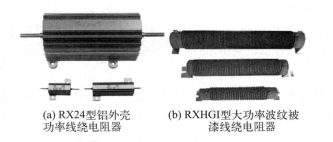

(a) RX24型铝外壳功率线绕电阻器　(b) RXHGI型大功率波纹被漆线绕电阻器

图 5-35 线绕电阻器

图 5-36 RWS 系列片式功率型线绕电阻器（英国 ARCOL 公司）

图 5-38 为蚌埠市双环电子集团股份有限公司生产的 RSC 系列模压型表面贴装线绕电阻器。该电阻器额定功率 0.5～2W，阻值范围 0.1～330Ω，阻值精度 $\pm2\%$～5%，标称 TCR 为 $\pm25\times10^{-6}$～$100\times10^{-6}$/℃，绝缘电压 500V。该电阻器采用全焊接结构和完全模压结构，具有良好稳定性，适合各种表面贴装工艺，可应用于数控车床、小型精密仪器仪表、电源电路等领域。

目前，精密型线绕电阻器在高端仪器仪表等应用领域已部分被金属箔电阻器所取代，尤其是在阻值小于100kΩ、功率低于10W的高端应用场合。但是，与金属箔电阻器相比，线绕电阻器具有制备工艺简单，重复性好，可以制作更高电阻值、可以在大功率负荷和高温环境下使用等优点。今后二者在精密型电阻器应用领域中会继续保持竞争态势来进行技术革新，发挥各自性能上的长处，从而实现优势互补。

图 5-37　SM 系列片式功率型线绕
电阻器（美国 Stackpole 公司）

图 5-38　RSC 系列模压型表面
贴装线绕电阻器（蚌埠市双环电子
集团股份有限公司）

### 5.1.6　电阻器的特性

衡量电阻器品质的高低，就需要对电阻器的主要技术参数进行精确的定量化测量。电阻器的主要技术参数包括电阻值、电阻温度系数、电压系数、非线性、噪声及高频性能等。在本节内容中将围绕这些技术参数，对相关测试方法进行介绍。

#### 5.1.6.1　电阻值

电阻器的阻值分布范围非常宽，为 $10^{-12} \sim 10^{18} \, \Omega$。按照具体阻值的大小通常可以分为超低阻值区间（$10^{-12} \sim 10^{-7} \, \Omega$）、低阻值区间（$10^{-6} \sim 10 \, \Omega$）、中阻值区间（$10 \sim 10^{6} \, \Omega$）、高阻值区间（$10^{7} \sim 10^{12} \, \Omega$）、超高阻值区间（$10^{13} \sim 10^{18} \, \Omega$）五个范围。常用的电阻器阻值范围一般在 $10^{-2} \sim 10^{12} \, \Omega$，精度（偏差值）在 $0.01\% \sim 10\%$ 之间。

在测量高阻值电阻器的阻值时，需要充分考虑周围电磁场作用和环境湿度的影响，所使用夹具和测试线的非导通区域需要具备高绝缘性。在进行测试之前需要对样品进行充分的干燥，保持测试环境的湿度恒定，并在屏蔽箱中完成测试。具体测试方法包括电流表电压表测量法、高阻欧姆表测量法、高阻电桥测量法和模拟积分测量法四种。当测试电压很高时，例如在 $1 \sim 100 \mathrm{kV}$ 区间，适合采用电流表电压表测量法，其电路原理图如图 5-39 所示。该方法利用欧姆定律来计算电阻器的阻值，但由于电流表和电压表本身也串联、并联到测试电路中，会对测试电路形成干扰，因此采用该方法进行高阻值测量时精度不高（$1\% \sim 5\%$）。

高阻欧姆表测量法的电路原理图如图 5-40 所示。这种测试法要求所使用高阻欧姆表的电压源有良好的稳压特性和极小的波纹系数，第一级放大器需要具有高的输入阻抗。具体原理为利用串联电阻分压电路来测量已知电阻两端的电压值，通过与源电压进行比对来计算待测电阻器的电阻值，这种方法的测量精度一般为 $3\% \sim 10\%$。

电桥法是进行电性能测试时常用的一种方法，电桥测量法的电路原理图如图 5-41 所示。电桥主要由电阻器、连接线、测量电源、平衡指示器（安培计）所构成。在单电桥结构中，待测电阻 $R_x$ 和三个已知电阻 $R_1$、$R_2$、$R_3$ 分别构成了电桥的四个臂。当电桥达到平衡状态时，有 $R_x = (R_2 \times R_3) / R_1$。电桥测量法的特点是测量范围宽、测试精度高、测试过程稳定可靠且重复性好。缺点是与前两种测试方法相比操作较为复杂，测试速度相对较低。电桥测试法的测量精度一般为 0.05%～2%。需要注意的是，当待测电阻阻值高于 $10^9\Omega$ 时，仪器、夹具、导线、周围空气的绝缘电阻有些已与待测电阻的阻值量级相当，会对测量精准度产生不利影响。因此，在进行高阻测量时需要提高测试系统中绝缘部位的绝缘强度，防止出现漏电流。通常会采用辅助支路屏蔽或等电位屏蔽的方法，增大电桥外接指示器的输入阻抗（$10^8\sim10^{12}\Omega$），在干燥的电磁屏蔽盒中进行测试。模拟积分测量法是另外一种高精度的高阻值电阻测量方法，利用反馈电容器跨接在高灵敏度放大器上组成积分器，利用积分器相关原理来进行阻值的测量，测量精度可以达到 0.05%～0.5%。

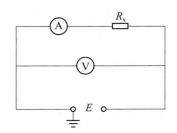

图 5-39　电流表电压表
测量法电路原理图

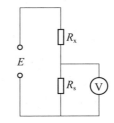

图 5-40　高阻欧姆表测量
法电路原理图

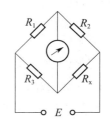

图 5-41　高阻欧姆表
测量法电路原理图

　　电流表电压表测量法、欧姆表测量法和电桥测量法同样适用于中阻值电阻器的测量。除此之外，测量中阻值电阻器还有基于电桥法原理的误差分选法，电路原理图如图 5-42 所示。当电阻 $R_x$ 出现偏差时，输出端将会出现电压差，根据电桥换算关系即可得到 $R_x$ 值。

　　当待测电阻阻值较低时（$<10\Omega$），引线及测量夹具的电阻会对测试结果产生较大影响。采用双电桥测量法可以去除引线电阻和夹具电阻对测量结果的影响，电路原理图如图 5-43 所示。通过求解电路方程可以得到 $R_x$ 值：若满足电桥平衡条件 $R_2/R_1=R_3/R$，则可以得到 $R_x=(R\times R_n)/R_1$。在使用双电桥测量法时，要使用四端引线接法，不允许将电位端与电流端接在同一点上，否则会引起测量误差。

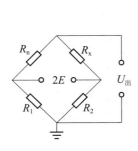

图 5-42　误差分选法电路原理图

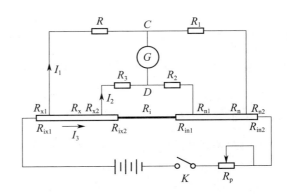

图 5-43　双电桥测量法电路原理图

### 5.1.6.2　温度特性

电阻器的温度特性由电阻温度系数（TCR）来进行定义，是测量两个给定温度点之间的电阻值变化量，用该变化量除以两个温度点之间的温度差所得到的值，用 $\alpha_r$ 来表示。在 TCR 测试过程中通常采用环境温度为 20℃±5℃，负温实验温度为 −65～−10℃，正温实验温度为 55～155℃，具体测试温区范围由国家相关标准和产品等级来确定。

若电阻器在环境温度范围内 TCR 曲线是呈线性或准线性趋势变化的，则可以将 20℃±5℃和最高环境温度作为正温实验温度区间，将 20℃±5℃和最低环境温度作为负温实验温度区间，来进行 TCR 的计算。在测试过程中，当温度达到设定温度点并进入热平衡状态 10min 后，再记录电阻值和温度值，电阻温度系数 $\alpha_r$ 可以用式(5-1)来进行计算：

$$\alpha_r = \frac{\Delta R}{R \times \Delta t} \times 10^6 \left(\frac{10^{-6}}{℃}\right) \tag{5-1}$$

其中，$R$ 为 20℃±5℃下的阻值；$\Delta R$ 为最高环境温度或最低环境温度下的阻值与 $R$ 之间的差值；$\Delta t$ 为 $\Delta R$ 所对应的实测温度差值。

当电阻器的 TCR 曲线呈非线性变化时，则根据电阻器的环境温度范围，设置均匀的温度间隔来形成多个温度点。在进行实际温度和电阻值测试时，同样需要温度达到设定温度点并进入热平衡状态 10min 后再进行测量。相邻两个温度点间的 $\alpha_r$ 依然可以由上述公式来进行计算，此时 $\Delta R$ 为相邻两个温度点之间的电阻差值，$R$ 为温度变化前所在点的温度值，$\Delta t$ 为相邻两个温度点之间的温度差值。当 TCR 曲线呈非线性变化且形状近似抛物线时，依次测试 10℃±0.1℃、20℃±0.1℃和 40℃±0.1℃时的电阻值，分别记作 $R_{10}$、$R_{20}$、$R_{40}$。电阻器的一次电阻温度系数 $\alpha_{20}$ 和二次电阻温度系数 $\beta_{20}$ 分别通过式(5-2)～式(5-5)来进行计算：

$$\alpha_{20} = \frac{\delta_{40} - 4\delta_{10}}{60} \times 10^6 \left(\frac{10^{-6}}{℃}\right) \tag{5-2}$$

$$\beta_{20} = \frac{\delta_{40} + 2\delta_{10}}{600} \times 10^6 \left(\frac{10^{-6}}{℃}\right) \tag{5-3}$$

$$\delta_{40} = \frac{R_{40} - R_{20}}{R_{20}} \tag{5-4}$$

$$\delta_{10} = \frac{R_{10} - R_{20}}{R_{20}} \tag{5-5}$$

任意温度 $t$ 下的电阻值 $R_t$ 可以用式(5-6)来进行计算：

$$R_t = R_{20}[1 + \alpha_{20}(t-20) + \beta_{20}(t-20)^2] \tag{5-6}$$

### 5.1.6.3　电压特性

由欧姆定律可知，导体的电阻通常被认为是不随外加电压变化的一个常数。但是对于不连续导体（颗粒状导电材料）构成的电阻器，如碳膜电阻器、合成膜电阻器和实芯电阻器等，电阻值会随着外加电压的变化而发生变化。这种由电压所导致的阻值变化可以由电压系数来进行定义，即在规定的电压范围内，电压每改变 1V，电阻值的平均相对变化量可由式(5-7)来进行计算。

$$K_u = \frac{R_2 - R_1}{0.9UR_1} \times 100\% \tag{5-7}$$

其中，$U$ 为额定电压或最大工作电压，V；$R_1$ 为在 $10\%U$ 的电压下测出的电阻值，$\Omega$；$R_2$ 为在 $100\%U$ 的电压下测出的电阻值，$\Omega$。为了避免长时间通电测量使电阻器因焦耳热作用产生温升，需要尽可能缩短通电测试时间，在 $100\%U$ 的电压下测试时，时间需控制在 5s 以内。

#### 5.1.6.4　非线性特性

用来衡量电阻器非线性程度的技术参数主要有两个，分别是电压系数和三次谐波的大小。在待测电阻器两端施加纯正正弦电压，由于电阻材料内部不可避免地存在隐蔽缺陷和各种损伤，因此电阻器两端的电压将会产生波形畸变并包含有谐波。可以通过测量三次谐波的大小来衡量电阻器的非线性程度。非线性测量可有效筛选并剔除内部结构存在缺陷的电阻器，由于检测过程是无损的，因此可用于电阻器的可靠性测试，三次谐波指标 $A_3$ 定义如式（5-8）所示：

$$A_3 = 20 \lg \frac{V_1}{E_3} \tag{5-8}$$

其中，$A_3$ 为三次谐波衰减，dB；$V_1$ 为被测电阻器两端的基波电压有效值，V；$E_3$ 为被测电阻器内部产生的三次谐波电势，dB。

#### 5.1.6.5　噪声特性

电阻器的噪声源自电阻器内部的一种不规则的电压起伏。固定电阻器的噪声包括热噪声和电流噪声两部分。由导体中自由电子的不规则热运动使导体中任意两点之间产生电压的不规则变化称为热噪声。热噪声作为一种物理现象，存在于任何类型的电阻器中，无法通过改进电阻器质量来消除。统计物理学表明，热噪声与导体的阻值和温度相关，在频率特性上属于白噪声。当电阻两端施加电压时，载流子在外加电场作用下作定向运动，在运动过程中会不断遭到晶粒边界和缺陷的阻挡与散射，产生载流子的阻滞效应从而引起电压的涨落，这一现象称之为电流噪声。对电阻器的电流噪声进行测试可以无损伤地剔除内部存在缺陷的电阻器，是电阻器进行可靠性筛查的重要辅助手段之一。电流噪声指标 $I_n$ 可以由式（5-9）来进行定义：

$$I_n = 20 \lg \frac{E}{V_T} \tag{5-9}$$

其中，$E$ 是在十倍频程通带中的电流噪声电动势的均方根值（有效值，单位为 $\mu$V），通带的几何中心频率为 1kHz；$V_T$ 是加到待测电阻器上的直流测试电压，V。

#### 5.1.6.6　高频特性

当电阻器在高频下工作时，不再是纯电阻性元件，原先在直流或低频电路中可以忽略的分布电容和分布电感将对电路系统产生重要影响。电阻器的高频等效电路分为串联和并联两种，其中串联等效电路关系见式（5-10）。

$$Z = R \pm \mathrm{j}x \tag{5-10}$$

其中，$Z$ 为阻抗，$\Omega$；$R$ 为电阻，$\Omega$；$x$ 为电抗，$\Omega$；$+jx$ 为感性；$-jx$ 为容性。电阻器的并联等效电路关系见式(5-11)。

$$Y = G \pm jB \tag{5-11}$$

其中，$Y$ 为导纳，$S$；$G$ 为电导，$S$；$B$ 为电纳，$S$；$-jB$ 为感性；$+jB$ 为容性。高频性能测试主要有低阻抗电桥法、高阻抗电桥法、双 T 电桥法、高频 Q 表法、网络分析法等，对电阻器的电抗或电纳进行测量，从而对电阻器的高频性能进行定量化分析。

## 5.2 电容器

电容器是电学研究中重要的基础电子元件，在电路中起着储存电荷、调节电流的作用。电容的概念最早可以追溯到 18 世纪，当时的研究人员发现，把两个金属板进行分开放置并通过导线连接，可以起到储存电荷的作用。之后在 18 世纪 40 年代，科学家们制造了莱顿瓶，这是第一个具有实用性的"电容器"。莱顿瓶的出现具有划时代的意义，基于莱顿瓶的各种实验使人们对摩擦电和雷电的一致性、正负电荷概念、电荷守恒定律等有了更为深入的认识，直接促进了电学的飞速发展。

1874 年第一只云母电容器在德国诞生，云母电容器性能优异，直到现在依然获得了广泛应用。1876 年第一只纸介电容器在英国被制造出来，直至今日纸介电容器仍然被广泛使用。1900 年意大利人隆巴迪发明了陶瓷电容器，此后，陶瓷电容器得到了迅速发展，添加钛酸盐的陶瓷电容器和多层片式陶瓷电容器陆续出现。1921 年到 1956 年，液体和干式铝电解电容器、液体和固体钽电解电容器陆续出现。在此之后，有机薄膜电容器、超级电容器等新型电容器陆续出现，电容器的技术进步进入快车道。目前电容器不断向集成化、微型化、片式化方面发展。我国在 20 世纪 80 年代中前期，片式化电容器产业基本为空白，但发展速度迅猛，目前已成为世界最大的片式电容器生产和流通中心。电容器在直流电路中主要有产生瞬间高压、产生瞬间大电流、利用剩余能量等作用。在交流电路中主要有降低无功功率、改善线路的功率因数、补偿输电线路中的电抗电压降、移相、滤波等作用。本节内容将以常用的陶瓷电容器、有机介质电容器、电解电容器、云母电容器为例来进行介绍。

### 5.2.1 陶瓷电容器

陶瓷电容器是一种发展最快、产量最大、用途最广的无机介质电容器，其用量超过整个电容器应用量的一半。陶瓷电容器的最基本构型是由陶瓷介质隔开的两个金属电极构成的电子元件。陶瓷电容器又称为瓷介电容器，按使用陶瓷介质特性不同分为三类：Ⅰ类高频瓷介电容器，包括热稳定性和热补偿型两种，其陶瓷介质的介电损耗（$\tan\delta$）值很小，应用于高频电路中；Ⅱ类低频瓷介电容器，通常采用介电常数很高的铁电陶瓷作为介质材料，其 $\tan\delta$ 值较大，只适用于低频条件下应用；Ⅲ类半导体瓷介电容器，采用半导化陶瓷介质，表观介电常数很大。

陶瓷电容器发展很快，品种不断更新，总的来说具有如下特点：

① 相对介电常数（$\varepsilon_r$）值高且变化范围大。如刚玉瓷的 $\varepsilon_r \approx 10$，而含 Pb 的复合钙钛

矿型铁电陶瓷铌镁酸铅 $Pb(Mg_{1/3}Nb_{2/3})O_3$（PMN）在居里温度处，$\varepsilon_r$ 值可达 12600，$Ba(Ti_{0.9}Sn_{0.1})O_3$ 的 $\varepsilon_r=50000\sim80000$，晶界层电容器表现介电常数可达 100000。由于电容器的容量与介电常数成正比，因此介电常数越高，电容器的比率电容越大，越有利于电容器的小型化。

② 介电损耗（$\tan\delta$）低，在相当高的频段仍具有优越的电容特性。I 类瓷介电容器 $\tan\delta$ 约为 $10^{-4}$ 级别，II 类瓷介电容器 $\tan\delta$ 约为 $10^{-2}$ 级别，比电解电容器 $\tan\delta$ 值小。只有陶瓷电容器才能在 1GHz 以上的频率有效地工作，在微波通信中采用陶瓷电容器可使设备小型化。

③ 电容温度系数（$\alpha_\varepsilon$）范围宽，瓷介电容器可通过改变瓷料的组成和配比得到一系列不同的电容温度系数，以满足电容器在不同场合下的应用。

④ 可靠性高、使用寿命长，在温度和时间影响下的老化速度较慢。陶瓷电介质及高稳定导电电极均经过高温烧结，具有高强度结构和高可靠性，耐高工作温度，本身不仅作为电介质，同时可作为基体和支承结构。

下面首先针对按陶瓷介质特性划分的高频陶瓷电容器、低频陶瓷电容器和半导体陶瓷电容器三种类型展开讨论，然后介绍一种适应表面组装技术的片式陶瓷电容器。

### 5.2.1.1　高频陶瓷电容器

I 类瓷的 $\varepsilon_r$ 整体不高，其中 $\varepsilon_r$ 相对较低的称为低介瓷，一般作为装置陶瓷，在电子设备和集成电路中用作绝缘装置零部件、基片、封装保护等用途；而 $\varepsilon_r$ 相对较高的称为高介瓷，是高频陶瓷电容器的主要用瓷。

高介瓷主要成分为二氧化钛、碱土金属和稀土元素的钛酸盐。此外还包括碱土金属的锆酸盐、锡酸盐等。高介瓷的主要特点是 $\varepsilon_r$ 较大（一般在 12～600）、损耗小、介电温度系数 $\alpha_\varepsilon$ 变化范围宽。根据 $\alpha_\varepsilon$ 的数值，高介电容器陶瓷一般可分为高频温度补偿型介电陶瓷和高频温度稳定型介电陶瓷两类。

电介质的 $\varepsilon_r$ 温度系数 $\alpha_\varepsilon$ 表示温度变化 1℃介电常数的相对变化率，可由式（5-12）表示

$$\alpha_\varepsilon=\frac{1}{\varepsilon_r}\frac{d\varepsilon_r}{dT} \tag{5-12}$$

对于多相陶瓷体系，$\varepsilon_r$ 和 $\alpha_\varepsilon$ 可通过以下混合法则改变各组分的含量来进行调节：

$$\ln\varepsilon_r=\sum_{i=1}^{n}x_i\ln\varepsilon_i \tag{5-13}$$

$$\alpha_\varepsilon=\sum_{i=1}^{n}x_i\alpha_{\varepsilon i} \tag{5-14}$$

式（5-13）和式（5-14）中 $\varepsilon_r$ 和 $\varepsilon_i$ 分别为陶瓷和各组分的相对介电常数；$\alpha$ 和 $\alpha_i$ 分别为它们的温度系数；$x_i$ 为各组分的体积百分比；$\alpha_\varepsilon$ 和 $\alpha_{\varepsilon i}$ 分别为陶瓷和各组分的介电常数温度系数。

电容器的电容温度系数与电介质的介电常数温度系数、电介质、电极材料以及金属导线等材料的线膨胀系数有关。在一般情况下，陶瓷电容器的温度系数就可以用陶瓷的 $\alpha_\varepsilon$ 来表示。振荡回路往往根据介质的 $\alpha_\varepsilon$ 来选择电容器，以补偿电路中其他元件的温度系数。

对某一系列的电容器陶瓷介质而言，要求 $\alpha_\varepsilon$ 范围宽广，并在一定范围内可根据不同的用途而调整。

（1）高频温度补偿型介电陶瓷

在高频振荡回路中，由于电感器及电阻器通常具有正温度系数，为了保持振荡回路谐振频率不随温度变化而发生漂移，就需要选用具有适当的负温度系数的电容器来进行补偿。这类电容器称为温度补偿电容器。这种陶瓷介质一般具有中低值 $\varepsilon_r$，为非铁电类陶瓷。常用的这类电介质有二氧化钛（$TiO_2$）、钛酸钙（$CaTiO_3$）和 $TiO_2$ 基固溶体。

金红石瓷的晶型结构如图 5-44 所示，其 $\varepsilon_r$ 和 $\tan\delta$ 在不同温度、频率影响下的变化趋势如下所述。金红石瓷中主要为离子位移极化和电子位移极化，因此在温度不高时，$\varepsilon_r$ 与温度呈直线关系缓慢下降，$\alpha_\varepsilon$ 为负值，$\tan\delta$ 很小。但当温度升高至超过某临界温度后，离子松弛极化促使 $\varepsilon_r$ 随温度的升高加剧。并且随着频率的升高，弛豫极化跟上频率变化所需的温度值升高。因此 $\varepsilon_r$ 发生急剧上升的温度点随频率升高而向高温方向移动。同时，由于离子松弛和电子电导所引起的能量损耗，使材料的 $\tan\delta$ 随温度上升而增大。但频率升高时，松弛极化来不及建立，又将使 $\tan\delta$ 随频率增高而减小。

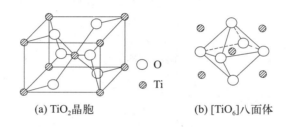

(a) $TiO_2$晶胞　　(b) $[TiO_6]$八面体

$\bigcirc$ O　$\oslash$ Ti

**图 5-44　金红石瓷晶形结构**

金红石瓷是含钛陶瓷，在含钛陶瓷中共同存在的一个问题是钛离子的还原变价，其会引起材料体积电阻率下降、$\tan\delta$ 急剧增大、抗电强度降低，整体介电性能恶化。

（2）高频温度稳定型介电陶瓷

高频温度稳定型介电陶瓷主要是用来满足一些电子元器件使用时对温度稳定性的高要求，其 $\alpha_\varepsilon$ 值很低甚至接近于零，这种电容温度系数接近于零的电容器称为热稳定电容器。常见的有钛酸镁瓷、锡酸钙瓷等。有时为了寻求理想的 $\alpha_\varepsilon$ 和低 $\tan\delta$ 值，还可采用形成复合固溶体的方法来满足。

钛酸镁瓷以正钛酸镁（$2MgO\cdot TiO_2$）为主晶相，正钛酸镁的 $\varepsilon_r$（$\approx 14$）和 $\tan\delta$（$\approx 3\times10^{-4}$）都较小，$\alpha_\varepsilon$ 为较小的正值（$\approx +60\times10^{-6}/℃$），适合制造高频热稳定电容器。通常钛酸镁瓷中 $TiO_2$ 与 $MgO$ 的配比约为 60：40，为了使 $\alpha_\varepsilon\approx0$，同时 $\varepsilon_r$ 值有所提高，常在 $TiO_2$-$MgO$ 体系中添加 $CaO$ 或 $CaCO_3$，使其与过剩的 $TiO_2$ 形成 $CaTiO_3$，制得 $MgTiO_3$ 和 $CaTiO_3$ 的固溶体。钛酸镁瓷主要缺点是烧结温度过高（1450～1470℃），烧成温度范围过窄（5～10℃）。过烧将使晶粒生长过快，气孔率增加，机电性能恶化。常采用萤石（$CaF_2$）作为助剂，$CaF_2$ 能与过剩的 $TiO_2$ 生成 $CaTiO_3$，使钛酸镁瓷的 $\alpha_\varepsilon$ 值向负温方向移动，从而达到调整热稳定性的目的。

各种锡酸盐具有差异性很大的介电性能,其中 $CaSnO_3$ 是最适于制造高频热稳定型电容器的材料。$CaSnO_3$ 具有钙钛矿型结构,$\varepsilon_r = 14$,$\alpha_\varepsilon = +(110\sim115)\times10^{-6}/℃$,$\tan\delta = 3\times10^{-4}$,烧结温度为 1500℃。通过引入 $CaTiO_3$ 或 $TiO_2$ 作为 $\alpha_\varepsilon$ 调节剂,可使 $\alpha_\varepsilon$ 值接近于 0,并使 $\varepsilon_r$ 提高。$CaSnO_3$ 具有很强的结晶能力,容易产生二次再结晶,长大成粗晶,因此制备过程在高温下停留时间要短,冷却过程也要尽可能快,所以也限制了坯体的大小和形状。

### 5.2.1.2 低频陶瓷电容器

Ⅱ类低频电容器瓷的介电常数普遍很高,故又被称为强介瓷。以 $BaTiO_3$ 及其固溶体为主晶相的铁电陶瓷是最主要的强介电容器陶瓷材料。铁电体的 $\varepsilon_r$ 主要来自自发极化强度 $P_S$ 的贡献,取决于 $P_S$ 的大小和 $P_S$ 沿外电场取向的难易程度。对于电容器来说,具有很高 $\varepsilon_r$ 值的铁电材料无疑在满足电子设备的微型化需求方面优势明显。但是同时其 $\tan\delta$ 也较大,因此一般只适用于较低的工作频率。

图 5-45 所示为 $BaTiO_3$ 晶体的 $\varepsilon_r$ 随温度的变化。$BaTiO_3$ 晶体存在介电反常现象,存在三个相变温度点,对应发生 $\varepsilon_r$ 突变出现峰值,且在居里温度($T_C \approx 120℃$)处峰值最高。这是因为在相变温度处结构松弛,离子具有较大的可动性,可以自发地形成新畴。故只需要施加很小的电场就能使电畴沿电场方向取向,从而出现 $\varepsilon_r$ 的峰值。这种反常是测量居里温度 $T_C$ 的依据。当 $T > T_C$ 后,$\varepsilon_r$ 将随温度上升而下降,该关系可以用居里-外斯定律即式(5-15)来描述。

$$\varepsilon_r = c/(T-T_0) \tag{5-15}$$

式中,$T_0$ 为居里-外斯特征温度,略低于 $T_C$,对 $BaTiO_3$ 而言,$T_C - T_0 \approx 10\sim11℃$;$c$ 为居里-外斯常数,其值为 $(1.6\pm0.1)\times10^5 K$。

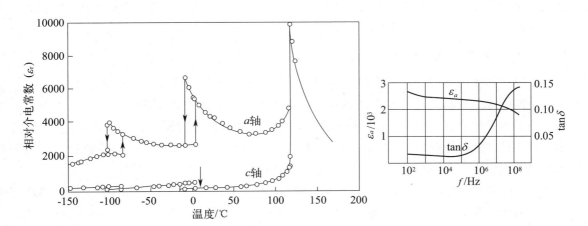

图 5-45　$BaTiO_3$ 晶体相对介电常
数随温度的变化关系

图 5-46　$BaTiO_3$ 晶体的 $\varepsilon_a$、
$\tan\delta$ 频率特性

$BaTiO_3$ 晶体的 $\varepsilon_r$ 具有明显的方向性,沿 $a$ 轴的 $\varepsilon_a$ 比沿 $c$ 轴的 $\varepsilon_c$ 更高,即 90°畴壁比

180°畴壁易于在电场作用下运动；或者说和 $P_S$ 正交的电场易于使 $P_S$ 转向，反平行的电场难以使 $P_S$ 反转。$BaTiO_3$ 晶体的 $\varepsilon_r$ 随 $T$ 的变化存在"热滞"，即在三个相变温度附近 $\varepsilon_r$ 随 $T$ 升高和降低的变化关系不重合。电畴壁的运动，即新畴的成核和成长需要一定时间，所以铁电体的 $\varepsilon_r$ 值受频率的影响。当 $f > 10^7\,Hz$ 后，$\varepsilon_r$ 值随 $f$ 增高而显著降低。$BaTiO_3$ 晶体的 $\varepsilon_a$ 和 $tan\delta$ 值的频率关系可由图 5-46 表征。

$BaTiO_3$ 陶瓷的介电性能主要取决于 $BaTiO_3$ 主晶相，但陶瓷是多晶结构，存在晶粒和晶界等，晶粒大小、晶界中玻璃相、第二相等均直接影响其介电性能。$BaTiO_3$ 陶瓷的击穿电场强度就受控于材料的气孔、杂质及缺陷，乃至吸湿情况。因此，铁电单晶由于结构较为完整，其击穿电场强度约为 $10^3 \sim 10^4\,kV/cm$，而铁电陶瓷的击穿电场强度则要低一个数量级以上。

虽然纯 $BaTiO_3$ 陶瓷的 $\varepsilon_r$ 较大，但 $\varepsilon_r$ 值随温度变化也很大，且 $\varepsilon_r$ 的峰值（～120℃）不在通常的工作温度范围内。因此为了满足低频电容器对介质材料的要求，必须对其进行改性，使其在工作温区内表现出高的介电常数，且随温度变化不大，抗电强度和介质损耗等也要满足要求。首先通常使用移峰剂，将 $BaTiO_3$ 陶瓷的居里峰移动到工作温区的中部，以获得高的介电常数。移峰剂的移动效率可以用式(5-16) 表示。

$$\eta = (T_{CB} - T_{CA})/100 \qquad (5-16)$$

式中，$\eta$ 为移动效率，表示 1%（摩尔）A 位或 B 位离子被移峰剂离子取代时居里温度移动的度数；$T_{CA}$ 为基质居里温度，$T_{CB}$ 为移峰剂居里温度。

然后引入一定浓度的展宽剂，压低居里峰同时使居里峰两侧的 $\varepsilon_r$ 有所提高，居里峰扩展为居里区，从而降低介电常数温度变化率。此外还有一些其他使居里峰出现这种峰值降低、两肩上升的方法。如，$BaTiO_3$ 陶瓷形成微晶结构也对居里峰起着明显的压展作用；适当掺杂与主晶相生成一系列新的居里温度不同的固溶体，使原来的居里峰变为居里区，也会导致介电常数峰值平坦化；当晶界中含有较大量的杂质或玻璃相时，居里峰也表现为压低并展宽。

### 5.2.1.3　半导体陶瓷电容器

半导体陶瓷是使用陶瓷工艺制成的具有半导特性的陶瓷材料，与一般陶瓷材料一样，也是由离子键的金属氧化物多晶体构成。一般离子键的氧化物的禁带宽度大，属于绝缘体，不具有导电性。而在半导体陶瓷的生产过程中，通过改变陶瓷的配方（原料纯度、掺杂）及工艺条件（烧结气氛、升温与降温速率、烧成温度、保温时间等），在陶瓷中产生各种缺陷发生半导化，呈现出 N 型或 P 型半导体的特性，大大提高电导率。

半导化陶瓷利用其外表面或晶界层形成的绝缘层作为电容器的介质材料，其实际厚度大约为基体厚度的 1/50，所以电容量值为一般陶瓷电容器的数十倍。半导体陶瓷电容器介质有三种类型：表面阻挡层型、电价补偿型（或称还原再氧化型）和晶界层型（又称为边界层型）。表面阻挡层型和电价补偿型又统称为表面层型。其中，晶界层电容器 $\varepsilon_r$ 非常高，绝缘电阻较高（$> 10^{10}\,\Omega \cdot cm$），额定工作电压也较高（$\approx 100V$），可靠性好，是目前应用最广泛的半导体陶瓷电容器。常见的有 $BaTiO_3$ 系和 $SrTiO_3$ 系半导体陶瓷。

在制造晶界层电容器时，为使 $BaTiO_3$ 成为电导率较高的半导体瓷，通常会加入施主杂质，并在还原气氛中烧成。获得导电性能良好的半导瓷后，在瓷体表面涂覆 Mn、Cu、Bi 等氧化物，并在氧化气氛下高温（1050～1350℃）热处理。由于杂质在 $BaTiO_3$ 半导瓷晶界中的扩散速率远大于晶粒内的速率，这些杂质氧化物通过开口气孔渗入瓷体，再沿晶界进行扩散，在晶界上形成作为介质的氧化绝缘层（0.5～2μm）。该绝缘层的绝缘电阻率可达 $10^{12}～10^{13}\Omega\cdot cm$。晶界层陶瓷电容器相当于很多小电容器的互相串联和并联，因此介电常数非常高，目前生产的晶界层陶瓷电容器的 $\varepsilon_r$ 可高达 80000 以上。

#### 5.2.1.4　片式陶瓷电容器

随着电子信息技术飞速发展，电子产品轻薄小型化、多功能一体化、高性能低成本化等要求电子元器件短小轻薄化、标准系列化、无引线片式化、组合集成化、电路模块化，以适应自动化高密度表面组装技术需要。电阻、电容、电感三大无源元件均已实现片式化，其中多层陶瓷电容器（Multilayer Ceramic Capacitor，MLCC）是片式无源元件中应用最广泛的一类。

MLCC 是由印刷有电极的陶瓷坯片经叠片、压、切割、排胶、烧结、研磨、电镀等工序制成的一种新型片式元件，具有独石结构，因此又称为独石电容器。

MLCC 的结构示意如图 5-47 所示。从图 5-47 中可以看到，在 MLCC 两端的端电极将同向引出的内电极以并联的方式连接起来。因此 MLCC 实际上可以看成是由许多单个的薄层陶瓷电容器层叠并联而成，从而获得大的电容量。

端电极　陶瓷介质　内电极　端电极

内电极　陶瓷介质

**图 5-47　MLCC 的结构**

MLCC 封装简单、密封性好，因此结构可靠、防潮性能佳，无须外加引出线，能很好地适应表面组装技术发展的要求。与传统的单片型电容器相比，具有单位体积电容量（即比容积）大、等效串联电阻小、固有电感小、高频特性好、可靠性高等优点，在混合集成电路、大规模集成电路，尤其是对可靠性要求较高的电路中得到广泛应用。

MLCC 的电容容量可以由式(5-17) 计算：

$$C=\frac{\varepsilon_r\times\varepsilon_0\times S\times n}{t} \tag{5-17}$$

式中，$C$ 为 MLCC 的电容值；$\varepsilon_r$ 为介质膜的相对介电常数；$\varepsilon_0$ 为真空介电常数；$S$ 为内电极的交叠面积；$t$ 为介质膜的厚度；$n$ 为有效叠片层数。由式(5-17) 可见，提高介质膜层的介电常数、减小介质膜层的厚度、增大有效叠片层数（或内电极层数）都是提高 MLCC 电容量的有效途径。

图 5-48 为 MLCC 的典型工艺流程图。首先将陶瓷粉末与有机溶剂、分散剂、黏结

剂、塑化剂等按一定比例配料，通过球磨混合形成合适的浆料。然后将陶瓷浆料用于流延成型，经干燥得到陶瓷生坯膜片。再采用丝网印刷将内电极浆料印刷在生坯上，然后把印有内电极的陶瓷生坯模块按照设计形式和层数叠放在一起，使之形成 MLCC 的巴块。对以上巴块施加压力，使层与层之间结合更加紧密、严实，常用热压、等静压等加压方式。通过层压的巴块具有较高的机械强度，便于后续切割成独立的 MLCC 生坯芯片。将切割后的 MLCC 生坯放置在承烧板上排胶，按一定的温度曲线烘烤去除芯片中的黏合剂等有机物质。对排胶完成后的芯片进行高温烧结，将带有内电极浆料的陶瓷坯体同时烧成一个整体。烧结成瓷的芯片与水和磨介装在倒角罐，通过球磨行星磨等方式运动，使之形成光洁的表面，以保证产品的内电极充分暴露，保证内外电极的连接，这个过程称之为倒角。再将端电极浆料涂覆在经倒角处理的芯片外露内部电极的两端上完成封端，将同侧内部电极连接起来，形成外部电极。通过烧端工艺将端电极浆料与内电极形成金属结晶，确保内外电极的连接，并使端电极与瓷体具有一定的结合强度。此时的端电极还不适用于表面组装技术的焊接工艺，需要进一步处理，采用电沉积技术在端头表面先镀一层镍，再镀一层锡，以此实现焊接。

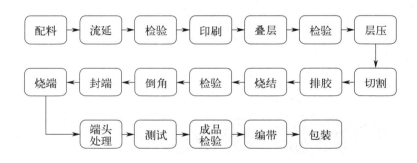

图 5-48　MLCC 的典型工艺流程

（1）MLCC 的分类

MLCC 的结构特点和制作工艺决定了内电极与介质材料共同烧结以形成独石结构，因此烧结温度主要是由陶瓷烧结温度来决定的。高温烧结 MLCC 材料的烧结温度在 1300℃以上，具有优异的介电性能，通常需要选用纯 Pt、纯 Pd 等贵金属或 Pd-Pt、Au-Pd 合金电极浆料制作内电极，因此价格昂贵，不能广泛使用，大多应用在特殊军工产品中。低温烧结 MLCC 材料的烧结温度低于 950℃，可以采用纯 Ag 电极浆料制作内电极，成本相对低廉，但 Ag 离子在高温、高湿、强直流电场作用下容易向陶瓷介质中迁移，导致绝缘电阻下降，使 MLCC 的可靠性降低。中温烧结 MLCC 材料的烧结温度约在 1000～1250℃之间，可使用 Pd-Ag 合金的电极浆料制作内电极，通过降低瓷料的烧结温度可增高 Pd-Ag 合金电极中的 Ag 含量，从而能降低内电极的成本，同时有效阻止 Ag 离子迁移，使 MLCC 的可靠性得到较大提高。中温烧结 MLCC 材料在军工和民用产品中大量使用。

MLCC 根据用途以及容量温度特性可以分为两类：

Ⅰ类，为热稳定和温度补偿类电容器，主要特点是低损耗、电容量稳定性高，适用于谐振回路、耦合回路和需要补偿温度效应的电路中。其中最常用陶瓷介质是 EIA 标准中的 C0G，表示电容温度系数为（0±30）×$10^{-6}$/℃，该牌号等同于 MIL 标准中的 NPO。这种陶瓷电容器的电气性能最稳定，基本上不随温度、电压、时间改变，适用于对稳定性、可靠性要求较高的高频、特高频、甚高频电路。

Ⅱ类，为高介电常数类，主要是体积小、容量大，适用于旁路、滤波或对损耗、容量稳定性要求不太高的电路中。其中常用的有：EIA 标准中的 X5R、X7R 和 X8R 等，温度稳定性相对较好，容量变化都为±15%，正常工作范围分别为−55℃到+85℃（X5R）、+125℃（X7R）和+150℃（X8R）；Y5V 正常工作温度范围在−30~+85℃，对应的电容容量变化为+22%~82%，温度稳定性不好；而 Z5U 正常工作温度范围在+10~+85℃，对应的电容容量变化为−56%~+22%，温度稳定性不好，但是比容积大、尺寸小、成本低，与其他相同体积 MLCC 相比能实现电容量最大。

（2）MLCC 的发展趋势

MLCC 的发展趋势在符合陶瓷电容器追求宽温化、高可靠性、无铅化的需求同时，呈现微型化、大容量化、低成本化等来源于 MLCC 特殊结构、工艺的特点。

① 微型化。随着集成电路工作电压的不断降低，例如由几十伏降低到几伏，片式 MLCC 的层厚由几十微米降至 $10\mu m$ 以下，MLCC 的外形尺寸也逐步减小。表 5-1 列出了针对外形尺寸的 MLCC 部分标准系列化规格及其出现的大致年代。尺寸型号常用英制的英制单位（英寸）系统来表示，也有用国际单位（毫米）系统来表示的，皆由 4~6 位数字组成，前半和后半部分分别对应 MLCC 的长和宽。

表 5-1　MLCC 微型化进程及相应规格

| 出现/主流年代 | 1980 | 1990 | 1997 | 2002 | 2014 | 2020 | —— |
|---|---|---|---|---|---|---|---|
| 英制 | 1206 | 0805 | 0603 | 0402 | 0201 | 01005 | 008004 |
| 公制 | 3216 | 2012 | 1608 | 1005 | 0603 | 0402 | 0201 |

② 大容量化。MLCC 的电容量呈现不断增大的趋势。20 世纪 80 年代，MLCC 的电容量大多低于 $1\mu F$；到 90 年代 MLCC 的电容量提升至 $10\mu F$ 以上；2000 年，$100\mu F$ 的 MLCC 上市，标志着 MLCC 容量已扩展进入电解电容器容量领域。MLCC 电容量快速递增的原因，除了陶瓷介质材料性能改进之外，主要还是不断实现的单层厚度下降和叠层数递增。MLCC 外形尺寸减小和电容量增大，导致其比容积不断提高。

③ 低成本化。MLCC 结构特点和制作工艺决定了内电极与介质材料共同烧结以形成独石结构，而常见的 MLCC 瓷料如 $BaTiO_3$ 系瓷烧结温度较高。对于通常空气气氛烧结而言，只有那些熔点高、难氧化、具有低电阻率的金属才能作为内电极材料，如贵金属 Pt、Pd 或 Pd-Ag 合金，因此内电极成本较高。此外，MLCC 的大比容积化要求减小介质层的厚度并增加介质层数，但随着介质层数增加，内电极层数也相应增加，使得内电极采用贵金属大幅增加 MLCC 的生产成本。因此 MLCC 低成本化最关键的是实现内电极贱金属化（BME 技术），即采用 Ni、Cu 等材料作为内电极。由于 Ni、Cu 等金属内电极在高温下容易氧化，需要在还原气氛中烧成，而这对含钛铁电陶瓷性能不利，因此抗还原瓷料的研究开发又是实现内电极贱金属化的关键之一。

　　图 5-49 为广东风华高新科技股份有限公司生产的通用型 MLCC。该系列 MLCC 工作温度范围为 -55~125℃，电容量范围为 0.1pF~100μF，偏差最小为 ±0.05pF，最大为 -20%~+80%，额定电压为 6.3~50V，损耗≤1‰（容量≥30pF，20℃）。

　　图 5-50 为日本村田制作所生产的 GRM 系列 MLCC。该系列 MLCC 工作温度范围为 -55~150℃，电容量范围为 0.1pF~330μF，偏差最小为 ±0.05pF，最大为 ±20%，额定电压为 2.5~3150V，损耗≤1‰（容量≥30pF，20℃）。

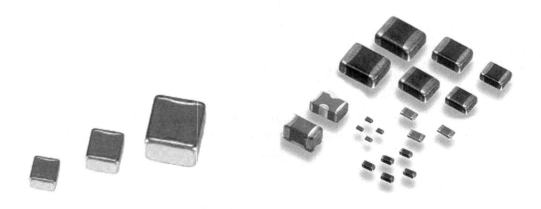

图 5-49　通用型 MLCC
（广东风华高新科技股份有限公司）

图 5-50　GRM 系列 MLCC
（日本村田制作所）

## 5.2.2　有机介质电容器

　　有机介质电容器主要是以高分子有机材料作为介质，以金属箔或沉积在介质上的金属薄膜作为电极的电容器。具有电容量高、等效串联电阻低、稳定性好、寿命长等优势，广泛应用于电子、电力、通信、新能源汽车等领域。有机介质电容器按照其工作电压的形式（直流、交流或脉冲）、工作电压高低、无功功率大小、工作环境温度等要求，可以选用不同种类的介质、电极材料和浸渍材料。有机介质电容器包括纸介电容器、薄膜电容器、漆膜电容器和复合介质电容器等种类。纸介电容器可分为箔式纸介电容器和金属化纸介电容器。薄膜电容器可以分为箔式薄膜电容器、金属化薄膜电容器和复合薄膜电容器。漆膜电容器可分为剥离型漆膜电容器和非剥离型漆膜电容器。纸膜复合介质电容器的介质由电容器纸和塑料薄膜组成。有机介质电容器从电极形式上可以分为箔式电极、金属化电极和混合型电极。由于有机介质电容器的细分种类繁多，因此将以浸渍地蜡的金属化纸介电容器和树脂浸封的扁平金属箔塑料薄膜电容器为例来对制造工艺流程进行说明，典型工艺流程图如图 5-51 所示。

　　首先是分切工艺，即将宽幅成卷铝箔、经金属化处理或未经金属化处理的电容器纸或塑料薄膜分切成所需尺寸。分切后对电容器纸进行涂漆处理，真空蒸镀金属膜电极对介质中瑕疵度的要求比金属箔电极更严格，该工序可将纸中的瑕疵点与金属膜电极隔离开，可以有效提高电容器的绝缘性和耐击穿电压。同时，可以防止电容器纸中各种成分与金属膜电极发生反应。通过控制漆液黏度、走纸速度、烘干温度等工艺参数使漆层尽可能厚度均

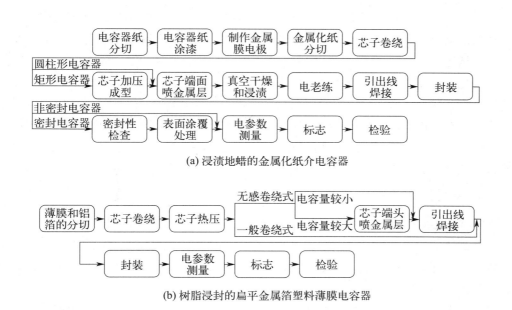

(a) 浸渍地蜡的金属化纸介电容器

(b) 树脂浸封的扁平金属箔塑料薄膜电容器

**图 5-51　有机介质电容器典型工艺流程**

匀一致（～$1\mu m$）。对于漆膜电容器，需将具有良好介电特性的高分子聚合物溶液涂覆在载体材料上，经干燥后得到漆膜介质层。对于金属化电极，需要通过真空蒸发的方法在介质上形成均匀连续的导电金属膜层。所制备的金属膜层需要满足以下特点：①膜层厚度均匀、结构致密；②表面平整度高，色泽均匀，无擦伤或划痕；③与有机薄膜或漆层结合力强、牢固附着；④电阻值需要适当，避免过大或过小。在进行真空镀膜之前，需要对介质进行干燥处理，并采用各种表面处理方式来增加表面能，提高金属膜与介质之间的结合力。真空蒸发系统主要由五部分组成：真空室、真空系统、卷绕系统、蒸发系统和控制系统。真空蒸发系统为自动控制的卷对卷连续生产系统，在生产过程中可以对金属膜的厚度进行实时测量和控制调整。

有机介质电容器的芯子有卷绕式和平面叠片式两种。卷绕式芯子的结构又可以分为一般卷绕式和无感卷绕式，是由金属箔和塑料薄膜或金属化膜直接卷绕而成的。平面叠片式是先卷绕成母芯环，之后将母芯环分切成单元芯子制作而成。与线绕电阻器相类似，一般卷绕式的芯子会存在较大的分布电感，可以用无感式卷绕来降低分布电感。在卷绕芯子时可以通过控制以下参数来对芯子的电容量进行控制：电极有效长度、电极有效圈数和直接测试电容量。通过测量电极有效长度和有效圈数来计算电容量属于间接测量法，适用于对精度要求不高的情况。如果对芯子的电容量精度要求较高，则需要对芯子电容量进行直接测量和控制。

芯子的热处理工艺可以消除卷绕应力、去除芯子内部的空隙、有效提高芯子的机械强度和防潮能力，使电容量可以长时间保持稳定。对于无感卷绕式芯子，由于断面各层间是断路状态，因此需要对同一电极的各匝进行短接，即在芯子的断面上喷涂金属层。对于纸类介质，由于内部多具有多孔性，因此更容易吸附空气和水分，需要进行真空干燥和浸渍过程。对于塑料薄膜介质，空气和水分只在表面进行吸附，但如果制造电容量较大或工作电压较高的电容器，同样需要经过真空干燥和浸渍。常用的浸渍材料有电容器油、纯地蜡和聚异丁烯等。

金属化电容器芯子还需要经过电老练工序，主要分为两个阶段：第一阶段利用脉冲大电流使电极间的瑕疵点产生击穿，同时使击穿部位的金属膜蒸发掉（自修复），即可实现去掉瑕疵点与自修复过程的同步进行；第二阶段继续对芯子施加高电压，去除介质中抗电场强度低的瑕疵点并进行如上所述的自修复过程。最后需要进行引出线的焊制，经封装、电参数测量、标志与检验工序后即完成生产过程的所有工序。

### 5.2.2.1　有机介质材料与电容器

有机介质电容器常用的有机薄膜介质主要有非极性的聚丙烯、聚四氟乙烯、聚苯乙烯、聚苯硫醚等，以及极性的聚酯、聚萘乙酯、聚碳酸酯、聚酰亚胺、聚偏氟乙烯、醋酸纤维素等。本节将以应用最普遍的聚丙烯、聚酯、聚萘乙酯、聚苯硫醚薄膜电容器为例来进行介绍。

聚丙烯膜电容器是一种典型的无极性有机介质电容器，由双向拉伸的聚丙烯薄膜作为电介质制备而成。聚丙烯树脂在经过加热熔融后，于一定温度和压力条件下进行挤出并流延成一定厚度的片材，最后在特定牵引力和温度下经双向拉伸制备成薄膜。聚丙烯薄膜材料主要具有以下特点：介电损耗较低，介电常数稳定，可在交变电场下工作；具有极低的吸水率，防潮绝缘性能好；可以制备超薄膜，满足元件小型化的需求；可进行粗面化处理，用来制备电力电源用高压电容器；薄膜厚度均匀性好，机械强度和耐击穿强度高；价格便宜，利于控制元件成本。以上特点使聚丙烯有机介质电容器获得了广泛的应用。

图 5-52 为我国最大的薄膜电容器制造厂商厦门法拉电子股份有限公司生产的 C82 型和 C3V 型聚丙烯有机介质电容器。其中 C82 型采用双面金属化聚丙烯薄膜制造而成，工作温度范围为 $-40 \sim 105℃$，电容量范围为 $0.00022 \sim 3.9 \mu F$，偏差为 $\pm 2\% \sim 20\%$，额定电压为 $250 \sim 2000V$，损耗 $\leqslant 1‰$（$20℃$，$1kHz$）。C3V 型采用双面金属化聚丙烯薄膜制造而成，工作温度范围为 $-40 \sim 105℃$，电容量范围为 $51 \sim 1100 \mu F$，偏差为 $\pm 5\% \sim 10\%$，额定电压为 $500 \sim 1500V$，损耗 $\leqslant 0.2‰$（$20℃$，$1kHz$）。

(a) C82型　　　　　　　　　　　　(b) C3V型

**图 5-52　聚丙烯有机介质电容器**

目前来看，国产聚丙烯薄膜还多为相对低端的民用型号，限制了聚丙烯电容器在超高压输电等重要专业领域的应用。电容器薄膜专用超纯净（极低灰分）聚丙烯树脂材料的量产化制备，已成为电子材料领域的"卡脖子"问题之一。

聚酯膜电容器具有介电常数大、稳定性好，可靠性高，抗脉冲能力强。而且相比较聚丙烯薄膜，其价格更低，具有很高的成本优势，因此在有机介质电容器生产中同样获得了广泛应用。图 5-53（a）为厦门法拉电子股份有限公司生产的 C21 型聚酯有机介质电容器。其工作温度范围为 $-55\sim105℃$，电容量范围为 $0.01\sim10\mu F$，偏差为 $\pm5\%\sim10\%$，额定电压为 $50\sim1250V$，损耗 $\leqslant10‰$（20℃，1kHz）。虽然聚酯膜的介电常数大于聚丙烯膜，但其介电损耗更高，耐压值相对较低，这些不足在一定程度上限制了聚酯膜电容器的应用范围和领域。

无论是采用聚丙烯膜还是聚酯膜，都面临熔点较低、高温下热收缩率高和介电损耗大的缺点，限制了所制备有机介质电容器的最高使用温度。相比之下聚萘乙酯膜具有更为优异的综合特性：其玻璃化温度比聚酯膜高 40℃ 以上，长期使用温度高于 155℃；力学性能优良，即使在高温高湿环境下，其弹性模量、机械强度、蠕变和使用寿命仍然可以保持稳定；具有优良的气密性，对水蒸气的阻隔性高；对有机试剂稳定，耐酸碱能力强，不容易分解；光稳定性高，耐放射线能力比聚酯膜高数倍。图 5-53（b）为厦门法拉电子股份有限公司生产的 C92 型聚萘乙酯有机介质电容器。其工作温度范围为 $-55\sim150℃$，电容量范围为 $0.001\sim0.22\mu F$，偏差为 $\pm5\%\sim20\%$，额定电压为 $250\sim1000V$，损耗 $\leqslant8‰$（20℃，1kHz）。聚萘乙酯有机介质电容器在高温、高电压领域具有重要的应用价值。

(a) C21型聚酯有机介质电容器　　(b) C92型聚萘乙酯有机介质电容器

**图 5-53　聚酯有机介质电容器**　　　　**图 5-54　C92 型聚萘乙酯有机介质电容器**

聚碳酸酯电容器是 20 世纪 60 年代研制的一种有机介质电容器，由于具有体积小、电容量大、介电损耗低、精度和稳定性高、绝缘电阻大等优点，在航天、航空、卫星通信等领域应用广泛。但由于聚碳酸酯不易降解，对环境会造成污染，因此寻找合适的替代材料来取代聚碳酸酯材料具有重要意义。目前，美国和欧洲宇航局已开始广泛使用聚苯硫醚来替代聚碳酸酯。聚苯硫醚是一种高结晶度芳香族聚合物热塑性树脂，由苯环对位碳原子与硫醚键结合，单体有序交替排列成线型高分子长链结构。由于没有侧链基团原子的影响，分子内的化学键十分稳定，范德华力较大，决定了聚苯硫醚树脂具有防潮防腐蚀、熔点高、弹性模量大、抗拉伸强度高、阻燃性好等性能特点。详细研究对比结果表明：在相同容量和结构尺寸下，聚苯硫醚电容器的质量明显比聚碳酸酯电容器轻；在全温、全频、全电压范围内两者的各参数变化趋势基本相同；高温下前者的绝缘电阻值明显优于后者；在全频率范围和低温下，聚苯硫醚电容器的介电损耗明显优于聚碳酸酯电容器；当温度达到 130℃ 以上时，聚苯硫醚电容器的介电损耗比聚碳酸酯电容器更小。

图 5-54 所示为美国 KEMET 公司生产的 C4AQ 系列聚苯硫醚有机介质电容器，其工

作温度范围为 $-55\sim155℃$，电容量范围为 $0.001\sim12\mu F$，偏差为 $\pm2.5\%\sim20\%$，额定电压为直流 $50\sim400V$，交流 $30\sim200V$，损耗 $\leqslant2.5‰$（$40℃$，$1kHz$）。

### 5.2.2.2 片式有机介质电容器

针对有机介质电容器的研究已有一百余年的历史，但直到 1982 年第一只片式有机介质电容器才被成功研发。研发期间遇到了大量的困难，例如有机薄膜材料的耐热性和耐溶剂性较差、制作超薄有机薄膜时的工艺问题，以及片式有机介质电容器的结构设计问题等。引线式有机介质电容器在进行焊接时，细长的引线可以有效隔离焊接热量的传递。但如果是没有引线的片式有机介质电容器，焊接热量将直接传导到有机介质材料上。焊槽温度通常会超过 $100℃$，比大多数有机介质的玻璃化温度都要高，因而会造成电容器中有机介质材料变形和受损，使电容器失效。直到更耐高温的聚苯硫醚材料成功开发之后，片式有机介质电容器的发展才进入了快车道。为了减小体积，片式有机介质电容器通常采用金属化电极。

片式有机介质电容器的端头可以采用帽盖方式，由于有机薄膜通常耐高温能力一般，为了解决焊接问题，需要在帽盖内涂覆一层厚度极薄的隔热树脂，避免芯子与帽盖的直接接触。通过极细的金属丝实现电气连接和导通，由此来减轻焊接的高温传导到芯子所产生的不良影响。这种结构工艺相对较为复杂、成本较高。此外，也可以采用焊片式结构，通过压塑或灌注材料作为支撑，电极片一般位于电容器的两端或下方。端头的结构设计和制备工艺会对片式有机介质电容器的性能产生直接影响，因此需要对现有工艺进行进一步的改进和简化，既要兼顾电容器的防潮性能和耐焊接高温能力，又要匹配现有有机介质材料的材料特性。

片式有机介质电容器的芯子通常采用卷绕或切块结构。在工艺过程中需要避免切块端面过于光滑而导致的接触电阻增大现象。因此，需要对端面连通工艺进行改进，增大金属镀层与端面的结合力，可以用以下方式来改进：在介质表面涂覆一层厚度 500nm 以下的聚苯硫醚薄膜，热处理后在端头形成粗糙面；采用机械法对端面进行粗化处理，增大端面粗糙度；通过调整金属沉积工艺的参数来改进接触电阻。

随着电子设备小型化、微型化的需求逐渐增大，片式有机介质电容器的芯子尺寸不断变小，需要对材料制备工艺以及自动化生产线进行技术创新和改进。以日本 NT 公司为例，其片式有机介质电容器产品采用沉积树脂作为介质薄膜，单层薄膜厚度在 $20\sim100nm$，处于纳米级尺度区间。金属化电极薄膜层的厚度在 30nm 以下，介质叠层数在 3000 层以上。

图 5-55 为日本松下公司生产的 ECHU（X）系列片式聚苯硫醚电容器实物图。其工作温度范围为 $-55\sim125℃$，电容量范围为 $0.0001\sim0.22\mu F$，偏差为 $\pm2\%\sim5\%$，额定电压为 $16\sim50V$，损耗 $\leqslant6‰$（$20℃$，$1kHz$）。

图 5-56 为厦门法拉电子股份有限公司生产的 C57 型表面安装聚酯有机介质电容器实物图。其工作温度范围为 $-40\sim105℃$，电容量范围为 $0.001\sim1\mu F$，偏差为 $\pm5\%\sim20\%$，额定电压为 450V，损耗 $\leqslant8‰$（$20℃$，$1kHz$）。

图 5-55　ECHU（X）系列片式聚苯硫醚
电容器（日本松下公司）

图 5-56　C57 型表面安装聚酯有机介质电容器
（厦门法拉电子股份有限公司）

图 5-57(a) 为日本京瓷公司生产的 CB 系列片式聚酯电容器实物图。其工作温度范围为 $-55 \sim 125 ℃$，电容量范围为 $0.01 \sim 4.7 \mu F$，偏差为 $\pm 5\% \sim 10\%$，额定电压为 $63 \sim 630V$，损耗 $\leqslant 10‰$（$20℃$，$1kHz$）。图 5-57(b) 为日本松下公司生产的 ECWU(C) 系列片式聚萘乙酯电容器实物图。其工作温度范围为 $-55 \sim 85℃$，电容量范围为 $0.001 \sim 0.15 \mu F$，偏差为 $\pm 5\%$，额定电压为 $250 \sim 400V$，损耗 $\leqslant 10‰$（$20℃$，$1kHz$）。

(a) CB系列片式聚酯电容器　　　　(b) ECWU(C) 系列片式聚萘乙酯
（日本京瓷公司）　　　　　　　　　电容器(日本松下公司)

图 5-57　片式聚酯电容器

同非片式有机介质电容器相比，片式有机介质电容器的体积更小、温度特性和频率特性更好、等效串联电阻也更小。未来片式有机介质电容器的发展方向主要有以下两方面：一是向无焊片焊帽的方向发展，并全面实现制造过程的无铅化工艺，适应日益严格的环保要求；二是向超小型化发展，其中典型的工艺革新为介质膜的制备由传统拉伸制备变为沉积法制备，显著减小了单层介质膜的厚度。

## 5.2.3　电解电容器

电解电容器是一种应用广泛的电容器，由正极材料、电介质膜和负极材料所构成。正极材料通常为铝或钽金属箔，电介质材料为紧贴正极金属箔的氧化膜（例如氧化铝或五氧化二钽），负极材料由导电材料、液体或固体电解质及其他材料共同组成。由于电解质构成了阴极材料主体，因此称为电解电容器。其主要包括铝电解电容器和钽电解电容器，具有以下特点：以阳极氧化反应生成的阳极氧化膜为电介质材料，导电电解质构成阴极材料的主体；由于电介质膜为阳极氧化法制备，可形成极薄厚度，因此可获得法拉级电容量；

由于阳极氧化膜单向导电特性，所以一般工艺下制备的电解电容器具有极性；工作温度范围宽，但工作频率相对较低。本节内容将以铝电解电容器、钽电解电容器和铌电解电容器为例来进行介绍。

### 5.2.3.1　铝电解电容器

铝材料是铝电解电容器的重要基础性材料，电容器的阳极、电介质、阴极、引出线和外壳均由铝直接制备或反应制备而成。电容器阳极所使用的铝箔为高纯铝（纯度≥99.99%），所使用铝箔的纯度将对所生成的阳极氧化铝膜品质产生直接影响。按照是否退火以及退火工艺的不同具体分为硬铝箔、半硬铝箔、软铝箔和极软铝箔四种。电容器的阴极由铝箔或铝合金箔来制作，因需要进行腐蚀处理，所以铝箔厚度不能过薄。此外，铝箔电极的引出线和电容器外壳均由铝来制作。

在阳极和阴极箔之间需要有电解电容器纸（电解纸）隔开，既可以防止电极间出现短路现象，又可以作为吸附和储存电介质的承载体。电解电容器纸的性能将对电容器的电性能产生极大影响，按照制造原料纤维长短可以分为短纤维木浆纸和长纤维棉浆纸（或麻浆纸）两种，按照密度的分层可以分为单层纸和双层纸两种。

电解电容器的开口端通过橡胶材料进行密封，常用封口橡胶材料有天然橡胶（使用温度−40～85℃）、丁基橡胶（使用温度−55～125℃）和三元乙丙橡胶（使用温度−40～125℃）三种类型。铝电解电容器电介质膜是由铝阳极氧化生成，反应溶液通常为各种酸溶液，例如硼酸、磷酸、柠檬酸等，不同的酸溶液对应有不同的阳极氧化条件窗口范围，使所制备的阳极氧化铝膜具有不同的成分、微观结构和形貌。成品铝电解电容器通常会在外壳上套装聚氯乙烯热缩套管，套管上印有表示电容器品种和规格的各种标志，同时也对电容器起到一定的保护作用。铝电解电容器的典型结构示意图及典型工艺流程分别如图5-58和图5-59所示。

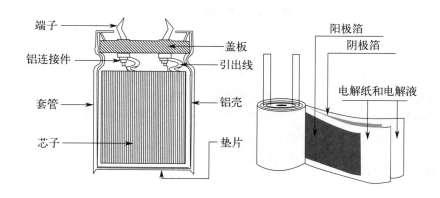

**图 5-58　铝电解电容器典型结构**

首先是铝箔的腐蚀工序，腐蚀过程包括化学腐蚀和电化学腐蚀两类，可以增大铝箔的表面积，从而在保证性能相同的前提下缩小产品的外形尺寸。之后需要通过阳极氧化工序在铝箔表面形成阳极氧化铝电介质膜。制备好的阳极箔、阴极箔和电解电容器纸经由分切工序来切割成设计的尺寸，经铝线与铝箔连接、芯子卷绕、工作电解质浸渍、外壳装配等工序后形成电解电容器产品。为了便于及时泄放连续工作中累积产生的气体，或阳极、阴极反接等操作不当而骤然产生的大量气体，还需要在电解电容器中设计防爆阀。防爆阀分为可复原型和不可复原型两种，目前广泛采用的是不可复原型（在外壳底部加工减薄槽），如图 5-60 所示。所制备的铝电解电容器在经过老练和分选工序后即可检验、包装并出厂。除传统铝电解电容器之外，还有无极性的铝电解电容器、固体电解质铝电解电容器和双电层电容器等不同类型的电容器。

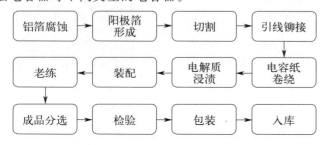

图 5-59　铝电解电容器典型工艺流程　　　　　图 5-60　电解电容器外壳减薄槽防爆阀

通常情况下铝电解电容器都是有极性的，只能用在直流或者单向的脉动电路中。为了扩展铝电解电容器的应用范围和领域，例如在交流电路中使用，需要通过对电容器结构进行设计来制作无极性铝电解电容器。主要结构特点如下：阳极和阴极电极箔都采用相同的阳极形成箔，相当于将两个相同的极性铝电解电容器进行反向串联。因此所组成的无极性电容器的容量只有单个极性电容器容量的一半，但二者的耐压值相同。

固态铝电解电容器的电解质通常有通过硝酸锰热分解生成的二氧化锰、有机聚合物、固体聚合物与液体的混合物等。与非固态电解质相比，采用固态电解质的铝电解电容器性能更稳定，不存在电解液的蒸发现象，使用寿命也更长，并且具有更低的等效串联电阻值。缺点是制作成本高，并且除固体聚合物与液体混合电解质外，其他固态铝电解电容器没有自修复（自愈）功能。

双电层电容器（超级电容器）是一种特殊的电解电容器。其工作原理为：在电极和电解液界面上有一层亥姆霍兹层，当外加电压低于其分解电压时，则产生感应电荷起到介质作用。图 5-61 为典型双电层电容器充放电过程的工作原理示意图。由于具有典型的充放电现象，因此双电层电容器可以看作是一种容量很大的电容器。与一般电容器不同的是，双电层电容器两个电极面的电荷不会变为零，电压相当于施加在两个界面处。由于亥姆霍兹层通常只有一个极化分子的厚度，而电极材料采用石墨粉或活性炭，因此具有极高的比表面积，使双电层电容器的电容量可以达到数法拉至数千法拉。

图 5-62（a）为南通江海电容器股份有限公司生产的 CD269H 系列引线式铝电解电容器实物图。其工作温度范围为 -55~135℃，电容量范围为 10~4700μF，偏差为 ±20%，额定电压为 10~63V，损耗≤200‰（20℃，120Hz）。图 5-62（b）为该公司生产的 HPK 系列引线式固体高分子铝电解电容器实物图。其工作温度范围为 -55~125℃，电容量范围为 10~1000μF，偏差为 ±20%，额定电压为 16~80V，损耗≤120‰（20℃，120Hz）。

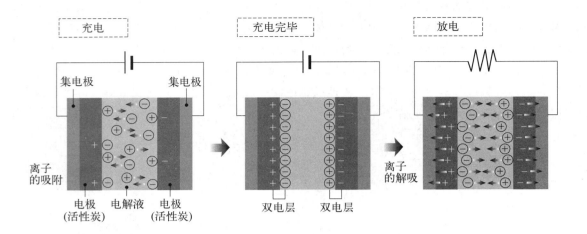

图 5-61　典型双电层电容器充放电过程的工作原理

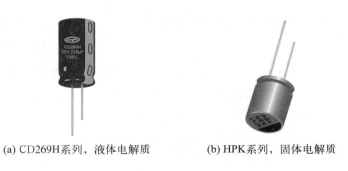

(a) CD269H系列，液体电解质　　　　(b) HPK系列，固体电解质

图 5-62　引线式铝电解电容器

图 5-63 为日本 Rubycon 公司生产的 CZE 系列引线式聚合物固态铝电解电容器实物图。其工作温度范围为 −55～105℃，电容量范围为 10～330$\mu$F，偏差为 ±20%，额定电压为 25～63V，损耗 80‰～140‰（20℃，120Hz）。

图 5-64 所示为广东风华高新科技股份有限公司生产的高电压系列圆柱形超级电容器实物图。其工作温度范围为 −40～70℃，电容量范围为 0.5～100F，偏差为 ±20%，额定电压为 3V，最大内阻为 18～500m$\Omega$（25℃），漏电流为 0.008～0.3mA（25℃，72h）。

图 5-63　CZE 系列引线式聚合物固态铝电解
电容器（日本 Rubycon 公司）

图 5-64　高电压系列圆柱形超级电容器
（广东风华高新科技股份有限公司）

### 5.2.3.2  钽电解电容器

阀金属是一类具有整流特性的金属，以阀金属作为阳极在电解液中进行阳极氧化，会在表面生成阳极氧化膜使电流难以通过，而阀金属作为阴极进行电解时电流则可以顺利通过。与铝同为阀金属的钽也是电解电容器的重要构成材料之一。钽电解电容器于 20 世纪 50 年代研制成功，其频率特性、贮存性能、体积比电容等参数都优于铝电解电容器，特别适合用在要求高稳定、高可靠、长期贮存免维护的军事电子装备和自动控制装备中。

钽电解电容器按照阳极结构来分可以分为钽粉烧结式和钽箔式两类。按照所用电解质形态的不同可以分为固体和非固体电解质两类，其中固体电解质分为有机和无机两类，二氧化锰是目前常用的固体电解质材料。

钽粉是制作烧结式钽电解电容器的关键材料，其化学成分会对所制备电容器的电性能产生直接影响。钽粉中的碳、氮、铁等杂质元素在烧结后会在介质氧化膜中形成缺陷，使产品的漏电流增大、工作不稳定乃至产生击穿现象。在钽粉的制备过程中需要严格控制金属杂质的含量（$400 \times 10^{-6}$ 以下）。钽电解电容器所使用的钽箔是用钽粉烧结压延而成。

制备五氧化二钽电介质膜所使用的电解液主要有磷酸体系、硫酸体系和硝酸体系。所使用电解质的物理、化学特性对电容器的温度特性、贮存稳定性影响较大。通常要求所使用的电解质具有闪火花电压高、电阻率低、黏度和电阻率随温度变化量小等特点。对于固体电解质，钽电解电容器通常用环氧树脂来进行包封，而对于非固体电解质钽电解电容器则一般使用氟橡胶来进行包封。烧结式固体电解质钽电解电容器的典型工艺流程如图 5-65 所示。

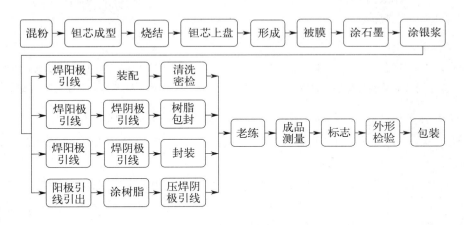

**图 5-65  烧结式固体电解质钽电解电容器典型工艺流程**

为改善钽粉成型时的流动性，需要在钽粉中加入一定比例的黏合剂，充分混合均匀后进行钽块的成型和烧结工序。五氧化二钽电介质膜是由阳极氧化过程制备而成的，所形成的电介质膜应为一层致密、完整的无定形结构膜，如此才能达到高的介电强度和绝缘性，以及尽可能小的漏电流。如果钽材料中杂质含量较高，在阳极氧化过程中杂质所在位置会出现局部电流密度过大现象，容易导致该部位的介质晶化，从而大大降低电介质膜的性能。此外，如果阳极氧化温度过高、时间过长、伴有闪火现象等，均会导致电解质的不均匀晶化，应在阳极氧化过程中尽可能避免。电介质膜在制备后需要在表面包覆固体电解质，即被膜工序。该工序是将带有阳极氧化膜的钽块浸渍硝酸锰溶液后，在高温条件下使硝酸锰发生热分解，从而在阳极氧化膜表面形成一层致密的具有良好导电性能的二氧化锰作为固体电解质，可分为干法被膜工艺和湿法被膜工艺两种。干法被膜工艺中硝酸锰的分解是在高温干燥气氛下进行的，而湿法被膜工艺则是在饱和水蒸气的气氛下进行的。作为钽电解电容器阴极引出的导电层是由石墨和银构成的，石墨作为内层与二氧化锰层连接，银层作为外层便于与金属引出线进行焊接。之后经封装、老练与检测工序后即可包装出厂。烧结式非固体电解质钽电解电容器的生产工艺与图 5-65 中所示工艺过程类似，但所使用的电解质为液体或凝胶状。钽箔电解电容器所使用的材料为金属钽箔而非钽粉制备的钽块，其卷绕制备过程与铝电解电容器的制备过程类似。

图 5-66 为江苏振华新云电子有限公司生产的 CAK35L 型非固体电解质钽电解电容器。其工作温度范围为 $-55\sim125℃$，电容量范围为 $150\sim10000\mu F$，偏差为 $\pm10\%\sim20\%$，额定电压为 $10\sim125V$，损耗 $180‰\sim600‰$（$25\sim125℃$，$100Hz$）。

图 5-67 为株洲宏达电子有限公司生产的 CA33A（B）型非固体电解质钽电解电容器。其工作温度范围为 $-55\sim125℃$，电容量范围为 $1\sim470\mu F$，偏差为 $\pm10\%\sim20\%$，额定电压为 $150\sim600V$，损耗 $80‰\sim400‰$（$25\sim125℃$，$100Hz$）。

图 5-66　CAK35L 型非固体电解质钽电解电容器（江苏振华新云电子有限公司）　　图 5-67　CA33A（B）型非固体电解质钽电解电容器（株洲宏达电子有限公司）

图 5-68 为美国 Vishay 公司生产的 150D 型固体电解质钽电解电容器。其工作温度范围为 $-55\sim125℃$，电容量范围为 $0.033\sim330\mu F$，偏差为 $\pm5\%\sim20\%$，额定电压为 $6\sim35V$，损耗 $20‰\sim80‰$（$25℃$，$120Hz$）。

图 5-69 为美国 KEMET 公司生产的 T110 系列固体电解质钽电解电容器。其工作温度范围为 $-55\sim125℃$，电容量范围为 $0.0047\sim330\mu F$，偏差为 $\pm5\%\sim20\%$，额定电压为 $6\sim125V$，损耗 $30‰\sim80‰$（$25℃$，$120Hz$）。

图 5-68　150D 型固体电解质钽电解电容器（美国 Vishay 公司）　　图 5-69　T110 系列固体电解质钽电解电容器（美国 KEMET 公司）

### 5.2.3.3　铌电解电容器

在元素周期表中铌和钽属于同一族，各种物理、化学性质非常相似，在自然界中是两种伴生金属。事实上在19世纪铌和钽被发现后相当长的一段时间里，这两种金属都被认为是一种元素，直到几十年后人们才用化学分析的方法第一次将两者分离，并分别进行了各自的元素分析。在自然环境中铌的储量是钽的十几倍，铌粉的价格也因此比钽粉低很多，铌氧化膜（五氧化二铌）的相对介电常数也比五氧化二钽要高很多。

目前主要生产的是固体电解质铌电解电容器，其内部结构及具体生产工艺流程与固体电解质钽电解电容器类似。与阳极氧化钽电介质膜相比，阳极氧化铌电介质膜的热稳定性相对较差，更容易产生局部晶化现象，使漏电流变大，从而破坏电容器的性能。因此，需要在钽电解电容器生产工艺上进行相应改进，主要包含电介质膜的制备和电解质的形成两个方面。

铌金属块内部通常存在大量的微小孔隙，产生了一定程度的隔热作用，在阳极氧化过程中所产生的热量难以有效耗散，导致阳极氧化铌电介质膜中出现局部晶化现象。因此，在阳极氧化过程中需要在以下方面进行改进：对电解槽进行更为有效的散热，在升压阶段需要采用较小的电流密度，采用多步过程来完成阳极氧化；对阳极氧化电解液进行改性，如增加有机试剂（乙二醇）的含量来抑制晶化现象；在阳极氧化面积不变的情况下，尽可能增大阳极氧化电解液的使用量，可以达到更好的散热效果，并可以防止形成局部浓度梯度；阳极氧化后需要对电介质膜进行彻底的清洗，去除掉残留的各种有机试剂，否则会增大电容器的损耗，并影响电容器的温度特性和频率特性。

烧结式固体电解质铌电解电容器的工作电解质通常使用二氧化锰，由硝酸锰热分解制备而成。但由于五氧化二铌的热稳定性比较差，当热分解温度在200℃以下时，铌和钽阳极氧化膜的漏电流大小比较接近；当温度高于200℃，铌阳极氧化膜的漏电流会急剧上升，而钽阳极氧化膜的漏电流则基本保持不变。因此，固体电解质铌电解电容器生产工艺中制备二氧化锰的热分解温度通常要比钽电解电容器低约50℃。除此之外，在装配和老练过程中也需要严格控制工艺温度，做好散热和冷却措施。目前生产的铌电解电容器主要为片式铌电解电容器。

### 5.2.3.4　片式电解电容器

与其他种类电容器相比，电解电容器在额定电容量、体积比电容等性能方面有着无可替代的优势。随着元器件片式化需求不断增强，各种片式钽、铝、铌电解电容器不断被开发出来。虽然普通铝电解电容器的开发和生产远远早于普通钽电解电容器，但片式钽电解电容器的发展却要早于片式铝电解电容器。由于阳极氧化钽的介电常数数倍于阳极氧化铝，因此在相同电容量的情况下，钽电解电容器可以把体积做得更小，更有利于向小型化和片式化发展。

对于片式铝电解电容器，为在不改变电容量的前提下缩小体积，需要尽可能增大铝箔比表面积，以此来增大阳极氧化后的体积比电容。由于传统铝电解电容器使用非固体电解质，漏液问题始终是一个工艺难题，而贴片式铝电解电容器因为焊接时的热量传导问题，其漏液问题更加严重。开发对电解液溶解度低、高温性能稳定、密封性能良好的封口橡胶材料是改善漏液问题关键。例如可采用复合结构的封口橡胶，内层为弹性橡胶，外层为氟化乙烯树脂。以二氧化锰为电解质的铝固体电解电容器虽不会发生漏液问题，但整个制作过程中需要进行反复高温加热，极易损伤电介质膜，致使电容器漏电流增大。许多更适合铝固体电解电容器的电解质被成功研发，例如 7,7,8,8-四氰基对苯二醌二甲烷（TCNQ）、聚吡咯、聚苯胺、3,4-聚乙烯二氧噻吩（PEDT）等。这些新型固体电解质通常具有极高电导率，以 TCNQ 为例，电导率是传统液体电解液的 100 倍，是二氧化锰的 10 倍。而聚吡咯、PEDT 等导电聚合物电导率则远远超过 TCNQ。引入新型导电聚合物，大大降低了铝固体电解电容器的串联等效电阻，有效缩小了体积，同时显著改善了电容器的高频特性、温度特性和时间稳定性。

钽电解电容器使用的电解质是固体物质，因此无须担心漏液问题，相对于铝电解电容器更容易实现片式化。因此，片式钽电解电容器的出现比片式铝电解电容器更早，其曾经在片式电解电容器市场占有率远超后者。近年来，随着片式铝电解电容器的相关材料和制造技术不断进步，二者的市场占有率差距正在逐渐缩小。但由于钽和阳极氧化钽的化学稳定性都很高，钽电解电容器的贮存性和可靠性都更好，漏电流也更小，因此在有高可靠要求的高精尖应用场合，钽电解电容器仍然比铝电解电容器更有优势。而铝固体电解电容器所使用的各种新型导电聚合物电解质同样可以应用到钽电解电容器中，从而使后者的电性能可以得到进一步提升。下面将对一些典型的片式电解电容器进行举例说明。

图 5-70(a) 为江苏振华新云电子有限公司生产的 CA45 型二氧化锰钽固体电解电容器实物图，图 5-70(b) 为其结构示意图。其工作温度范围为 $-55 \sim 125$℃，电容量范围为 $0.1 \sim 1000 \mu F$，偏差为 $\pm 10\% \sim 20\%$，额定电压为 $2.5 \sim 50V$，损耗 $40\text{‰} \sim 200\text{‰}$（25℃，120Hz）。

(a) 实物图

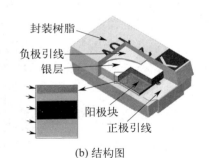

封装树脂
负极引线
银层
阳极块
正极引线

(b) 结构图

**图 5-70　CA45 型二氧化锰钽固体电解电容器**

图 5-71(a) 为江苏振华新云电子有限公司生产的 PX 系列有机聚合物钽固体电解电容器实物图，图 5-71(b) 为其结构示意图。其工作温度范围为 $-55 \sim 125$℃，电容量范围为 $68 \sim 1500 \mu F$，偏差为 $\pm 10\% \sim 20\%$，额定电压为 $2.5 \sim 10V$，损耗 $80\text{‰} \sim 100\text{‰}$（25℃，120Hz）。图 5-72(a) 为该公司生产的 PYT 系列有机聚合物铝固体电解电容器实物图，图 5-72(b) 为其结构示意图。其工作温度范围为 $-55 \sim 105$℃，电容量范围为 $3.3 \sim 470 \mu F$，

偏差为±10%～20%，额定电压为 2～50V，损耗≤60‰（25℃，120Hz）。

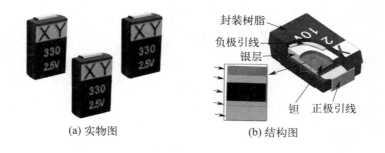

(a) 实物图          (b) 结构图

**图 5-71　PX 系列有机聚合物钽固体电解电容器**

图 5-73（a）为日本松下公司生产的 S 系列表面贴装型铝电解电容器实物图。其工作温度范围为 −40～85℃，电容量范围为 1～1500μF，偏差为±20%，额定电压为 4～100V，损耗 120‰～520‰（20℃，120Hz）。图 5-73（b）为美国 Vishay 公司生产的 94SVP 系列表面贴装型铝电解电容器实物图。其工作温度范围为 −55～105℃，电容量范围为 3.3～1500μF，偏差为±20%，额定电压为 2.5～25V，损耗 70‰～180‰（25℃，120Hz）。

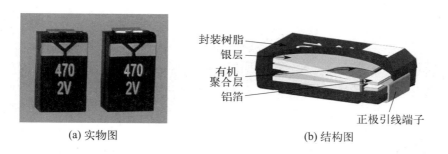

(a) 实物图          (b) 结构图

**图 5-72　PYT 系列有机聚合物铝固体电解电容器**

(a) S系列表面贴装型铝电解　　(b) 94SVP系列表面贴装型铝电解
　　电容器(日本松下公司)　　　　　电容器(美国Vishay公司)

**图 5-73　表面贴装型铝电解电容器**　　　　　　**图 5-74　NOJ 系列片式铌电解**
　　　　　　　　　　　　　　　　　　　　　　　　**电容器（日本京瓷公司）**

图 5-74 为日本京瓷公司生产的 NOJ 系列片式铌电解电容器实物图。其工作温度范围为 −55～105℃，电容量范围为 4.7～470μF，偏差为±20%，额定电压为 1.8～10V，损

耗 60‰～200‰（25℃，120Hz）。

## 5.2.4　云母电容器

　　云母电容器是以云母作为电介质，金属箔或金属包覆层作为电极的一种电容器。按照结构和工艺的不同可以分为压塑云母电容器、浸封云母电容器、金属或陶瓷外壳封装的云母电容器三种。云母是云母族矿物的统称，是钾、铝、镁、铁、锂等金属的铝硅酸盐，均为层状结构，单斜晶系。按照所含化学成分的不同，云母可以分为三个亚族，即白云母、黑云母和鳞云母。白云母的化学成分为 $KAl_2(AlSi_3)O_{10}(OH)_2$。白云母中的两个铝离子被三个镁离子所替换，则成为金云母。金云母的耐热性更好，但介电常数比白云母小，介电损耗是白云母的十几倍。因此，用作电容器电介质的云母材料主要为白云母。云母的介电强度高、介电损耗小、化学稳定性高、耐热性好，容易剥离成厚度均匀的薄片，这些特性使云母电容器广泛应用在对电容的稳定性和可靠性有高标准要求的场合，例如航空航天、航海、卫星通信、军用装备、电子电力系统等领域。云母电容器的制作工艺流程主要包括被银片的制作工艺、压塑或流化成型工艺，分别如图 5-75 和图 5-76 所示。

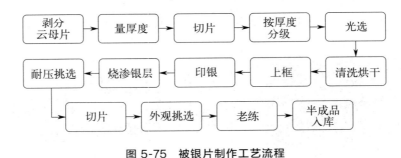

图 5-75　被银片制作工艺流程

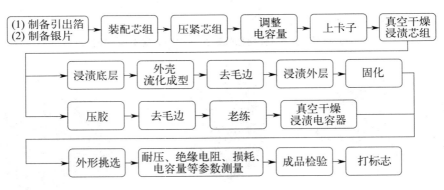

图 5-76　云母电容器工艺流程：（1）流化成型；（2）压塑成型

　　电容器用的光片云母是用厚片云母分成所需厚度的中间产品，称为电容器薄片云母。薄片云母经进一步分切加工成为云母电容器用的零件片。切割好的零件片需要经过严格筛选，剔除含有杂质或其他缺陷的云母片，得到高质量的电容器用云母片备用。云母片上的银电极主要采用丝网印刷工艺来制作，即将黏度合适的银膏通过图案化的丝网印刷在云母片表面上。印好电极的云母片需要进行热处理及烧银工序，得到被银云母片（银片）。在进行云母电容器组装前，需要对单片的银片进行耐压测试，剔除瑕疵银片。之后将银片与引出箔进行叠装形成芯组，将芯组压紧后即可进入电容量调整工序（调整电极面积）。在压装和焊接引线卡子后，需要对芯组进行真空干燥和浸渍处理。

真空干燥和浸渍工序是云母电容器生产的关键技术环节，将对所制作云母电阻器的电性能产生直接影响。这一工序的主要目的包含以下几个方面：排除芯组中的空气和水分，使电容值稳定，并提升云母电容器的电性能；浸渍料可以完全填充云母片间的空隙以及芯组内部的空隙，防止潮气、水分和腐蚀性物质进入芯组形成腐蚀和破坏；可以将芯组产生的热量更好地传导出来，增强产品的耐热性能；因为填充了芯组内部的空隙，因此对芯组起到了固定和支撑作用，提高了芯组的机械强度。环氧树脂外壳云母电容器可以采用固体环氧流化法涂覆成型，酚醛胶木外壳云母电容器可以采用压塑或压胶工艺进行成型。也可将干燥和浸渍好的芯组在金属或陶瓷外壳中进行装配、焊接和密封等工序来制作云母电容器。此外，考虑到天然云母资源有限，加工后的利用率通常仅在10%以下，因此研究人员以云母小鳞片为原料，添加黏合剂纸浆后制备了云母纸。云母纸结合了天然云母的高性能与人工材料的高可控，目前在云母电容器生产中获得了广泛使用。

### 5.2.4.1　直插式云母电容器

直插式云母电容器是最为常见的一类云母电容器。我国有比较丰富的云母矿资源，曾是世界上云母电容器产量最大的国家之一，大量生产CY0-3型直插式压塑云母电容器。尤其是20世纪80年代初期，随着收音机和电视机等的大量生产，云母电容器出现供不应求，其对我国电子工业的进步和发展起到过较大的推动作用。从20世纪80年代后期开始，云母电容器需求量逐渐下滑，产量迅速降低，原因主要有：相比于国外同类产品，国内云母电容器体积较大且可靠性较低；同时期的瓷介电容器、有机介质电容器挤占了云母电容器的市场；相比于其他种类的电容器，云母电容器的生产成本更高。近年来，对电容的稳定性和可靠性有高要求的应用场景越来越多，国内外相关生产商均加大了对云母电容器的重视和产品投入力度。本节内容将对一些典型的直插式云母电容器进行举例说明。

图5-77为陕西华茂电子科技有限公司生产的CY2型固定云母电容器实物图。其工作温度范围为 $-55\sim85℃$，电容量范围为 $10\sim10000pF$，偏差为 $\pm2\%\sim5\%$，额定电压为100V，损耗 $\leqslant1.5‰$。

图5-78（a）为上海绿态电子科技有限公司生产的GTCV8型大电流云母电容器实物图。其工作温度范围为 $-40\sim85℃$，电容量范围为 $0.004\sim0.1\mu F$，偏差为 $\pm5\%\sim20\%$，额定电压为 $2\sim30kV$，额定电流为 $5\sim50A$，损耗 $\leqslant4‰$。图5-78（b）为该公司生产的GTCVG型高温高压云母纸电容器实物图。其工作温度范围为 $-55\sim200℃$，电容量范围为 $0.022\sim3.3\mu F$，偏差为 $\pm3\%\sim10\%$，额定电压为 $0.45\sim30kV$，损耗 $\leqslant4‰$。

图5-79为美国CDE公司生产的CD系列云母电容器实物图。其工作温度范围为 $-55\sim150℃$，电容量范围为 $1\sim91000pF$，偏差为 $\pm0.5pF\sim\pm5\%$，额定电压为 $100\sim2500V$，损耗 $\leqslant0.5‰$。

图5-80为美国CDE公司生产的271-273型高压云母电容器实物图。其工作温度范围为 $-55\sim125℃$，电容量范围为 $47\sim100000pF$，偏差为 $\pm5\%$，额定电压为 $1\sim60kV$（峰

值电压），损耗≤0.5‰。

(a) GTCV8型大电流云母电容器实物图　　(b) GTCVG型高温高压云母纸电容器
实物图(上海绿态电子科技有限公司)

图 5-77　CY2 型固定云母电容器　　　　图 5-78　云母电容器与云母纸电容器
（陕西华茂电子科技有限公司）

图 5-79　CD 系列云母电容器　　　　　图 5-80　271-273 型高压云母电容器
（美国 CDE 公司）　　　　　　　　　（美国 CDE 公司）

### 5.2.4.2　片式云母电容器

　　片式云母电容器是由云母作为电介质，与金属银电极交互叠层所构成的多层电容器。交替却不相连的内电极分别与两端的外电极相连，构成多个电容器的并联结构。其结构与多层陶瓷电容器（MLCC）类似，生产制造过程较为复杂，技术难度较高。具体制备工艺与图 5-75 和图 5-76 中所示工艺类似，但端头制备工艺与封装工艺不同。片式云母电容器的制造主要存在以下难点。首先，云母本身是一种天然的矿物，而非工业化产品（例如 MLCC 的电介质层），目前的检测手段很难检测出云母片中的细微天然缺陷，因此难以剔除含有微小瑕疵的云母片，导致成品率不高。天然材料的性能指标一致性较差，所剥分单片薄片云母的电容量不易控制和测量。片式云母电容器主要用在频率较高的应用场合，电容量较小，对误差值要求很高，因此进一步增加了制作难度。此外，元件小型化的发展趋势要求片式云母电容器的体积要进一步减小，因此需要对制造装备进行革新，这在很大程度上增加了生产制造成本。

　　图 5-81(a) 为陕西华茂电子科技有限公司生产的表面贴装 MCM-1/2 型射频金属包封云母电容器实物图。其工作温度范围为 $-40 \sim 70$℃，电容量范围为 $5 \sim 1000$pF，偏差为 $\pm 5\% \sim 10\%$，额定电压为 $100 \sim 500$V，损耗≤2‰。图 5-81(b) 为美国 CDE 公司生产的表面贴装 MC（N）型多层片式射频云母电容器实物图。其工作温度范围为 $-55 \sim 125$℃，电容

量范围为 0.5～2200pF，偏差为 ±0.1pF～±5％，额定电压为 100～1000V，损耗≤1‰。

(a) MCM-1/2型射频金属包封云母电容器　　　　(b) 表面贴装MC(N)型多层片式射频
　　　(陕西华茂电子科技有限公司)　　　　　　　　　云母电容器(美国CDE公司)

图 5-81　射频云母电容器

## 5.2.5　电容器的特性

衡量电容器品质的高低，需要对电容器的主要技术参数进行精确的定量化测量。电容器的主要技术参数包括电容量及损耗角正切值、温度特性、阻抗值、谐振频率、电感值、绝缘电阻和漏电流等。在本节内容中将围绕这些技术参数，对相关测试方法进行介绍。

### 5.2.5.1　电容量及损耗角正切值

由于实际使用中的电容器并非理想电容器，因此都存在直流电阻和漏电流，电容器的等效电路可以分为串联等效电路和并联等效电路两种，如图 5-82 所示。

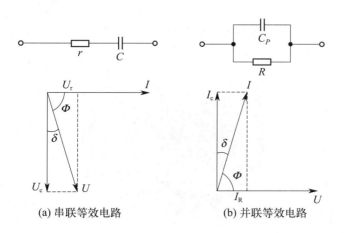

(a) 串联等效电路　　　　　　　　(b) 并联等效电路

图 5-82　电容器的等效电路及向量图

电容器的损耗用损耗角正切 $\tan\delta$ 和品质因数 $Q$ 来表示：对于串联电路有 $\tan\delta = \omega rC$；对于并联电路有 $\tan\delta = \dfrac{1}{\omega RC_P}$；$Q = \dfrac{1}{\cos\varphi} = \sqrt{1 + \dfrac{1}{\tan^2\delta}} \approx \dfrac{1}{\tan\delta}$。两等效电路参数之间的关系为：$C_P = \dfrac{C}{1 + \tan^2\delta} \approx C$，$R = r(1 + \dfrac{1}{\tan^2\delta}) \approx \dfrac{r}{\tan^2\delta}$。

在进行电容量和损耗角正切值的测量时，需要注意考虑以下测试条件的影响：电容器的电容量、介电常数、tanδ 与温度、频率和电压密切相关；由于电容器中存在漏电流，因此会引起电容器的发热，使温度发生改变；在不同的测试频率下，电容器的杂散参数对等效电容量、tanδ 和等效阻抗的影响程度不同。因此，在实际测试过程中要按照国家相关标准来设置温度、频率、湿度、电压等测试条件，保证整个测试环境的一致性和规范化。

常用的电容量和损耗角正切的测试方法有电流-电压测试法、电桥法、谐振法等。由于跟其他方法相比，电桥法可以达到极高的测试精度，因此电桥法也称为目前应用最广泛的测试方法。典型的电容电桥桥体包括惠斯登电桥、串联阻容电桥、西林电桥、维恩电桥、差动电桥、移相电桥和导纳电桥。目前使用最多的仪器为 LCR 数字电桥或阻抗分析仪，测试频率最高可达 GHz 量级。图 5-83（a）为常州同惠电子股份有限公司生产的TH2836 型高频 LCR 数字电桥，测试频率为 4Hz～8.5MHz。图 5-83（b）为该公司生产的TH2851-130XS 型精密阻抗分析仪，测试频率为 10Hz～130MHz。图 5-84 为美国 Keysight 公司生产的 E4982A 型高频 LCR 数字电桥，测试频率为 1MHz～3GHz。

(a) TH2836型高频LCR数字电桥

(b) TH2851-130XS型精密阻抗分析仪
（常州同惠电子股份有限公司）

图 5-83　数字电桥与阻抗分析仪

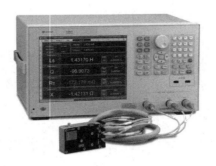

图 5-84　E4982A 型高频 LCR 数字电桥（美国 Keysight 公司）

### 5.2.5.2　温度特性

电容器温度特性主要包括：①测量高温和低温下电容量的相对变化（温度系数）；②测量电容量的漂移，即经过高温、低温循环之后，当温度恢复到起始温度时，电容量会发生不可逆的微小变化。

测量电容量所使用仪器多为高精度 LCR 数字电桥或阻抗分析仪,方法分为动态法和静态法两种,通常以静态法测量结果为准。静态法是当电容器在设计测量温度上达到热稳定平衡后才进行读数,因此结果更精准。动态法是使电容器的温度缓慢变化,同时对电容器的温度和电容量进行同步测试记录。动态法可得到连续电容量-温度关系曲线,适合用来分析电容器温度连续变化特性。由于电容器并未达到热平衡稳定状态,因此动态法测量精准度不如静态法。在测试时需要注意夹具对测试结果产生的影响,当待测电容电容量较小时(如第 I 类瓷介电容器或云母电容器),需对夹具进行预先设计来消除分布电容影响。在测量铁电陶瓷电容器时,要求可以通过夹具来对待测电容器连续施加偏置电压。

### 5.2.5.3　阻抗、谐振频率和电感

阻抗是评价电路、电子材料和电子元件的重要参数之一,阻抗是一个矢量(单位为 $\Omega$),反映了电路或元件对特定频率交流电流的阻挡能力。阻抗矢量包含实部(电阻)和虚部(电抗),其中电抗可分为感抗和容抗两种。导纳是阻抗的倒数,同样可以分为实部(电导)和虚部(电纳),单位为 S。当电路中存在复杂的电阻和电抗串并联连接时,使用导纳可以更加简明地表达电路关系。阻抗是电容器的重要电性能参数之一,通常情况下会随频率的增加而下降,达到最低点后又会继续上升,电容器的典型阻抗-频率曲线如图 5-85 所示。

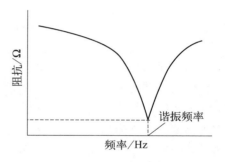

图 5-85　电容器的典型阻抗-频率曲线

在电容器的实际分析中通常使用由串联等效电阻(ESR)、串联等效电感(ESL)和电容组成的串联 RLC 模型来进行分析。从图 5-85 中可以看到,在频率上升过程中阻抗存在最小值,最小值处所对应的频率为电容器的谐振频率。在谐振频率处,电容的容抗和串联等效电感的感抗刚好相互抵消,此时所对应的感抗大小等于串联等效电阻。当频率低于谐振频率时电容器表现为电容性,而当频率高于谐振频率时电容器表现为电感性。因为在谐振频率时容抗和感抗刚好抵消,因此电容器的 ESL 值可以通过测量谐振频率及电容值来进行计算。通常在选择电容器时,应选择 ESR 相对较小且谐振频率尽可能高的电容器。在高频下应用的电容器要进行高频参数测试,需严格避免各种寄生参数如分布电容、引线电感、吸收损耗等带来的影响,通常使用的仪器有高频阻抗分析仪和网络分析仪。

### 5.2.5.4　绝缘电阻和漏电流

理想情况下电容电介质内不会有电流流过,但由于电介质不可能做到完全绝缘,因此在电压作用下会有少量电流通过电介质,称之为漏电流,而与其相对应的电阻称为绝缘电阻或漏电阻。由于电容器具有容抗,因此测量绝缘电阻时需要使用直流电流。当电容器接上直流电压源后,由于存在电介质极化作用和吸收效应,电流会按照指数规律下降,因此

必须经过一段时间后电流值才会稳定，在电流值稳定后进行读取可以使绝缘电阻的计算值更为精准。

绝缘电阻的测试方法主要有放电法、高阻计法和电流-电压转换法三种，常用的测试仪器有绝缘电阻测试仪或高阻仪。图 5-86（a）为常州同惠电子股份有限公司生产的 TH2689 型电容器漏电流/绝缘电阻测试仪，测试电压范围为 1～800V，漏电流范围为 1nA～20mA，绝缘电阻范围为 0.01MΩ～99.99GΩ。图 5-86（b）为美国 Keithley 公司生产的 6517B 型静电计/高阻仪，测试电压范围为 1～1000V，漏电流范围为 10aA～20mA，绝缘电阻范围为 100Ω～10PΩ。

(a) TH2689型电容器漏电流/绝缘电阻测试仪　　　　　(b) 6517B型静电计/高阻仪
（常州同惠电子股份有限公司）　　　　　　　　　　（美国Keithley公司）

**图 5-86　绝缘电阻测试仪器**

漏电流会直接影响电容器的滤波效果和隔直效果，导致电路中的直流分量无法有效滤除。较大的漏电流还会使电源的负载加重，影响电源效率和电路系统稳定性。此外，当漏电流较大时，会引起电容器的发热现象，从而影响电容器的稳定性和使用寿命。对于电解电容器来说，电容器的发热会导致电容器内部电解液的蒸发，使电容器的内部压力累积性增大，严重时会导致电解电容器的失效和爆炸。因此，在制作电容器时应该通过对制作工艺进行优化设计来尽可能减小漏电流。

## 5.3　电感器

电感器是能够将电场能转换为磁场能而存储起来的元件，凡能产生电感作用的元件统称为电感器。关于电感的研究最早可以追溯至 19 世纪初。1830 年，美国人亨利已经发现了电磁感应现象，但并未对这一现象进行总结发表。1831 年英国人法拉第通过对线圈和磁场进行实验研究发现了电磁感应现象，并对相关研究成果进行了报道。在同一时期，亨利对绕有不同长度导线的各种电磁铁做提举力比较实验，发现通有电流的线圈在断路的时候有电火花产生，即自感现象，其对自感现象进行了研究并对自感现象的内在机制进行了解释。为了纪念亨利在电磁感应研究过程中的卓越贡献，电感量的单位被命名为亨利。

由于法拉第在 1831 年提出电磁感应现象时，仅对其进行了定性化表述，因此研究人员在此后的研究中不断尝试构建电磁感应现象的定量化模型。1845 年，德国物理学家纽曼从理论上推导出法拉第电磁感应定律的数学表达式，电磁感应相关应用及电感器的发展由此进入了快车道。法拉第电磁感应定律表明，当通过一个闭合电路的磁通量发生变化时，会在该电路中产生一个电动势，即感应电动势，同时产生相应的感应电流。该感应电流的方向取决于磁场变化的方式，大小与磁通量的变化率成正比，感应电流产生的磁通总是对原磁通的变化起到阻碍作用。从法拉第电磁感应定律的表述中可以得出电感器在电路中的基本性质，即阻碍电路中电流的变化：当电路由断开状态变为接通状态，电感器会试图阻止电流流过；当电路由接通状态变为断开状态时，电感器会试图保持电流不变。在实际电路中，电感器主要起到滤波、振荡、延迟、陷波等作用，最为常见的是与电容器一起组成 LC 滤波电路。本节内容将从电感器的结构分类、电感线圈的骨架及绕制工艺、片式电感器、电感器的特性等方面来对电感器相关知识进行介绍。

## 5.3.1　电感器的结构和分类

电感器按照结构的不同可以分为线绕式电感器和非线绕式电感器（例如多层片状、厚膜电感等）两种，还可以分为固定电感器和可调电感器两种。其中线绕式电感又可以分为空气电感器和磁芯电感器两种。电感器在具体封装形式上可以分为插件式和贴片式两种，按照是否有外部屏蔽可以分为屏蔽式电感器和非屏蔽式电感器两种。按照外形结构和具体引脚方式的不同还可以分为卧式电感器（轴向引脚）、立式电感器（同向引脚）、实心骨架电感器、管筒骨架电感器、带底座的骨架电感器等几种。可调电感器又分为磁芯可调电感器、铜芯可调电感器、滑动接点可调电感器、多抽头可调电感器和串联互感可调电感器等几种。下面将以固定电感器和可调电感器为例来进行说明。

### 5.3.1.1　固定电感器

具有固定电感量的电感器称为固定电感器，包括单层电感线圈、多层电感线圈、蜂巢式电感线圈等。固定电感器通常是用漆包线在磁芯上直接绕制而成，屏蔽式固定电感器还需装入塑料外壳中，并用环氧树脂进行封装。固定电感器的线圈一般绕制在非导磁材料（例如塑料和橡胶）或磁性材料（例如铁氧体、铝硅铁和羰基铁）骨架上。固定电感器可以用管筒来作为电感线圈的骨架，管筒骨架内壁可以制作螺纹以方便旋入螺纹磁芯。通过旋入磁芯在特定位置可以获得所需的电感量，之后可以用紧固漆或其他方式来对螺纹磁芯进行固定。电感线圈烘干后需要经过绝缘漆处理，以起到防潮和固定线匝的作用。为了有效减小固定电感器的体积，可以采用各种磁性材料来作为骨架。与非屏蔽式电感器相比，表面经包封处理的屏蔽式固定电感器具有更好的机械强度和耐候性。

图 5-87 为深圳市科达嘉电子有限公司生产的 PRD0807 型插件工字电感器实物图。这种立式固定电感器使用漆包线在工字形铁氧体磁芯上进行密绕，在同端制作引出线后封装制备而成。该型号电感器采用了专门的磁屏蔽封装结构，具有更高的可靠性。其工作温度范围为 $-40 \sim 125\,^{\circ}\mathrm{C}$，电感值范围为 $10 \sim 1000 \mu\mathrm{H}$，饱和电流为 $0.25 \sim 2.45\mathrm{A}$，典型直流电阻为 $34 \sim 1750\mathrm{m}\Omega$。

### 5.3.1.2　可调电感器

用于滤波电路，调谐电路或中频变压器的电感线圈，采用螺纹磁芯、滑动开关、控制绕组等方法来进行电感值调节，具体过程如下：①采用带有螺纹的软磁铁氧体磁芯，通过旋转过程可改变磁芯与线圈相对位置，因此可以对电感量进行调节；②采用滑动开关，可以改变线圈有效匝数，从而对电感量进行调节；③在磁芯上进行双绕组（控制绕组和工作绕组），通过改变控制绕组中直流电流的大小，可以改变磁芯的饱和程度，从而对工作绕组的电感值进行调节；④在电感器中内置双向晶闸管开关，通过双向晶闸管的导通和关断来调节电感值。图 5-88 为典型磁芯旋转型可调电感器实物图。

图 5-87　PRD0807 型插件工字电感器　　　　图 5-88　典型磁芯旋转型可调电感器
（深圳市科达嘉电子有限公司）

## 5.3.2　电感线圈的骨架

电感器的线圈一般都是在特定骨架上进行绕制，以使线圈可以保持设定的几何尺寸，在此基础上经浸渍和涂覆绝缘漆后可以进一步提高电感器的机械强度、增强耐潮湿特性并使各种电参数保持相对稳定。此外，骨架也是电感器重要的支撑和安装结构零件，因此要求线圈骨架须具有足够的机械强度和优良电性能（例如需具有尽可能高的绝缘电阻以及尽可能小的高频损耗）。从骨架的材料和具体工艺来分，主要可分为磁芯骨架、塑料骨架和高频瓷骨架三种。

### 5.3.2.1　磁芯骨架

由于磁芯本身具有较高的磁导率，因此将漆包线直接绕制在磁芯上可以在保证足够电感值的前提下，大大缩小电感器的外观尺寸，有利于电子元器件小型化。常见的磁芯骨架形状有棒形磁芯、工字形或王字形磁芯以及环形磁芯等类型。

棒形磁芯主要用在小型固定电感器中，使用的材料主要有羰基铁和铁氧体。其中羰基铁棒形磁芯是通过塑压工艺来成型的，在成型过程中可以直接制备引出线。铁氧体棒形磁芯由于需要较高的烧结成型温度，因此引出线需要在磁芯成型后再用环氧树脂进行胶合。这种磁芯的两端通常会设计盲孔结构，方便引出线的固定和安装。为了避免在线圈绕制过程中破坏漆包线的绝缘层造成短路，需要进行胶木化处理。工字形或王字形磁芯同样在小型固定电感器中广泛应用，在具体使用中也需进行胶木化处理，以防止线圈的短路。环形磁芯可以用在共模电感器中，磁芯内径通常为数毫米至数十毫米，材料主要有铁氧体、羰基铁、铝硅铁以及铁镍合金等。图 5-89 为典型共模电感器实物图。

### 5.3.2.2　塑料骨架

塑料具有良好的力学性能和电性能，生产工艺简单且容易进行自动化生产，利用注塑成型工艺即可实现大批量的标准化生产，是制作电感器的理想骨架材料之一。常用的塑料骨架材料品种较多，例如酚醛塑料、聚乙烯、聚丙烯、聚苯醚、增强尼龙以及环氧玻璃丝等。在具体选用材料时需要综合材料成本、使用场景、电性能和机械特性等，并选择热变形温度尽可能高的塑料材料。例如酚醛塑料具有较高的热变形温度，但电性能相对较差，因此可以用于低频电感器的制作。图 5-90 为典型电感器用塑料骨架实物图。

图 5-89   典型共模电感器          图 5-90   典型电感器用塑料骨架

### 5.3.2.3 高频瓷骨架

高频瓷具有极佳的电性能和力学性能，作为基片或骨架材料广泛应用于各种电子元器件的生产过程中。高频瓷具有较小的线膨胀系数，且可以在较高的温度下工作，是制作功率型电感器、高稳定电感线圈以及镀银线圈骨架的理想材料。高频瓷骨架可以用热压铸工艺进行成型，制作出各种具有复杂外形的骨架，例如带有螺纹、安装孔和底座的管状线圈骨架，或者带有牙纹和安装孔的功率线圈支撑条形骨架。

## 5.3.3 电感线圈的绕制工艺

电感线圈根据绕组形式的不同分为平绕线圈、蜂巢线圈、环形线圈和镀银线圈等类型。平绕线圈从绕制层数上来分可以分为单层平绕和多层平绕两类，从线间距离上来分可以分为密绕线圈和间绕线圈两类。具体绕组形式示意图如图 5-91 所示。采用单层绕制时，相邻的线圈间不会出现重叠，通常用于制作用在高频电路中体积相对较小的电感器，具有低电阻、低电容和高电感等特点。采用多层绕制时，相邻的线圈之间会出现重叠，一般适用于制作用在低频电路中体积相对较大的电感器，具有低电阻、低漏感、高电感的特点，但电容通常较大。对于间绕电感线圈通常有三种情况：①线圈骨架表面带有螺纹槽，这种情况下只需将导线按照螺纹槽绕制即可；②当线圈相邻的匝间距离为导线直径的两倍时，可以引入一根工艺导线，采取双线并绕的方法来进行绕制，待线圈绕制完毕并固定好后拆除工艺导线，在骨架上留下具有固定间距的线圈绕线；③为了使磁芯在线圈内等距离移动与频率呈现线性关系，需要进行疏密间绕，使导线的匝间距离产生非线性变化。

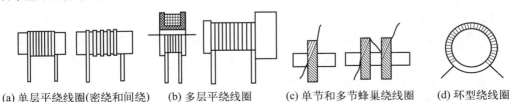

(a) 单层平绕线圈(密绕和间绕)    (b) 多层平绕线圈    (c) 单节和多节蜂巢绕线圈    (d) 环型绕线圈

图 5-91   绕组形式

蜂巢线圈是一种特殊的多层绕制方法，因线圈结构类似蜂巢而得名。与一般多层线圈相比，蜂巢线圈具有以下特点：①线圈之间没有重叠，仅在端点处留有导线，这些导线通过沿着线圈壳体或磁芯的方向连接起来，在保证体积紧凑的同时，可以获得更大的电感值；②蜂巢线圈的匝间距非常小，可以有效减小电路中的漏感和串扰，从而提高电感器的品质因数；③蜂巢线圈的外部体积较小，有利于电子设备小型化的需求。采用蜂巢线圈的电感器通常应用于各种高频电路中，可以提升电路的效率和稳定性。与其他绕制方法相比，蜂巢线圈的制作工艺更为复杂，工艺技术要求高，因此制造成本也更高。图 5-92 为蜂巢线圈实物图。

图 5-92　蜂巢线圈

环形线圈是用环形绕线机来进行绕制的，环形绕线机是根据线圈内外侧的直径来分挡的。环形电感线圈的绕线方向、间距、密度、绕制匝数等工艺参数会对线圈的性能产生直接影响。由于环形绕线机是先将导线绕制在储线轮上，经二次绕制后才会在骨架上形成线圈绕组，所以应先计算好绕制到储线轮上的导线耗用量。因为经过了二次绕制过程，导线绝缘层磨损的机会更大，因此应尽量使用高频绕组线而非漆包线来进行绕制。

镀银线圈是在高频瓷管上通过涂覆银浆并在高温中烧渗制作而成的。由于高频瓷具有较小的线膨胀系数和较宽的使用温度范围，因此所制备的镀银线圈具有极高的稳定性，在各种振荡电路中获得了广泛应用。在实际制作过程中，镀银线圈除电感量所需的匝数外，为便于始末两端的外接，一般应将始末两端的镀银面加大并在中间留有圆孔。烧渗法是使陶瓷等非金属材料金属化的一种常用工艺方法，主要工艺流程包括浆料制备、浆料涂覆和烧渗三部分，所形成的金属层可直接用于焊接。目前用于烧渗的银浆主要有氧化银浆、粉银浆和分子银浆等，由含银物质、助熔剂、黏合剂和溶剂所组成。含银物质在银浆中起着导电的作用，而助熔剂起到降低熔化温度的作用并使银层与瓷体间产生足够的附着强度。黏合剂和溶剂的作用是使金属材料和助熔剂可以均匀分散并保持悬浮状态，使浆料具备合适的黏度和流动性便于涂覆，并使浆料在干燥后可以形成均匀的具有较好机械强度的胶膜附着于瓷体表面。黏合剂和溶剂在经过烧渗过程后可以全部碳化并挥发，因此不会影响镀银线圈的电性能。

烧渗过程是使银浆胶膜中的有机溶剂和黏合剂碳化挥发，银和助熔剂渗入瓷体，形成与瓷体间具有良好结合强度金属层的过程。为了使有机溶剂和黏合剂可以完全碳化挥发，需要在氧化气氛中进行烧渗。烧渗过程通常可以分为三个阶段：①第一阶段为有机物碳化挥发阶段，在该阶段有大量的有机物会分解氧化，最后以二氧化碳和水的形式挥发，因此升温速度要缓慢且温度不宜太高（通常低于 350℃），防止产生银层的起皮、开裂和气泡现象；②第二阶段为烧渗阶段，此时助熔剂开始软化并熔融，当达到烧渗最高温度时（通常低于 900℃）助熔剂和银将形成共熔体渗入瓷件中；③第三阶段为降温冷却阶段，降温速度不能过快，否则将导致银层与陶瓷之间的应力增大，从而降低银层与瓷件间的结合强度。

### 5.3.4　片式电感器

　　最为常用的片式电感器有片式薄膜电感器、片式叠层电感器和片式绕线电感器。1979年，美国加州大学的 Soohoo 教授在对薄膜材料性能进行研究的基础上开始对薄膜电感器进行系统研究。当时，为减小集成电路面积，通常采用减小电感等无源元件外观尺寸的方法。虽然采用空芯电感可有效减小电路尺寸，但集成的小尺寸空芯电感的电感量和品质因数均较低，在很大程度上限制了其应用范围和领域。采用有源滤波的方法可以改善这一问题，但主要针对使用频率低于 100MHz 的情况，在使用更高频率的情况下该问题依然存在。为解决此问题，Soohoo 教授提出要实现小尺寸，必须减少绕制匝数，而为达到大电感值，则需选用具有高磁导率的薄膜磁芯，由此提出了薄膜电感器的设想。同时，其定义了薄膜电感器的两种结构形式，即螺线管型和三明治螺旋型，可以说目前各种不同形式的薄膜电感器均是这两种结构形式的变形。片式薄膜电感器的导线图形通常由磁控溅射、真空蒸发、电镀加厚等工艺来进行制作，所使用的基板材料主要为氧化铝陶瓷基板，也可在铁氧体基板上进行制作。片式薄膜电感器可以达到极高的电感值精度，但价格较为昂贵、品质因数低、电感值小，无法在大功率下应用。

**图 5-93　LQP03HQ-02 系列片式薄膜电感器（日本村田制作所）**

　　图 5-93 为日本村田制作所生产的 LQP03HQ-02 系列片式薄膜电感器，其工作温度范围为 $-55 \sim 125℃$，电感值范围为 $0.5 \sim 470nH$，偏差为 $\pm 0.1 \sim 0.2nH$（$<4.3nH$）或 $\pm 3\% \sim \pm 5\%$（$\geqslant 4.3nH$），最小品质因数为 $7 \sim 20$，最大直流电阻为 $0.25 \sim 16.5\Omega$，典型自谐振频率为 $600MHz \sim >20GHz$，额定电流为 $50 \sim 1100mA$。

　　片式叠层电感器主要分高频下使用的片式陶瓷叠层电感器（氧化铝陶瓷基板）及较低频率下使用的片式铁氧体叠层电感器（铁氧体基板）两种。片式叠层电感器是基于基板，利用厚膜丝网印刷工艺来印制局部线圈形状的金属导体，然后逐圈交叠印制绝缘层与局部导体，使其达到与导线绕制线圈相类似的效果。片式叠层电感器的优点是集成度很高，在比较小的体积内就可以实现很大的电感值。基板材料的不同会对片式叠层电感器的使用频率产生直接影响，而当基板材料相同时，导体图形之间的分布电容越小则工作频率越高。片式叠层电感器的最大工作频率通常要低于片式薄膜电感器，其电感值偏差和电感温度系数也相对更大。

　　图 5-94 为美国 KEMET 公司生产的 L-PWS0805 系列片式叠层电感器（铁氧体基板），其工作温度范围为 $-40 \sim 105℃$，电感值范围为 $1 \sim 100\mu H$，偏差为 $\pm 20\%$，直流电阻为 $0.15 \sim 7\Omega$，最大额定电流为 $30 \sim 300mA$，最小自谐振频率为 $8 \sim 100MHz$。

　　图 5-95 为广东风华高新科技股份有限公司生产的 CMH1608 型片式叠层功率电感器（铁氧体基板），其工作温度范围为 $-40 \sim 85℃$，电感值范围为 $0.047 \sim 4.7\mu H$，偏差为 $\pm 20\%$，最大直流电阻为 $0.1 \sim 0.5\Omega$（$\pm 30\%$），最大额定电流为 $700 \sim 1050mA$，最小自谐振频率为 $65 \sim 100MHz$。

　　片式绕线电感器是将细导线绕制在非磁性塑料骨架或者软磁性铁氧体骨架上，再进行封装制作而成的无引线电感器。其典型优点是电感量范围宽、精度高、品质因数高、直流电阻小、额定工作电流较大。不足之处在于其频率特性不如片式薄膜电感器和片式叠层电感器，且在进一步小型化等方面受限较多。片式绕线电感器的核心部分是用铜质漆包线在氧化铝陶瓷或铁氧体上绕制而成的线圈，因为可以承受大功率，因此也被称为片式功率电感器。

图 5-94　L-PWS0805 系列片式叠层
电感器（美国 KEMET 公司）

图 5-95　CMH1608 型片式叠层功率电感器
（广东风华高新科技股份有限公司）

图 5-96 为日本松下公司生产的 PCC-M0648M-LE 系列片式绕线电感器，其工作温度范围为 $-40\sim150℃$，电感值范围为 $3.3\sim22\mu H$，偏差为 $\pm20\%$，典型直流电阻为 $13.1\sim113m\Omega$，典型额定电流为 $2.9\sim8.8A$。图 5-97 为美国 KEMET 公司生产的 MPLC 型片式绕线电感器，其工作温度范围为 $-20\sim120℃$，电感值范围为 $1.0\sim4.7\mu H$，偏差为 $\pm20\%$，最大直流电阻为 $5.5\sim41m\Omega$，典型额定电流为 $5.0\sim14.3A$。

图 5-96　PCC-M0648M-LE 系列片式绕线
电感器（日本松下公司）

图 5-97　MPLC 型片式绕线电感器
（美国 KEMET 公司）

### 5.3.5　电感器的特性

电感器的特性参数主要包括电感量和偏差、电感器的稳定性、直流电阻、品质因数以及固有电容等几部分。电感量可以采用图 5-83、图 5-84 中展示的 LCR 数字电桥和阻抗分析仪来进行测量。在进行电感量的测量时应使测量频率尽可能接近电感器的工作频率，测量仪器与电感器之间的连接线要尽可能短，尤其是在测量小电感量电感器时更应注意这一点。电感量的偏差同样满足电抗元件的 E 数列关系，例如 E24 系列或 E48 系列，数字标号越大则精度越高，电感量偏差越小。电感量和偏差的标识方法有直标法、数码法、代码法和色标法等几种。

随着工作环境的不断变化，例如不同的温度、湿度、振动、冲击等，都会使电感器的参数发生相应变化。此外，由于电感器在工作中有电流流过，伴随有电感器的发热和材料的老化现象，同样也会使电感器的参数发生改变。因此，在进行电感器的结构和材料设计时，需要考虑到电感器的稳定性问题。通常情况下，电感器的稳定性可以由电感温度系数 $\alpha_L$ 和不稳定系数 $\beta_L$ 来描述。电感温度系数 $\alpha_L$ 可以由式（5-18）来表示。

$$\alpha_L = \frac{L_t - L_0}{L_0(t - t_0)} \tag{5-18}$$

其中，$L_0$ 为温度 $t_0$ 时的电感量；$L_t$ 为温度 $t$ 时的电感量；$t_0$ 和 $t$ 分别为升降温前后的温度。

电感器的不稳定系数 $\beta_L$ 可以由式（5-19）来表示。

$$\beta_L = \frac{L_2 - L_1}{L_1} \times 100\% \tag{5-19}$$

其中，$L_1$ 为原来的电感量；$L_2$ 为经外部不稳定因素变化某一范围后又恢复到原外部条件时的电感量。

在理想电感器中直流电阻应该为零，但实际上电感器中都不可避免地存在直流电阻。通常情况下，对于同一个系列的电感器，电感量越大则直流电阻越大。主要原因在于电感量越大则线圈的匝数越多，铜线的长度也会更长，从而导致直流电阻变大。电感器的损耗主要包括磁芯损耗和导线损耗两部分，直流电阻会对电感器的导线损耗产生直接影响，无论是从节能、散热，还是电路稳定性等角度考虑，均应选择直流电阻尽可能小的电感器。

电感器的品质因数习惯上称为 $Q$ 值，在实际使用中常用 $Q$ 值来评价电感器的质量。电感器的 $Q$ 值越大则功率损耗越小，效率越高，选择性也越好。电感器 $Q$ 值的大小与绕制线圈的材料、绕制方法以及是否有磁芯密切相关。为了获得较大的 $Q$ 值，可以选用绝缘性能良好的材料来做骨架，选用较粗的导线进行间绕或蜂巢式绕制，并在电感线圈中加入磁芯。电感器的 $Q$ 值可以由式（5-20）来定义。

$$Q = \frac{\omega L}{R} \tag{5-20}$$

其中，$\omega$ 为角频率；$L$ 为电感量；$R$ 为电感器的串联等效电阻。

电感器线圈绕组匝与匝之间的导线与空气、绝缘层和骨架等构成了各种分布电容。这些分布电容可以等效成一个与电感器并联的电容 $C_0$，称为电容器的固有电容。由于固有电容的存在，电感器会产生一个固有谐振频率 $f_0$，可表示为式（5-21）。

$$f_0 = \frac{1}{2\pi\sqrt{LC_0}} \tag{5-21}$$

固有电容的存在会使电感器的电感量、电阻值增大，$Q$ 值降低。电感器的有效电感 $L_{yx}$、$R_{yx}$ 和 $Q_{yx}$ 分别表示为式（5-22）～式（5-24）。

$$L_{yx} = \frac{1}{1 - f^2/f_0^2} \tag{5-22}$$

$$R_{yx} = \frac{R}{(1 - f^2/f_0^2)^2} \tag{5-23}$$

$$Q_{yx} = Q(1 - f^2/f_0^2) \tag{5-24}$$

 思考题

1. 什么是电阻？薄膜电阻器按照材料和制备工艺不同，主要有哪些种类？在薄膜电阻器制造过程中常用的磁控溅射工艺同热蒸发工艺相比，具有哪些优点？

2. 玻璃釉（厚膜）浆料主要由哪几部分构成？请分别对每一部分的配制成分进行举例说明。片式玻璃釉电阻的发展方向主要包含哪几个方面？

3. 作为一种应用广泛的精密电阻器，金属箔电阻器主要有何性能优势？用于金属箔电阻器制造的光刻胶应具有何种特性？

4. 线绕电阻器具有何种性能特点？常用于制作线绕电阻器的合金线主要有哪些种类？对合金线通常有何性能要求？

5. 有 3 只色环电阻器，其颜色从左到右依次是"红紫黄棕棕""白棕黄红""棕黑黑黄棕"，则其阻值和偏差范围分别是多少？

6. 假设电阻器的电阻温度系数保持不变，在 25℃时电阻为 80Ω，电阻温度系数为 $360\times10^{-6}$/℃，请估算电阻器在 850℃时的电阻值；若 25℃时其电阻为 6Ω，电阻温度系数为 0.03/℃，请估算电阻器在 700℃时的电阻值。

7. 陶瓷电容器最基本的结构是怎样的？陶瓷电容器品种繁多，总的来说具有哪些特点？

8. 陶瓷电容器按照介质特性不同可以分为哪几类？具有哪些性能特点和代表性的材料体系？

9. 多层陶瓷电容器的结构和工艺特点为它的广泛应用带来哪些优势？

10. 多层陶瓷电容器的发展趋势有哪些特点？相应对其材料和器件设计提出了什么要求？

11. 有一全电极圆片型平行板电容器，相对介电常数为 60，半径为 6mm，厚度为 100μm，请计算该平行板电容器的电容值。

12. 什么是有机介质电容器？具体可分为哪些种类？用于金属化电极的金属膜层通常需要具有哪些特点？请对常用的有机薄膜介质进行举例说明。

13. 什么是电解电容器？常用的电解电容器有哪些种类？同铝电解电容器相比，钽电解电容器有何优势？常用的测量电容量和损耗角正切的方法有哪几种？

14. 电感器可以分为哪些种类？可调电感器可以通过哪些方法来调节电感值？

15. 电感线圈按照绕组形式的不同主要可以分为哪些种类？蜂巢线圈有何种特点？

16. 什么是银浆的烧渗？烧渗过程具体可以分为哪几个阶段？

 **参考文献**

[1] 李言荣，林媛，陶伯万. 电子材料 [M]. 北京：清华大学出版社，2013.
[2] 李言荣，恽正中. 电子材料导论 [M]. 北京：清华大学出版社，2001.
[3] 包兴，胡明. 电子器件导论 [M]. 北京：北京理工大学出版社，2008.
[4] 刘奎. 贴片陶瓷电容器应用手册 [M]. 北京：人民邮电出版社，2021.
[5] 梁瑞林. 贴片式电子元件 [M]. 北京：科学出版社，2008.
[6] 汪明添. 电子元器件 [M]. 北京：北京航空航天大学出版社，2022.
[7] 王水平，周佳社，王新怀，等. 电子元器件应用基础 [M]. 北京：电子工业出版社，2016.
[8] 《电子工业生产技术手册》编委会. 电子工业生产技术手册 [M]. 北京：国防工业出版社，1990.
[9] 付桂翠，万博，张素娟，等. 电子元器件可靠性技术基础 [M]. 北京：北京航空航天大学出版社，2022.
[10] 王巍，冯世娟，罗元，等. 现代电子材料与元器件 [M]. 北京：科学出版社，2023.